『十二五』国家重点图书出版规划项目

国家出版基金资助项目

晏阳初

民国乡村建设

华西实验区档案选编·经济建设实验

③

目录

二、农业（续）

养殖业与防疫·工作计划和报告

养殖业与防疫·统计表

养殖业与防疫·公文和信函

目录

家畜方面六月份工作报告　9-1-227（109）

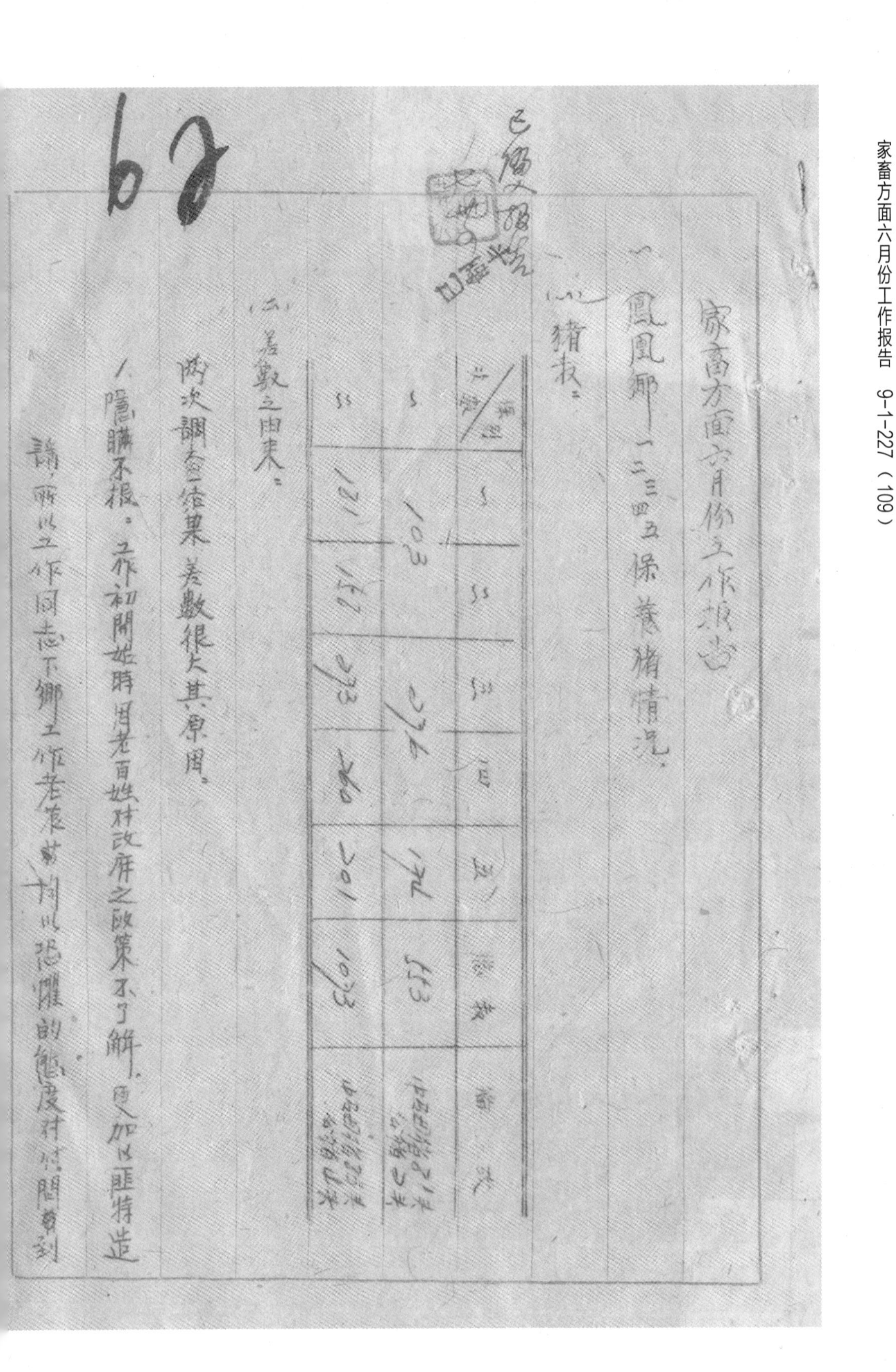

家畜方面六月份工作報告

一、鳳凰鄉一二三四五保養豬情況：

（一）豬表：

保別 \ 次數	一	二
一	103	181
二	〃	158
三	276	273
四	〃	260
五	174	201
總數	553	1073
備考	[illegible]	[illegible]

（二）差數之由來：

兩次調查結果差數很大，其原因：

1.隱瞞不報。工作初開始時，因老百姓對政府之政策不了解，更加以匪特造謠，所以工作同志下鄉工作，老農都抱以恐懼的態度對付，問其到田土猪牛時都不實報其數。

2.小猪上市：去年冬日配种之母猪到已生出窩猪，断奶后大部上市出售。

3.利用組织：現在農民協会筹备会業已漸次成立，对政府的政策都已明瞭，利用组织去作調查，则无法隱瞞，同時亦不願隱瞞。

二 在政府號召增生產多養猪的口號下發現的一种現像

(一)一九四九年與五〇年養猪事業的比較：

本所為了解實际情况起見，则以第五保為典型作一調查結果如下。

家畜方面六月份工作报告 9-1-227（111）

67

年度	养猪头数	减少百分数	备考
1949	2417头	（基数）（100%）	
1950	206	2211头 91%	广上未记去年[illegible]

（二）减少的原因：—

据养猪者的反响有下列几个原因：—

1.口粮的缺乏：经过时代的改变，为在解放前经反动政府收刮民财（苛捐杂税）又在解放后为了支援前线而上粮缴债，老百姓一时生活拮据而反缺乏口粮之苦。

2.匪特造谣：初经解放革命秩序未能即时建立，匪特则进行造谣破坏，是时在百斤以上之猪屠杀甚多。

3、政府為减少消耗食粮（間接增加食粮）曾非正式禁止用高粱釀酒，所以有許多酒房停業，同時又有許多米房亦告停業，因而減少了養猪数字，過去酒房米房因有副產物之利用，每家均養有十头至廿头之多，今因停業关係，所以養猪数亦隨之減少。

4、養猪者無利益，如殺一百斤重之猪一头，猪主僅能得餘五十斤，其餘五十斤則用付刀水費（殺猪的工資）與上税，據老百姓林之云：一百三十斤重以下的猪需上税伍萬叁仟肆佰元，而今肉廿五斤至卅斤，如超过一百卅斤时則每斤又需上税肆佰伍拾元，除内臟與刀水費之外，畜主所獲寥寥，故不願養猪。

家畜方面六月份工作报告　9-1-227（113）

三、家畜防疫：自五月份起本所附近几保均已发现猪瘟流行，因此病而死亡的猪截至今天止计一卅头，当时因无药物医治，瘟病流行而无治法，除会同北碚农事管理场请求派员携药来此协助预防外，并请预防治有毛同志来所协同预防，共计注射：——

保别	一保	四保	五保	平桥	总计
头数	23头	10头	3头	7头	43头

经三天的工作所成绩很小，检查其原因有下列几点：——

（一）农家居住不集中。我们深觉每天走路的时间较工作时间为多，因户与户之间都有一段路程。如在甲户注射三头又需走一二里才能到达乙户，从头开始工作，在时间上不经济

（二）老百姓因去年举行防疫注射时，据说曾因接种而致死的猪（并非係因接种关係而得瘟伏之病发出以致死亡），所以都不愿接受预防注射。

（三）教育宣传事前没有做好、所以老百姓对预防注射的观念没有完全建立起来、

四、本所工作：

交配季节已过，所以本月配种仅三次（约克夏一次、荣昌公猪二次）。

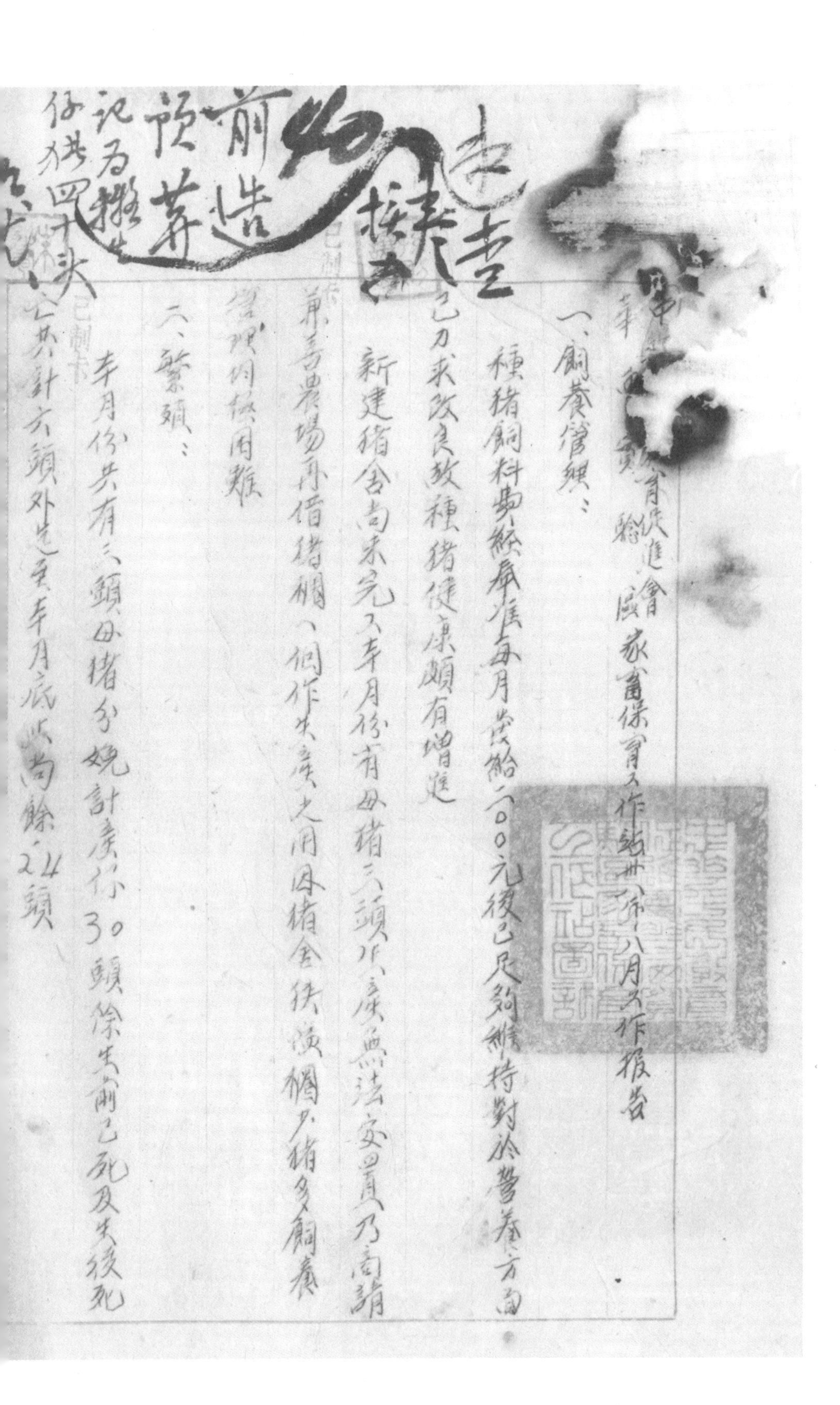

中華平民教育促進會
華西實驗區家畜保育工作站卅八年八月工作報告

一、飼養管理：

種猪飼料費經奉准每月發給一〇〇〇元後已足夠維持對於營養方面已力求改良故種猪健康頗有增進

新建猪舍尚未完工本月份有母猪二頭仔八康無法安置乃商請華蓥農場再借猪欄一個作生產之用因猪舍狹窄欄少猪多飼養管理仍感困難

二、繁殖：

本月份共有二頭母猪分娩計產仔30頭除生前已死及生後死亡共計六頭外迄至本月底止尚餘24頭

华西实验区家畜保育工作站一九四九年八月工作报告　9-1-13（69）

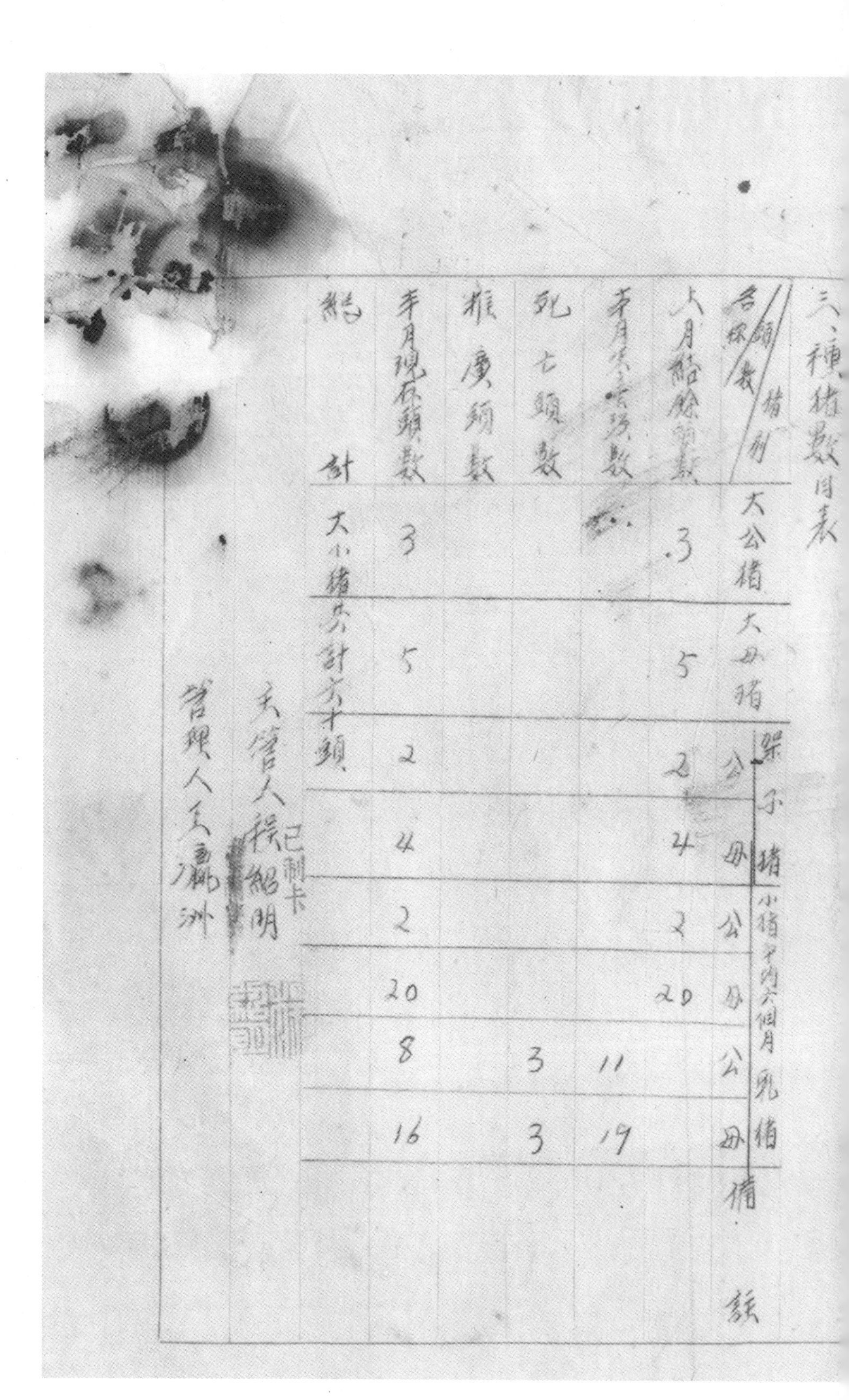

三、種猪數月表

猪別 \ 各項數		上月結餘頭數	本月[illegible]頭數	死亡頭數	推廣頭數	本月現存頭數	總計
大公猪		3				3	大小猪共計六十頭
大母猪		5				5	
架子猪	公	2		1		2	
	母	4				4	
小猪（半歲內六個月乳猪）	公	2				2	
	母	20				20	
	公		11	3		8	
	母		19	3		16	
備註							

負責人程紹明（已制卡）

管理人吴瀛洲

为平教会第三区种猪繁殖及推广杂交猪向农复会建议书　9-1-116（145）

為平教會第三區種猪繁殖及推廣雜交猪向農復會建議書

目的：為增加猪之生產本建議約有下列三種目的

(A) 維持純種約克縣猪種猪場

(B) 以選擇改良榮昌猪

(C) 產生雜交猪種以適於推廣

I 約克縣純種種猪場：平教會第三區於本年一月間收到純種約克縣猪三十頭該猪生產約四十頭小猪此猪應有效利用以產生雜種猪（以用榮昌母猪雜交為良）

(A) 平教會負責工作人員薪水及畜舍之建築

(B) 農復會[illegible]担任種猪到此時至六月底之飼料費擬請農復會繼續担負從七月一日起至本年底為止最多五十頭成年種猪之飼料費準此則地方當局所借付之飼料

款項農復可以償還前收到農復會之玉米及為飼料用之現款應在所撥之總預算內扣除

平教會第三區負純種猪之飼養與管理責任但得採納農復會畜牧顧問技術上之指導

II、雜交猪問題：雜交猪推廣與繁殖主要應暫限於北碚八鄉鎮平教會得依需要分配一頭或二頭純種公猪至每鄉鎮每鄉組織若干養猪合作社但暫以十個為最大限度必須僅生產為肥猪用之猪隻每一合作社得選若干養母猪者為社員且得與純種公猪交配所養之母猪自然以榮昌猪為佳每合作社得受農林輔導員指示記錄公猪交配記錄母猪生產記錄此記錄應定期報告於北碚家畜保育站

養母猪之社員得同意其所生之雜交猪於出賣前完全去勢農林指導員得負此事責管

为平教会第三区种猪繁殖及推广杂交猪向农复会建议书　9-1-116（147）

理局得循例將雜交豬優先防疫注射

平教會第三區或管理局得予飼養純種公豬者或豬母者酌量津助或貸款以增

事業之推進

Ⅲ 選擇優良純種榮昌豬，榮昌豬為全川最良之豬，不以其豬鬃為我國出口之大宗且為

增加此項產生優良雜種豬起見得依有較良之榮昌豬以代替現有之母豬但依正

規之育種與選擇其前途誠不可限量此點較推廣雜交豬更為重要

故擬建議農復會補助開辦費若干以雇用視察推廣育種之專門人員開始該項

重要工作先以榮昌縣內劃定一小區開始試辦成績優良再行擴大第三區可以指定現

銘賢學院畜牧系主任兼農復會重慶區畜牧顧問張龍志君負責開辦該工作展開后

平教會視需要繼續負以后維持之責任

IV、印製各項記錄表及關於通俗畜牧叢書。畜牧各種計劃成功與否以是否有精確之記錄為憑依此種記錄表格農復會可指定張龍志先生在蓉預備及印刷將來第三區可以採此作記錄準則以便將其結果統計及分析作事業進展之根據且可向農復會及第三區報告

對於農村教育中之家畜飼養獸疫防治種豬之選擇特別雜交豬之優劣點與雜交后應注意各點應製為小冊作鄉教材料異常重要此亦可由農復會指定張龍志先生編製

已為印製以上各項擬請農復補助款項若干

建議者：亨德（簽名）農復會廣州總會畜牧專員

張龍志（簽名）農復會渝區畜牧專員

为平教会第三区种猪繁殖及推广杂交猪向农复会建议书　9-1-116（148）

养猪贷款工作报告　9-1-141（102）

61

养猪贷款工作报告

六月份

一、约克夏种猪分配：(一)北碚八头 (二)乡建院农场四头 (三)璧山四头 (四)北碚本区紫云乡保育站尚存十九头以待原计划规定乡区猪舍改建完成后即行分配预计七月中旬完成

二、荣昌种猪四八头已拨款九百元拟六月卅日会同农社代表到荣昌县购买预计七月中旬办理完竣

三、荣昌母猪截止六月底各社申请登记共计三九二〇头已拨款一二五二〇元派员会同县属农社代表前往荣昌永川一带购选预计七月底完成

四、仔猪贷款：各社申请贷放者计二〇八六头核准贷放者六

六〇元（每頭以貸款二元計）正由各鄉補齊手續

填發中

猪种改良及养猪贷款计划　9-1-141（106）

63

猪種改良及养猪貸款計劃

一、以北碚及接近北碚之璧山、巴縣一、二兩區為約克夏一代雜交推廣區，試辦有成效再逐漸推廣其他縣區，飼料及人工管理等費每月津貼食米兩市石

二、以榮昌為中心及璧山南部為榮昌純種推廣區，逐漸及於永川、大足、銅梁各縣

三、北碚純种約克夏种猪，按照另一條計劃逐漸為有計劃之分配

四、除榮昌另有計劃外，先就璧山、北碚及巴縣兩里選定种猪

母猪蕃殖綱

豬主任說擬送農復會者（三月）

五、歷由各鄉之榮昌种猪由本區統籌購買分配

六、榮昌种猪之飼養管理由合作社選定社員負責為之津貼飼料費（食米）二市斗暫以六個月為期如合作社無適當人選則由原有之養种猪者飼養之配費之收取標準照當地習慣办理逐漸取締不合規定之公猪

七、母猪貸款以种猪普及為貸款標準每社暫以一頭為原則

八、母猪採購以本區派員會同各鄉農業社代表到榮昌購買

九、貸放母猪各社先行办理申借頭数

十、仔猪貸款以社員中確有需賴仔猪以增加肥料而無錢購買者得酌予核貸購猪時由輔導員監督办理

養猪貸款預算

一、全區養猪貸款集中於巴縣璧山北碚三地辦理

二、貸款工作共分六期，每期六月，共計三年

三、全部貸款專為修建猪舍之用，公猪每頭貸款食米四石（折合美金八元）母猪每頭貸款食米二石（折合美金四元）〔暫不貸款〕仔猪暫不貸款

四、飼料費用均由養猪農戶自籌，公猪飼料可酌收交配費補助，母猪飼料則由出售仔猪價款補助，

五、貸款工作分期及數量詳見下表：

养猪贷款工作分期数字表

工作分期	年	月	养猪数量			公猪贷款		母猪贷款		贷款总计		备考
			公猪	母猪	仔猪	食米	现金	食米	现金	食米	现金	
一	38	4-6	18	900	9000	72	144	1800	3600	1872	3744	
二	38	7-12	36	1800	18000	72	144	1800	3600	1872	3744	
三	39	1-6	54	2700	27000	72	144	1800	3600	1872	3744	
四	39	7-12	108 ~~144~~	5400	54000	216 ~~432~~	432 ~~864~~	5400 ~~10800~~	10800 ~~21600~~	5616 ~~11232~~	11232 ~~22464~~	
五	40	1-6	216	10800	108000	432 ~~864~~	864 ~~1728~~	10800 ~~21600~~	21600 ~~43200~~	11232 ~~22464~~	22464 ~~44928~~	
六	40	7-12										
共计			216	10800	108000	~~1512~~ 864	~~3024~~ 1728	~~37800~~ 21600	~~75600~~ 43200	~~39312~~ 22464	~~78624~~ 44928	

养猪贷款预算 9-1-147（30）

养猪贷款三年计划预算　9-1-147（35）

养猪贷款三年计划预算

一、全区养猪贷款集中于巴县璧山北碚三地办理

二、贷款工作共分六期每期六月共计三年

三、全部贷款专为修建猪舍之用公猪每头贷款食米四石（折合美金八元）母猪每头贷款食米二石（折合美金四元）推广杂交仔猪暂不贷款

四、饲料费用暂不贷款均由养猪农户自筹公猪饲料酌收交配费补助母猪饲料则由出售仔猪价款补助

五、贷款工作分期及数量详见下表

養猪貸款工作分期及數量表

工作分期	年	月	養猪數量			公猪貸款		母猪貸款		貸款總計		備註
			公猪	母猪	仔猪	食米	美金	食米	美金	食米	美金	
一	38	4-6										籌備时期
二	38	7-12	18	900	9000	72	144	1800	3600	1872	3744	
三	39	1-6	36	1800	18000	72	144	1800	3600	1872	3744	
四	39	7-12	54	2700	27000	72	144	1800	3600	1872	3744	
五	40	1-6	108	5400	54000	216	432	5400	10800	5616	11232	
六	40	7-12	216	10800	108000	432	864	10800	21600	11232	22464	
共	計		216	10800	108000	864	1728	21600	43200	22464	44928	

美援養猪貸款原定5万元餘款移作种猪運費及旅費

5/6
16/6
16

养猪贷款三年计划预算　9-1-147（36）

28

请与盛光民先生商讨付印

璧山县养猪贷款三年计划

一、璧山县现有三十五乡镇，划分为六辅导区，计划以每辅导区饲养约克夏纯种公猪一至三头，土种母猪三〇〇至九〇〇头，杂交仔猪三〇〇〇至九〇〇〇头。第三年终计划每一乡镇饲养公猪二头，全县饲养母猪三五〇〇头，推广杂交仔猪三五〇〇〇头，平均每两家有猪一头，全县农民每人每年可吃猪肉四〇斤。

二、本计划专作猪舍贷款，公猪每头贷款食米四市石（合美金八元），母猪每头贷款食米二市石（合美金四元），推广仔猪仍用农家原有猪舍，暂不贷款。

璧山县养猪贷款三年计划（附：璧山县养猪贷款分期及数量表） 9-1-147（37）

四、全縣三年猪舍貸款共計公猪七〇頭，母猪三五〇頭，貸款總數合共食米七二八〇市石，折合美金一四五六〇元，預計收益第三年終出售仔猪回償，合食米二七万市石，折合美金五四万元。

五、猪舍貸款，借實還實，一年為期，無利償還。

六、貸款農戶均以各輔導區表記農家為限。

七、種猪推廣飼養辦法另訂，詳見附表（二）。貸款工作前二年以各輔導區主任負責，第三年由各鄉輔導區負責。

八、種猪貸款數量及工作分期詳見附表（一）。

…貸款分期及數量表

…猪		母猪		共計		備考
…數	金額	食米	金額	食米	金額	
						籌備時期
…4	48	600	1200	624	1248	每鄉輔導區1頭公猪50…母猪500…每公猪…母猪…
…4	48	600	1200	624	1248	每鄉輔導區2頭公猪100…母猪1000…每公猪…母猪…
…4	48	600	1200	624	1248	每鄉輔導區3頭公猪150…母猪1500…每公猪…母猪…
…8	136	1700	3400	1768	3536	每鄉…1頭公猪50…母猪500…每公猪…母猪…
…40	280	3500	7000	3640	7280	每鄉…2頭公猪100…母猪1000…每公猪…母猪…
…80	560	7000	14000	7280	14560	每二…有…猪…每…

璧山县养猪贷款三年计划（附：璧山县养猪贷款分期及数量表） 9-1-147（39）

壁山县养猪贷款三年计划（附：壁山县养猪贷款分期及数量表） 9-1-147（39）

附表(一) 璧山縣养

工作分期	年	月	飼养猪数(头)		
			公猪	母猪	仔猪
一	38	4-6			
二	38	7-12	6	300	3000
三	39	1-6	12	600	6000
四	39	7-12	18	900	9000
五	40	1-6	35	1750	1750
六	40	7-12	70	3500	3500
共計			70	3500	3500

29

東区種猪推廣辦法

一、北碚種猪繁殖推廣站飼育之約克夏種猪依照本辦法分批推廣交各輔導区以供播种（飼養）交配、

二、各輔導区区設有推廣繁殖站者均得申請優先推廣每区暫配（約克夏公猪）一頭至二頭、

三、各輔導區飼育种猪辦法有二由各区自定選用

(1)由輔導区辦事處（示範繁殖站）所在地之（所屬）農業生產合作社負責飼養自籌飼料社員均可免費交配（播种）非社員則酌收交配費（四）以作該社公益金費用

（2）由表記農家負責飼養自籌飼料接種
者均得收交配費用以補助飼料及人工費用
四、种猪交配收費以實物計算每次以食米三升
至五升為準如未受孕必需第二次交配時則為共
種猪飼養費用免收
五、各区領養種猪均須接受農業輔導員之技
術指導渲嚴密監督飼養及保健
六、猪舍之建築必須清潔適用並可申請貸款（如輔導員認為有需要）
修建每区貸款以食米二石為限一年為期
無利償還猪舍修建之設計見附表一

31

七、种猪之飼料需按照規定標準維持其健康（營養）

營養、飼料之配合見附表二、

八、种猪交配應將其出生年月交配日期母体性

状特徵及其祖先等登記於繁殖紀錄簿上

俾作譜系參考（詳表登記）表見附表三、

九、种猪及雜交仔猪均須接受指導按時注射

防疫血清疫苗

九、搭种所生之第一代仔猪必須去勢作肉猪飼養，如系合作社不得用作种猪，指導員並須報村備查

十、飼養种猪之農業生產合作社或表証農家

均須填具志願書（訂期一年）規定權利義務切實遵行

十一、种猪之所有權應屬中畜牧所北碚（东□区）种猪繁殖推

农场如有需要得随时收回或另换他

种猪饲养饲料损失则由所酌予补偿

十、种猪如有疾病死亡饲养者均需随时

报告由各区农业辅导员查明责任呈报，

核办

附表一、种猪猪舍之修建设计图

附表二、种猪饲料之配合标准表

附表三、种猪交配之登记表

请中畜所代拟

种猪饲养志愿书　9-1-147（44）

33

种猪饲养志愿书

具志愿书人（　）今愿饲养约克夏公猪
头自筹饲料以供交配合作期自　年　月
日起至　年　月　日止一切遵照
贵区之指示履行下列工作、
一、合作期内一切工作悉听指导
三、遵照饲料标准配合饲养
四、保持猪身及猪舍之清洁卫生
五、种猪疾病死亡随时报告接受指导防疫
公鉴

六、補：同意，责已准随时收回种猪，并输送协助

五、建猪舍要照规章申请代保款、

六、接种交配要照规定收费用。

中华民国　　年　　月　　日

立志愿书人　　　　立

64

耕牛貸款報告 六月份

一、已由本區於五月下旬派人到川黔邊區一帶調查購買耕牛尚無困難但適以雨季及茲換購為便利

二、於六月為輔導區調查需牛情形並通知各社辦理申借手續

三、截止六月底巴璧碚申請購牛一二二五頭

四、於六月底撥款五千元至璧山機織合作社換取棉布六千疋另撥農利信託部二千元購買食鹽一併運至松坎視購買情形陸續撥款

五、本區已派員會同各縣合作社代表去松坎辦理購運[illegible]

項定於兩月內办理完竣

六、並派獸医人員携帶藥械随同前往办理防疫注射事

項

活動報導專刊稿

合作販牛記

黎駿

由於耕牛缺乏走到鄉間常見田土荒蕪均因耕牛缺乏無法耕種農民多數家合養耕牛一頭遇忙時輪流使用且多有誤時耕重價租牛者其痛苦情形可想而知年前某復會查收書家事特先生參觀鱉山之三個游農業合作社親見農民因缺乏耕牛之苦況深受感動特將自己旅費捐出一部囑為合作社購買耕牛由該社員聞之莫不喜形於色當即購得耕牛一頭牛款尚餘一部擬

余能東子力有購十頭耕牛為紀念事特君

的熱心，㈣他們將他的錢買來的這頭牛（而且因了他的帮助）命名為寧特牛。

本區有壹千新男女為農民解除乏

耕種苦㈣再要找着五萬三千美元

作為耕牛資金㈤但有一原則因本實驗區

區域內耕牛普遍缺乏不得在本實驗區（為求本實驗區增加耕牛當更注）

城內購牛以防刺激牛價（因此送到各縣實驗區內購買耕牛）

六路出發去購牛

本員為執行此項決策去

昂調查各區域之營業情形，綦江

鎮等區擬去貴州之桐梓、綏陽

製印號紙刷印具文閣寶四山璧

关于派员赴桐梓、遵义、绥阳、涪陵、南川、达县等地购买耕牛的情形 9-1-190（39）

22

每塘可购水牛四十头，黄牛百馀头，但[illegible]
盐巴布匹[illegible]
行信托部银元二千块，购运盐巴二百石，到桐
梓遵义一带，又经本区供销处借五千
元的棉纱向合作社换布，[illegible]
有关各轴等，再分别派员[illegible]达县武胜涪
陵南川李市等处分六路出发前往购牛
于是本区乃加备牛同行「牛贩」之称，群众同组
同人虽多年之乡村工作者
[illegible]通常识，因对于耕牛事所无经验

然為造福農民亦只得鴨子上架不是偕
同各區合作社代表分別出發所遇困難情形有如下：
一、（十項標準）買的牛須有標準合作社開得
十大項目如左：
一、古牛頭或耳眼要清秀角架要開合毛
表黃毛子
二、身莊：要肚大腰粗
三、前脚要二同骨短後脚要緊
四、蹄子要木碗形脚景要套連
五、母牛要毛子帶青毛亂

四寶山閣文具印刷紙號印製

关于派员赴桐梓、遵义、绥阳、涪陵、南川、达县等地购买耕牛的情形 9-1-190（41）

23

六、牛口内要不花不龟
七、四大骨亥水不要乱
八、落堂亥火把亥之牛不要（要）
九、体格要健壮性情温和
十、精神要活泼，（起）动要灵便
看到上列十大项目其使人难测，月暨否
结不要说实际去买，惟达吾堂办事不清（不但读不成句更）
同此事更不成，但是经过农民解释之后却
为经验之说，只得好好（去）向农民学习
六、走遍市街无牛买之看到调查报告各市

场有的是牛，买牛当非难事，但不料我们
所得的报告竟是以耳代目，实际上走遍各
市场牛只极少，购买更属不易，每有十（尤其余坝十头挨牵购牛）
牛不得其一，以致购牛处处[illegible]，农民颇感不耐。
于是由合作社代表试依接洽等成为八项
冲破难关，分路搜购
购牛不易，有如上述，接洽既
购人员出本日后，出本处买来，以及她等待耕牛
之合作社均同感迫切，于是设变方法分头下
乡走遍深山荒野到处搜购，往往一日步行
十余里未能购得合格耕牛一头，然是

24

歸所經以及道路傳聞均知本區購牛
消息遍播黃尽甘肅各路均有收獲
買牛難集運尤不易
買牛固屬不易買到以
之集中運送問題尤多例如飼養問題
治安問題尤以牛瘟牛病之防治問題更
為重要於是由本區加派獸醫人員攜帶
藥械前往經過集養地區分別防治幸尚無
死傷以告安各方此項問題剁名如何運送
購牛人員既不能分身只有包運一法而包
運人員亦且臨時雇傭管理前往跟從

关于派员赴桐梓、遵义、绥阳、涪陵、南川、达县等地购买耕牛的情形 9-1-190（44）

有保證但此等人未流非常老見何处去找鋪保只得設法各地大商介紹打交道始得求保證手續至是中日始照全乃有下列各事待辦

一、集中訓練 此耕牛多購自深山荒村並未見過公路汽車每遇汽車一鳴車聲一見多四散逃奔趕牛人衹此伏役致有被汽車壓死或致跌落懸崖者於是集訓工作遂不可少即將所購耕牛集中於通衢繁鬧之區訓練三日一使牛見車

25

不驚二使牛能躲避危險三使牛能听從指揮

二、大祭各路神仙祈求使佑

備牛人員固不迷信但起牛者非經大祭不敢起行只得擇取黄道吉日備香燭酒肉於起牛人只一起望空大拜口中念念有詞祈求各路神仙護佑大祭中一言一動奉香獻酒均不能有絲毫錯誤否則不吉大祭完畢即分起牛者大喫一頓以資酒醉飯飽

三、揚鞭起行

起行前揚鞭大典必不可少茲

運者須手持大鞭向趕牛者合十拜說該錢一路道謝趕牛人揚鞭之風亦復向沿運者合十拜但須經過多次磋議籠之風趕牛人即上本先備免背牛人所需之草鞋以及救急之藥品與糧草回身再揚鞭而稱行

四、寄置之通訊　為使本區能知運牛沿途情形以及可能到達日期通訊者屬必要但趕牛人目不識丁又復奔行於是由購牛人與本區事先約定設交趕牛人信居于

製印號紙刷印具文閣寶四山璧

关于派员赴桐梓、遵义、绥阳、涪陵、南川、达县等地购买耕牛的情形 9-1-190（47）

26　　6.

封锁将邮票贴好并授铅笔一支嘱其各重要站口付邮本区只看邮戳日期即知何日到何处而赶牛人亦尚细谨慎带托人在信件上书以人牛平安字样亦皆能如期到达实属难能

五、中途起波澜

是牛至重庆附近即入本区所属辖等区域农民渴望配贷耕牛望眼欲穿事前即有传说牛经某处该区农民将中途截牛请求先为配贷而所属辖等区同人当然同情即先代为请区配贷

並在本区事務對於牛到後之集中检查以及配貨次序均早經規定所請者並不先呈並運牛一批中途被截本区不負其責人聞訊即火冒三尺嚴令如須將牛運至指定地点而截牛者亦有一番理由奉答經過該管公文任意退後將耕牛運回而同人中因各忠職守致傷和氣者亦有為此請辞者此同一齣家務喜劇武官時中斷等卷保存他日或成笑說從一而知同人對此種業務之重視截牛區之農民即利用耕時

关于派员赴桐梓、遵义、绥阳、涪陵、南川、达县等地购买耕牛的情形 9-1-190（49）

27　　183

1.

聞不耆不諳將地耕過牛也無言 只能呼一声哀鳴 竟被勞苦而歸來

（購牛成果）黄牛乃農家之寶 畢竟購得耕牛若干 閱者必在急欲追問其購數 告於本人 以由貴州分三批購運四十五頭外加黄牛頭 由涪陵三批購運四十八頭 由南川購運三十二頭 由達縣購運五十八頭 共計購來耕牛一八三頭

（配貸情形）以上所購耕牛分貸於北碚各合作社百三頭 璧山一區各社四十頭 巴縣一區二十頭 三者未用各社

巴縣二區之歇馬場各社二十頭耕牛到達
各區各社農民爭相來看莫不贊歎邀同
換工換工有若干人[聯保選]抽籤配貸各家耕牛而還
於是飲牛工作始得完成一部顯然本區需
要耕牛仍多本區仍在繼續努力各
處購買以期普遍

製印號紙刷印具文閣寶四山璧

华西实验区家畜保育工作站概况 9-1-197（2）

本站概況

一、沿革

本站的前身，原係農林部中央畜牧實驗所與中國農村復興聯合委員會，在民國三十七年十二月合辦的北碚種豬繁殖站，成立不久，時局變遷，經費無着，於三十八年五月，由中華平民教育促進會華西實驗區來接辦，更名謂中華平民教育促進會華西實驗區家畜保育工作站，現在的名稱。

二、宗旨

本站所負的使命，保育家畜，防治獸疫，為民眾服務，貢獻倡導，關於畜牧獸醫的科學常識和應用，灌輸到農村間去。

繁殖推廣大型的約克夏種豬，提倡喂養雜交豬，製造苗血清，防治獸疫保育家畜，以輔助農民，增加生產，謀福利，復興農村為目的。

三、組織

本站設主任，統轄總務、獸醫、畜牧三組，總務分事務文書、會計；獸醫分獸疫防治園、疫苗製造部；畜牧分種豬場養雞場。所有行政人事統受平教會華西區總办事處主任的管轄和指揮。

人事現有主任一人，技術員九人，事務人員二人，技工三人，

华西实验区家畜保育工作站概况　9-1-197（4）

工人三人，近因人事從簡，職員工，均各盡其材，各竭其力，競競業業，互助合作，以求本站的發展。

四、設備

辦公室一處，大小計七間，係最近修繕成的，地址在北碚北温泉路劉家院子九號，（原係中國西部博物館的舊房子）實驗室及疫苗製造部，同在辦公室裏頭。

種豬場正在建築中，計有二十四間，場址在金剛背陳家灣，約在本年底可全部完工，現豬場借用毛背沱兼善中學農場的豬棚，俟新建之豬場工程完竣，即可遷入新場

關於實驗室及疫苗製造的設備，現有的器材藥，甚為簡

略，計有器材三十二種，藥品四十五種。

五、經費

本站自成立以來，經費來源，由華西區總辦事處撥給修繕費三〇八五二元，疫苗製造費三〇〇元，購置費二五〇元，辦公費五〇〇元，飼料費二二五元，防疫費二一八七元，截至本年十月底止共計三七七〇·五〇元。由農復會撥給員工生活維持費五一元，疫苗製造費三〇〇元，防疫費二〇〇〇元，飼料費二八七六三元，截至本年十月底止共計三五二六·五三元。兩項共計撥給七二九六·一五元。

六、進行狀況

種豬原由南京中央畜牧實驗所運來大型約克夏種豬三十頭，

3

運到北碚後，現已繁殖六十六頭，已推廣三十一頭，現借用之豬場，因地址較為狹小，俟新建的豬場工程完竣遷移後，即可大規模繁殖，盡力推廣，改良本地豬種，增加農民的收益。

實驗室現用最新進的方法，製造兔化牛瘟疫苗，預防牛瘟。站中已組織獸疫防治隊，並分二隊，同時下鄉普遍預防注射，現已注射完成北碚所屬及附近的區域，截至現在止，共計注射牛隻有六千九百四十九頭，今仍積極進行巴縣，江北，江津，綦江，璧山區。

豬瘟預防注射的工作，已展開施行，現在巴二區預防注射

豬丹毒疫苗及血清，計已注射有一六八頭，（內有本場的豬廿十四頭）

七、其他

本站實驗室所製成的疫苗，因器材药品有限，目前僅可能製造兔化牛瘟疫苗，僅作預防牛瘟的注射。將來擬作雞瘟，及猪瘟等的預防苗，利用雞胚化的試驗，可以作該項的各種疫苗，如所有該項的器材药品，已向農復會申請撥發，俟領到後，即可大量製造應用。並計劃將來在站中設立獸醫門診部，關於各種家畜病症，隨時可以診斷醫治，造福農民。

牛瘟注射及猪疫防治的经过概述　9-1-197（8）

4

牛瘟注射及豬疫防治的經過概述

程紹明

一、籌備經過

我們為甚麽要牛瘟注射及豬疫防治呢？因為牛是種莊稼的動力，豬是農民的副產，並且豬的糞尿是種莊稼的好肥料，這兩種牲畜，為莊稼不可缺少，而且必備有的條件，也是農民的大本錢，如果遇到瘟疫發生流行，未曾經過預防注射的牲畜，必定受傳染而相繼的死亡，所受災的地方，則田地無牛耕，肥料無來源，莊稼無法耕種，根本也談不到收獲了，直接使農民生活發生問題，間接影響整個農村經濟，危險之大，莫斯為甚。

中華平民教育促進會華西實驗區有鑒於此，去年五月間即撥欵購買藥品，於普遍實施防疫工作，六月初農復會的專款核准，李德先生邀會赴蓉共商預防牛瘟計劃，因本館創辦伊始，人力物力，不敷分配，特約經濟部華西獸防處分擔璧山，榮昌，銅梁，大足，永川，隆昌等六縣的牛隻防疫工作，本館負責北碚，巴縣，江北，江津，綦江，五縣，分於六月開始製造兔化牛瘟疫苗，於七月二十日開始牛瘟預防注射工作，十一月初開始注射豬瘟預防，用豬丹毒防疫注射的工作。

二、宣傳及發動民力情況

工作由北碚開始，先函請北碚管理局，召集各鄉鎮長及保甲長輔導員民教主任會商進行，各鄉鎮實行宣傳工作，由民教人

牛瘟注射及猪疫防治的经过概述 9-1-197（10）

5

主任員負責與農民解釋，使他們相信兔化牛瘟疫苗的功効和好處，經注射後絕對安全，效力確實可靠，與耕牛毫的不利，打了針不但不忌，毫無任何反應，注射後，不妨碍耕田，碾米，推磨的工作，並且在兩年的時間內，保証不患牛瘟。如果農民还不放心，恐怕打了針以後，有任何危險的發生，則祇要經本區防疫團注射後十天以內，因反應過強，而患牛瘟死亡者，由本區防疫團派員驗明，負責照價賠償，經此保証宣傳的情况下，大部份農民对這次預防注射都很相信了。

以後每區未曾施行預防注射之前，都先由本人或隊長前往與區主任輔導員連絡，並講解，並散發告農民書，並且由民教主任輔導員至各鄉保每戶散發一張，並加解釋，所收到的效力甚較起初為佳。

三、工作進行情形及所遇之主要困難及解決辦法

疫苗的製造，在起初的時候，因本站修理的房舍，一時未及完工，故暫借用北碚醫院的一間房子，作為製造兔化牛瘟疫苗之所，俟後本站實驗室修建完竣，即移新地，但消毒仍借用該院的消毒器，製造時所用大量的蒸餾水，因購買不便，係請中國西部博物館代製，因為設備的簡陋，好多的器材都沒有，均想法來代替，如用冰桶，或溫水瓶裝上冰來代替冰箱，因為在很熱的天氣保存疫苗，是必需不可少的，總之沒有冰箱

牛瘟注射及猪疫防治的经过概述　9-1-197（12）

6

也得想法來解決。

防疫注射的工作，由北碚，巴一區，巴二區，巴七區，巴八區的順序作下去了，但不是我們那樣想像的順利，在從未受到過牲畜預防注射好處的農民，都取觀望的態度，後經注射的，都安全無事，他們才安心把牛牽來，甚至有要求補行注射者，我們因為提倡，雖經過週折，不計困難，都答應了他們的要求。

在北碚，巴一區，巴二區工作的時候，適逢暑天，氣候酷熱，只能在早晨的时间，將牛隻集中起來再行注射，遠隔高山的地方，集中更不容易了。實在不能集中，也不能怕跋涉之苦，跑到了吾満身大汗，浸透了衣服，還得去注射。此後工作尚未完了，即另派一組至巴一區工作，由王主鄉開始，注射頭數，不過四分之一，成績較差，以後加緊宣傳工作，注射頭數增至百分之八十至九十五。

十月初到巴七區的白市驛，開始工作的時候，正是雨多，路途泥濘，該區又是新開闢的區域，農民要說服他們，確是不易，又是秋耕的季節，有時走遍了我區，還莫有注射到一頭牛，我們才改變方法，函請巴縣政府，及本區總辦事處，加強協助，除輔導員民教主任應積極參加宣傳協助外，另令各鄉保甲長亦應盡量幫助，最近

7

並已八區工作，實施償罰的辦法：「若有不聽指揮，臨時將牛隻集中至指定日期地点者，罰了弾五排」，自此令頒發後，農民按時都把牛集集中了，我們為了農民的利益，起初雖然是取強迫性的注射，但行之久了，最後他們都願意接受了。

四、工作成績和統計

防疫的情形已由上項所述，為到一個區域，努力的成績更佳，到了最後，也就好轉，茲列表於后以資參考。

第一表　北碚區

日期 月日	鄉鎮別	離城距離	預防注射牛隻頭數	注射牛隻頭數	備考
7 10到	朝陽鎮	4華里			

7	27	朝陽鎮	12華里	77	1	
〃	23-26	澄江	25華里	209		
〃	27-28	金剛	14〃〃	49		
〃	29-31	黄楠	20〃〃	105		
8	1-10	二岩	22〃〃	44		
〃	6-11	龍鳳	40〃〃	79		
〃	12	童陽	7〃〃	9		
〃	12-13	白庙	37〃〃	17		
〃	13-15	文星	30〃〃	91		
〃	15	黄楠			2	

牛瘟注射及猪疫防治的经过概述 9-1-197（16）

月	日	鄉鎮別		頭數		備考
10	24-31	朝陽，從鳳，牛嵩，金剛，澄江，黃桷		115		此係注射該區各鄉鎮的牛隻數
合計				795	3	

第二表 巴一區

日期 月	日期 日	鄉鎮別	離城距離	預防注射牛隻頭數	備考
8	1-21	大主	55華里	211	
〃	17-21	青木	140〃〃	277	
〃	22-25	鳳凰	160〃〃	280	
〃	26-29	虎溪	150〃〃	592	
〃	29-30	西永	170〃〃	288	
〃	31	新發	60〃〃	~~[illegible]~~93	

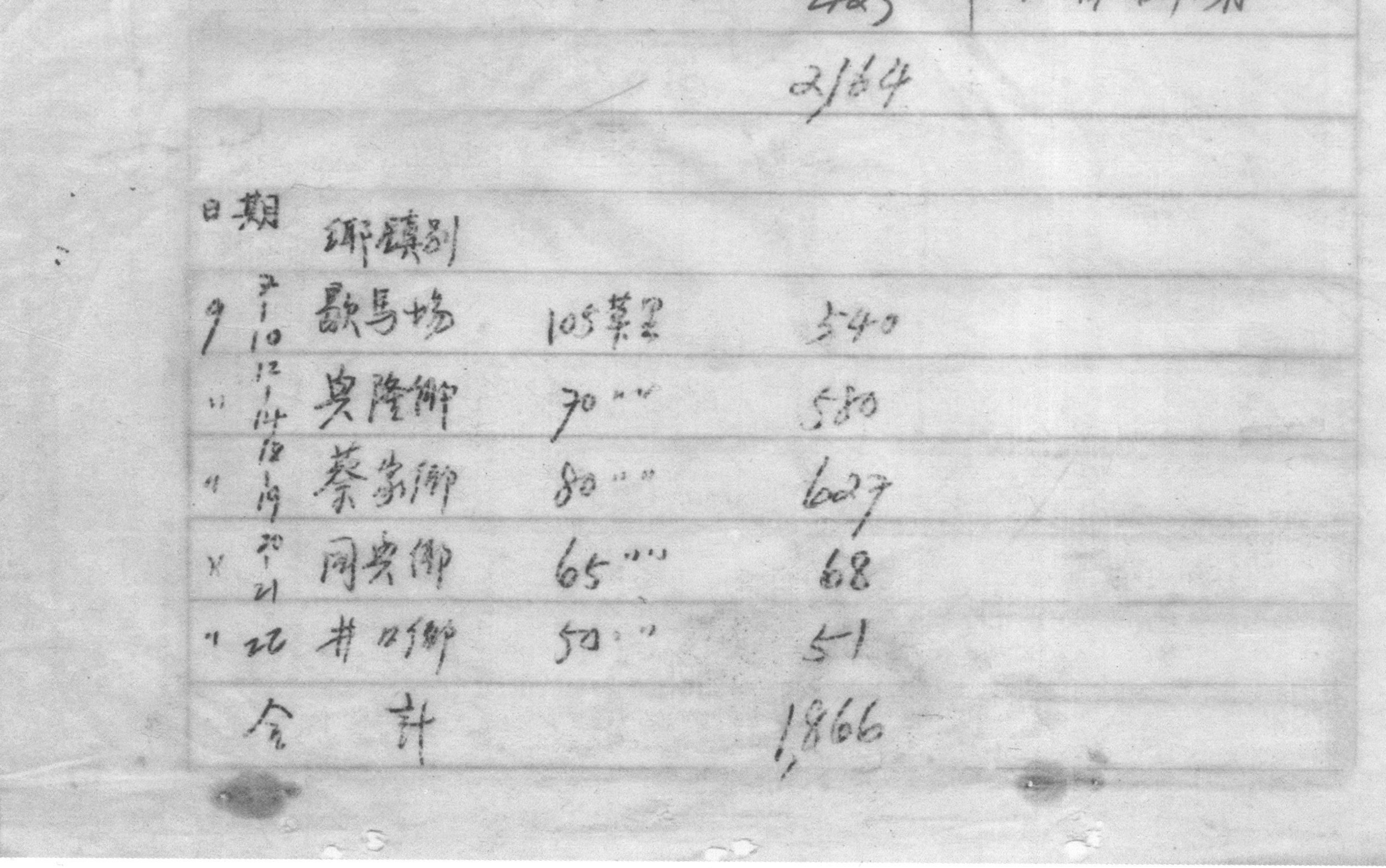

			423	[illegible]係未補行注射
			2,184	
日期	鄉鎮別			
9 7-10	歇馬場	105 英里	540	
〃 12-14	興隆鄉	70 〃	580	
〃 18-19	蔡家鄉	80 〃	627	
〃 20-21	同興鄉	65 〃	68	
〃 22	井口鄉	50 〃	51	
合計			1,866	

牛瘟注射及猪疫防治的经过概述 9-1-197（18）

第四表 巴七區

日期 月	日期 日	鄉鎮別	離城距離	預防注射牛隻頭數	備考
9	27—30	白市驛	70華里	367	
10	1—4	金谷鄉	62〃	65	
〃	5—7	曹家鄉	90〃	83	
〃	8—9	龍鳳鄉	90〃	93	
〃	10—15	走馬鄉	90	447	
合計				1055	

第五表 巴八區

日期 月	日期 日	鄉鎮別	離城距離	預防注射牛隻頭數	備考

牛瘟注射及猪疫防治的经过概述 9-1-197（19）

10	17-24	陶家鄉	115 華里	496
〃	25-28	銅罐鄉	100 〃〃	312
〃	31	西彭鄉	120 〃〃	261
		合計		1069
		現在仍進行中		

以上截至十月三十一日止共計牛瘟預防注射的牛隻六千九百四十九頭治療牛隻三頭現仍積極進行中，豬丹毒預防注射已注射已三區計九十七頭本站豬場注射七十四頭共計一百六十一頭。

四、經費

經費由農復會撥給銀元弍仟，本區撥給銀元弍仟七百七十八元共計四千七百七十八元。

五、結論

我們此次牛瘟豬瘟的預防注射，使農民由觀望，而漸趨積極的希望，不但願以預防，而且願意餘給他們的牲畜治療，並切許多農民除自願預防牛瘟及豬丹毒外，雞瘟及豬肺疫，亦希望來注射預防。惜以本區器材藥品有限，除兔化牛瘟疫苗製造應用外，均須養給於他人，至為遺憾，希望我們打下基礎，自己製造豬瘟和雞瘟的血清疫苗。前已向農復會申請一批器材藥品，如能撥到，我們可以竭盡力量，鼓起勇氣，來研究，來製造，為農民

牛瘟注射及猪疫防治的经过概述　9-1-197（20）

牛瘟注射及猪疫防治的经过概述　9-1-197（21）

謀福利。

种猪场近况的情形　9-1-197（22）

11

種豬場近況的情形

一、種豬來源

本年一月，由南京中畜所運來「大約克縣」純種豬〈30〉頭計有公豬〈3〉頭母豬〈6〉頭小豬〈21〉頭（公豬16頭母豬5頭平均年齡四個月）

二、飼養管理情形

種豬飼料以「玉米」為主，「麩皮」「米糠」「黃豆粉」等副之，並加食鹽，骨粉配成「混合飼料」喂給（另給青飼料）除玉米由農復會撥給四六〇袋外，其餘飼料需向市場購買。

種豬運抵北碚時，暫借兼善農場豬舍飼養（兩圈方，

种猪场近况的情形　9-1-197（23）

猪多，管理困难，现已另建猪舍二座，有猪圈二十间，月内可完工，種猪即將迁入新舍，今後飼養管理工作當較便利。

三、繁殖情形

自一月份至十月份，本場母猪，先後生產小猪66頭（育成數）其中15頭（公猪8頭母猪7頭）平均年齡七个月，已推廣出場，目前尚餘小猪〈49〉頭（公猪21頭母猪28頭）其中平均年齡六个月者〈25〉頭，二个月者〈14〉，一个月者〈10〉頭。

四、推廣情形

迄十月份止，本場已推廣種猪共17頭分配如下：

(一)實驗區所屬西一區繁殖站 六頭（公猪四头母猪二头）

北碚管理局黄桷镇第十九保农家及非农家饲养家畜、耕农类别统计表　9-1-51（127）

82

北碚管理局黄桷鎮第十九保農家及非農家飼養家畜耕農類別統計表

保甲户别	户長姓名	農家飼養家畜：水牛	黄牛	羊	猪	鷄	鴨	兎	鴿	馬	騾	驢	鵝	非農家飼養家畜（水牛、黄牛、羊、猪、鷄、鴨、兎、鴿、馬、騾、驢、鵝）	耕農類別：自耕農 田	自耕農 土	半自耕農 自有田土	半自耕農 佃田土	佃農 田	佃農 土	合計	備考
19-1-1	龔自清	1			4	5													50	7	57	（以老至[illegible]）
2	胡炳雲	1		2	6	4	3												40	5	45	
3	辛炳臣	1			4	7	4												40	5	45	
4	張吉成				1	3														1.2	1.2	
5	江海雲				1	2														4	4	
6	劉萬全				1	2														2	2	
7	王俊德				2	3														3.4	3.4	
8	王炳臣				2	3														3	3	
9	王德全				2	4														3.6	3.6	
10	邵茂軒				2	3														1.2	1.2	
11	余方臣				1	2														0.6	0.6	
12	艾俊德	1			4	7	2												40	6	46	
19-2-1	鄧興發	1			4	5													30	4	34	
3	王興發	1			2	5	3												30	4	[illegible]4	

保甲户別	户長姓名	農家及非農家飼養家畜																								耕農類別								備考
		農家												非農家												自耕農		半自耕農 自有		半自耕農 佃有		佃農		合計	
		水牛	黃牛	羊	猪	鷄	鴨	兔	鴿	馬	騾	驢	鵝	水牛	黃牛	羊	猪	鷄	鴨	兔	鴿	馬	騾	驢	鵝	田	土	田	土	田	土	田	土		
19 2 5	李華友	1			5	7																										30	5.5	35.5	
8	張少益				3	4																										40	5	45	
9	張述雲				2	5																										20	2.5	22.5	
10	王德軒	1			2	4																										20	2.5	22.5	
19 3 1	張大臣				2	5																				7.5	3							10.5	
2	張永亨				4	6																				7.5	3							10.5	
4	張述臣				2	3																				3	1.2							4.2	
5	張良臣				2	2																				3	1.2							4.2	
6	張炳臣				2	6																				3.2	1							4.2	
7	張金山				1	2																				1	1							2	
10	張永才				1	3																				1	1							2	
11	張炳雲				2	4																				1	1							2	
19 4 1	張稽清				2	3																				1	1.2							2.2	
2	張餘順				2	6																					2							2	
3	周炳樹				2	4																											2	2	
4	胡炳臣				2	7																				5	2.4							7.4	

北碚管理局黄桷镇第十九保农家及非农家饲养家畜、耕农类别统计表　9-1-51（129）

83

编号	姓名								
5	張福安	2	3	2	6	1			7
6	張漢臣	2	4			2			2
7	張理三		4		4	1			5
8	李洪臣	1	2					1.6	1.6
9	張永祥	4	5				25	4	29
11	張吉臣	3	4				8 1 12 1		12
12	譚復興	1	2					3.2	3.2
13	胡海泉	1	4					1.2	1.2
19保5甲 1	李炳寅	4	6	2			25	4	29
2	段洪春	4	4	1			15	4	19
4	吳三興	4	5	2			50	8	58
6	邵雲臣	1	2		0.5	1.2			1.7
7	邵吉富	1	2		0.6	1			1.6
8	邵劉氏		2			1			1
9	嚴紹泉	3	3	3			50	8	58
11	邵吉貴	2	4		0.6	1			1.6
12	邵青云		1		0.6	1			1.6
13	邵昌發	2	2		0.6	1			1.6
14	邵丁氏	1	3		0.6	1			1.6
19保6甲 1	張順臣	2	4				40	4	44

北碚管理局黄桷镇第十九保农家及非农家饲养家畜、耕农类别统计表 9-1-51（130）

农家及非农家饲养家畜耕农类别

保甲户别	户长姓名	农家 水黄牛	农家 羊	农家 猪	农家 鸡	农家 鸭	农家 火鸡	农家 马	农家 骡	农家 驴	农家 鹅	非农家 水黄牛	非农家 羊	非农家 猪	非农家 鸡	非农家 鸭	非农家 火鸡	非农家 马	非农家 骡	非农家 驴	非农家 鹅	自耕农耕地 田	自耕农耕地 土	半自耕农耕地 自有 田	半自耕农耕地 自有 土	半自耕农耕地 佃有 田	半自耕农耕地 佃有 土	佃农耕地 田	佃农耕地 土	合计	备考
19保6甲2户	王楚佛			1	4																		36							3.6	
3	潘合良			2	2																							10	1	11	
4	江述全			3	2	1																						40	2	42	
5	江炳雲	1		2	4																							30	2	32	
7	李明知			2	2																							30	3	33	
8	王皓如			5	7																		2							2	
10	艾銀呂			2	4																							8	3	11	
11	胡漢清			1	2																	10	1							11	
12	胡澤之				2																		2							2	
19保7甲1户	涂絡清		2	2	5																								5	5	
2	李永吉			1	4																							20	4	24	
3	胡絡雲				2																	2	1							3	
4	胡絡周		1	3	1																	3	3							6	
5	唐雙云			2	2																								2	2	
6	李良山	1		2	5																	12.5	2							14.5	
7	李朝六			4	4																	12.5	2							14.5	

北碚管理局黄桷镇第十九保农家及非农家饲养家畜、耕农类别统计表 9-1-51（131）

84

5 王楨澤	19 9 1 李炳臣	15 唐興順	13 袁樹林	12 譙興順	11 江仁田	10 譙漢清	9 鄧國福	8 譙錫光	6 譙學程	5 李朝仲	4 劉長清	3 譙緒高	2 余興發	19 8 1 譙合清	12 李興臣	11 楊海元	10 張銀臣	9 李約三	8 李青碧
	1					1	1					1					1		
2	4	1	4	1		1	2	1	2	2		3		2	3		2		2
3	4	2	2	1	1	3	4	2	5	3		4	1	4	5	1	4	2	4
							1			2		1		2			2		
											1								
											2								
																			8
								1	1	1									2
																	4		
																	1		
																	20		
																	2		
5	40		20			20	30					40		10					
4	4	1	5	1	1	4	3				1	6	1	4	1.2	1.6		1	
9	44	1	25	1	1	24	33	1	1	1	1	46	1	14	1.2	1.6	27	1	10

北碚管理局黄桷镇第十九保农家及非农家饲养家畜、耕农类别统计表　9-1-51（132）

农家及非农家饲养家畜耕农类别

保甲户别	户长姓名	农家（水黄牛、羊、猪、鸡、鸭、兔、鹅、马、骡、驴）	非农家（水黄牛、羊、猪、鸡、鸭、兔、鹅、马、骡、驴）	自耕农自有耕地（田/土）	佃农租地（田/土）	合计	备考
19-9-6	鄧義臣	1 2			15 4	19	
7	邵國雲	1 2			15 4	19	
11	劉治民	2 4		土 1		1	
12	張興臣	2 2		5 1		6	
13	張少良	1 2		5 1		6	
14	張匹氏	1 3		7 1		8	
15	明安吉	4 4		20 2		22	
19-2-2	唐述清		2 4				
4	鄧全偉		2				
12	殷王氏		2				
19-3-10	鄧海廷		1 3				
19-5-3	陳宴三		2				
19-6-6	王運林		5 6				
9	佘海清		1 3		1	1	
8-7	譴萬氏		1 3				
14	劉濟川		2 4 3				

北碚管理局黄桷镇第十九保农家及非农家饲养家畜、耕农类别统计表 9-1-51（133）

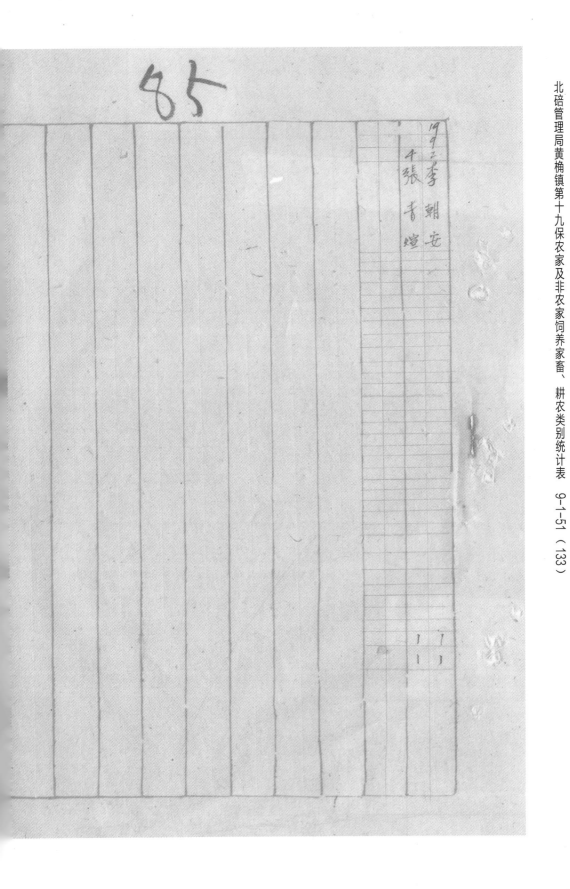

85

19/9/2 李朝安

4 張青煊

北碚管理局黄桷镇第十九保农家及非农家饲养家畜、耕农类别统计表　9-1-51（133）

獸疫防治處 52

注射記錄表

地名[illegible] [illegible]年[illegible]月[illegible]日

菌苗種類	來源	號數	注射方法	血清量	菌苗量	備註
[illegible]	[illegible]		[illegible]		0.5cc	
[illegible]			〃			[illegible]
	〃		〃		0.5cc	
〃	〃		〃		〃	
〃	〃		〃		〃	
[illegible]	〃		〃		〃	[illegible]
〃	〃		〃		0.5cc	
〃	〃		〃		〃	
〃	〃		〃		〃	
〃	〃		〃		〃	
〃	〃		〃		〃	
〃	〃		〃		〃	
〃	〃		〃		〃	
〃	〃		〃		〃	[illegible]
〃	〃		〃		〃	
〃	〃		〃		〃	
〃	〃		〃		〃	
[illegible]	〃		〃		〃	
[illegible]	〃		〃		〃	[illegible]
〃	〃		〃		〃	
〃	〃		〃		〃	
〃	〃		〃		〃	
〃	〃		〃		〃	
〃	〃		〃		〃	

防疫員

农林部华西兽疫防治处兽疫防治注射记录表（一九四九年七月二十四日至二十六日） 9-1-132（79）

农林部华西兽疫防治处兽疫防治注射记录表（一九四九年七月二十四日至二十六日） 9-1-132（80）

农林部[illegible]

兽疫防[illegible]

[illegible]縣＿＿＿區中[illegible]鎮＿＿＿保＿＿＿

畜數	畜主姓名	畜號	種屬	性別	年齡	毛色	體重	體
1	吴[illegible]	361	黄牛	母	[illegible]	黄[illegible]		
2	吴安臣		〃	〃	5	〃		
3	[illegible]文华	367	〃	公	15	〃		
4	〃	366		〃	10	〃		
5	〃	365	水牛	母	15	灰		
6	[illegible]李氏		黄牛	〃	15	〃		
7	[illegible]	[illegible]	水牛	母	15	〃		
8	[illegible]	38[illegible]	〃	〃	15	〃		
9	[illegible]	383	〃	母	10	〃		
10	[illegible]	380	〃	〃	8	〃		
11	[illegible]	383	〃	〃	5	〃		
12	[illegible]	382	〃	公	6	〃		
13	[illegible]清	381	〃	母	7	〃		
14	[illegible]	380	〃	〃	10	〃		
15	[illegible]	379	〃	〃	2	〃		
16	周[illegible]	378	〃	〃	6	〃		
17	[illegible]	377	〃	〃	4	〃		
18	[illegible]	376	〃	〃	10	〃		
19	[illegible]	375	黄牛	〃	0.5	黄		
20	[illegible]		水牛	公	15	灰		
21	[illegible]	37[illegible]	〃	母	2	〃		
22	[illegible]	373	〃	〃	10	〃		
23	[illegible]	372	〃	〃	2	〃		
24	[illegible]芳	371	〃	〃	1	〃		
25	潘[illegible]林		〃	〃	[illegible]	〃		
共計								

獸疫防治處

注射記錄表

地名

38 年 7 月 24 日

菌苗種類	來源	號數	注射方法	血清量	菌苗量	備註
[illegible]	[illegible]		皮下注射		0.5cc	
〃	〃				〃	
〃	〃		〃		〃	
〃	〃		〃		〃	
〃	〃		〃		〃	
〃	〃		〃		〃	

防疫員

农林部华西兽疫防治处兽疫防治注射记录表（一九四九年七月二十四日至二十六日） 9-1-132（81）

农林部华西兽疫防治处兽疫防治注射记录表（一九四九年七月二十四日至二十六日） 9-1-132（82）

農林部華

獸疫防

[illegible]縣______區[illegible]鎮______保______

畜數	畜主姓名	畜號	種屬	性別	年齡	毛色	體重	體
1	[illegible]	[illegible]	水牛	[illegible]	15	[illegible]		[illegible]
2	[illegible]金山	[illegible]	[illegible]	[illegible]	6	[illegible]		[illegible]
3	[illegible]	[illegible]	[illegible]	[illegible]	10	[illegible]		[illegible]
4	[illegible]	[illegible]	黃牛	[illegible]	3	[illegible]		[illegible]
5	[illegible]	[illegible]	[illegible]	[illegible]	5	[illegible]		[illegible]
6	[illegible]	[illegible]	[illegible]	[illegible]	20	[illegible]		[illegible]
7								
8								
9								
10								
11								
12								
13								
14								
15								
16								
17								
18								
19								
20								
21								
22								
23								
24								
25								
共計								

……獸疫防治處 54

……注射記錄表

……地名 [illegible]　　38 年 7 月 24 日

……菌苗種類	來源	號數	注射方法	血清量	菌苗量	備註
[illegible]	[illegible]		[illegible]		0.5c.c.	

防疫員＿＿＿＿＿＿

农林部华西兽疫防治处兽疫防治注射记录表（一九四九年七月二十四日至二十六日）　9-1-132（83）

农林部华西兽疫防治处兽疫防治注射记录表（一九四九年七月二十四日至二十六日） 9-1-132（84）

農林部……

獸疫防……

[illegible]縣＿＿區 [illegible] 鎮＿＿保＿＿

畜數	畜主姓名	畜號	種屬	性別	年齡	毛色	體重	體…
1	[illegible]	197	[illegible]	[illegible]	[illegible]			[illegible]
2	[illegible]	198	〃	[illegible]	[illegible]			[illegible]
3	[illegible]	199	〃	[illegible]	[illegible]			[illegible]
4	[illegible]	[illegible]	〃	〃	[illegible]			[illegible]
5	〃	[illegible]	〃	[illegible]	[illegible]			[illegible]
6	[illegible]	401	〃	[illegible]	[illegible]			[illegible]
7	[illegible]	402	〃	〃	[illegible]			[illegible]
8	[illegible]	403	〃	〃	[illegible]			[illegible]
9	[illegible]	404	〃	〃	[illegible]			[illegible]
10	[illegible]	405	〃	〃	[illegible]			[illegible]
11	[illegible]	406	〃	[illegible]	[illegible]			[illegible]
12	[illegible]	407	〃	[illegible]	10			[illegible]
13	[illegible]	408	〃	〃	[illegible]			[illegible]
14	[illegible]	409	〃	〃	[illegible]			[illegible]
15	王来全	410	〃	〃	[illegible]			[illegible]
16	[illegible]	~~[illegible]~~ 412 〃		[illegible]	[illegible]			3
17	[illegible]	~~[illegible]~~ 413 〃		[illegible]	[illegible]			3
18	[illegible]	~~[illegible]~~ 414 〃		[illegible]	1			3
19	[illegible]	~~[illegible]~~ 415 〃		〃	[illegible]			[illegible]
20	[illegible]	~~[illegible]~~ 416 〃		[illegible]	10			[illegible]
21	[illegible]	~~[illegible]~~ 417 〃		〃	1			[illegible]
22	[illegible]	~~[illegible]~~ 418 〃		〃	10			3
23	[illegible]	~~[illegible]~~ 419 〃		〃	5			3
24	[illegible]	~~[illegible]~~ 420 〃		[illegible]	[illegible]			[illegible]
25	[illegible]	~~[illegible]~~ 421 〃		[illegible]	[illegible]			3
共計								

农林部华西兽疫防治处兽疫防治注射记录表（一九四九年七月二十四日至二十六日） 9-1-132（85）

55

獸疫防治處

注射記錄表

地名 大[illegible] 38 年 7 月 24 日

血清菌苗種類	來源	號數	注射方法	血清量	菌苗量	備註
[illegible]	全[illegible]		皮下注射		0.5cc	
〃	〃		〃		〃	
〃	〃		〃		〃	
〃	〃		〃		〃	

防疫員

农林部华西兽疫防治处兽疫防治注射记录表（一九四九年七月二十四日至二十六日） 9-1-132（85）

農林部
獸疫防

璧山縣 三 區 [illegible]鎮 ____ 保

畜數	畜主姓名	畜號	種屬	性別	年齡	毛色	體重	[illegible]
1	[illegible]	175	黄牛	[illegible]	15			[illegible]
2	[illegible]	176	水牛	[illegible]	12			[illegible]
3	[illegible]	177	〃	[illegible]	6			[illegible]
4	張松林	178	〃	公	2			[illegible]
5								
6								
7								
8								
9								
10								
11								
12								
13								
14								
15								
16								
17								
18								
19								
20								
21								
22								
23								
24								
25								
共計								

农林部华西兽疫防治处兽疫防治注射记录表（一九四九年七月二十四日至二十六日） 9-1-132（86）

獸疫防治處 56

注射記錄表

地名 [illegible] 38 年 7 月 25 日

菌苗種類	來源	號數	注射方法	血清量	菌苗量	備註
[illegible]	[illegible]		[illegible]		[illegible]	
〃	〃		〃			
〃	〃		〃			
〃	〃		〃			[illegible]
〃	〃		〃			[illegible]

防疫員

农林部华西兽疫防治处兽疫防治注射记录表（一九四九年七月二十四日至二十六日） 9-1-132（86）

農林部

獸疫防

[illegible]縣 區[illegible]鎮 保

畜數	畜主姓名	畜號	種屬	性別	年齡	毛色	體重
1	[illegible]	301	黄牛	[illegible]	1		
2	[illegible]	302	水牛	〃	15		
3	[illegible]	303	〃	〃	10		
4	〃	304	〃	〃	5		
5	[illegible]	305	〃	〃	3		
6	[illegible]	306	〃	〃	10		
7	[illegible]	307	〃	〃	10		
8	[illegible]	[illegible]	〃	〃	5		
9	[illegible]	309	〃	〃	8		
10	[illegible]	310	〃	〃	8		
11	[illegible]	311	〃	〃	10		
12	[illegible]	312	〃	〃	6		
13	[illegible]	313	〃	〃	10		
14	[illegible]	314	〃	〃	9		
15	[illegible]	315	〃	〃	10		
16	[illegible]	316	〃	〃	10		
17	[illegible]	317		〃	3		
18	[illegible]	318	〃	〃	4		
19	[illegible]	319	黄牛	〃	7		
20	[illegible]		水牛	〃	15		
21	[illegible]	300	〃	〃	15		
22	[illegible]		〃	[illegible]	6		
23							
24							
25							
共計							

獸疫防治處

射記錄表

名 [illegible] 38 年 7 月 25 日

菌苗種類	來源	號數	注射方法	血清量	菌苗量	備註
[illegible]	[illegible]		[illegible]		0.5cc	

防疫員 ________

农林部华西兽疫防治处兽疫防治注射记录表（一九四九年七月二十四日至二十六日） 9-1-132（87）

农林部华西兽疫防治处兽疫防治注射记录表（一九四九年七月二十四日至二十六日） 9-1-132（87）

農林部華

獸疫防

[illegible]山縣　三　區　[illegible]鎮　　　保

保	甲	畜數	畜主姓名	畜號	種屬	性別	年齡	毛色	體重	體
3	2	1	[illegible]	429	水牛	[illegible]	14			3
〃	3	2	[illegible]	430	〃	〃	13			3
〃	8	3	[illegible]	431	〃	〃	6			3
〃	8	4	[illegible]	432	〃	〃	7			3
〃	8	5	[illegible]	433	〃	〃	12			3
〃	8	6	[illegible]	434	〃	〃	12			3
〃	8	7	[illegible]	435	〃	〃	2.5			3
〃	8	8	[illegible]	436	〃	〃	7			3
4	7	9	[illegible]	437	〃	〃	2.5			3
〃	3	10	[illegible]	438	〃	公	2.5			3
〃	5	11	[illegible]	439	〃	〃	8			
〃	5	12	[illegible]	440	〃	[illegible]	10			
〃	3	13	[illegible]	441	〃	〃	7			
〃	5	14	[illegible]	442	〃	〃	8			
〃	5	15	[illegible]	443	〃	〃	3			
〃	4	16	[illegible]	444	〃	〃	5			
		17								
		18								
		19								
		20								
		21								
		22								
		23								
		24								
		25								
		共計								

农林部华西兽疫防治处兽疫防治注射记录表（一九四九年七月二十四日至二十六日） 9-1-132（88）

獸疫防治處

注射記錄表

地名 [illegible] 38 年 7 月 25 日

菌苗種類	来源	號數	注射方法	血清量	菌苗量	備註
[illegible]	[illegible]		[illegible]		[illegible]	

防疫員

农林部华西兽疫防治处兽疫防治注射记录表（一九四九年七月二十四日至二十六日） 9-1-132（88）

農林部華[illegible]

獸疫防[illegible]

璧山縣＿＿區[illegible]鎮＿＿保＿＿

係	甲	畜數	畜主姓名	畜號	種屬	性別	年齡	毛色	體重	體[illegible]
2	7	1	[illegible]	177	水牛	[illegible]	2			3
〃	7	2	[illegible]	180	〃	[illegible]	7			3
〃	6	3	[illegible]	181	〃	〃	13			3
〃	6	4	[illegible]	182	〃	〃	9			3
〃	6	5	[illegible]	183	〃	[illegible]	4			3
〃	6	6	[illegible]	184	〃	〃	3			3
〃	6	7	[illegible]	185	〃	[illegible]	12			3
〃	5	8	[illegible]	186	〃	[illegible]	6			3
〃	7	9	[illegible]	187	〃	[illegible]	16			3
〃	7	10	[illegible]	188	〃	〃	5.5			3
〃	4	11	[illegible]	189	〃	〃	13			3
〃	7	12	[illegible]	190	〃	[illegible]	14			3
〃	1	13	[illegible]	191	〃	[illegible]	2.5			
〃	1	14	[illegible]	192	〃	〃	2			3
〃	1	15	[illegible]	193	〃	〃	14			3
〃	1	16	[illegible]	194	〃	[illegible]	7			3
〃	1	17	[illegible]	195	〃	〃	3			3
〃	1	18	[illegible]	422	〃	〃	13			3
〃	1	19	〃	423	〃	〃	3			3
〃	[illegible]	20	[illegible]	424	〃	〃	2			3
〃	1	21	[illegible]	176	〃	[illegible]	3			3
〃	1	22	[illegible]	425	〃	[illegible]	7			3
〃	1	23	[illegible]	426	〃	〃	6			3
〃	1	24	〃	427	〃	[illegible]	13			3
〃	1	25	[illegible]	428	〃	[illegible]	5			3
		共計								

□獸疫防治處 59

□注射記錄表

□地名＿＿＿＿ 38 年 7 月 26 日

□菌苗種類	來源	號數	注射方法	血清量	菌苗量	備註
L.L.S.	[illegible]	P.	Subcutaneous		0.5cc	[illegible]
〃	〃	〃	〃		〃	〃
〃	〃	〃	〃		〃	〃
〃	〃	〃	〃		〃	〃
〃	〃	〃	〃		〃	[illegible]
〃	〃	〃	〃		〃	[illegible]
〃	〃	〃	〃		〃	〃
〃	〃	〃	〃		〃	〃
〃	〃	〃	〃		〃	〃
〃	〃	〃	〃		〃	〃
〃	〃	〃	〃		〃	〃
〃	〃	〃	〃		〃	〃
〃	〃	〃	〃		〃	〃
		〃		13头		
				[illegible]	[illegible]	[illegible]
						[illegible]
				[illegible]	[illegible]	[illegible]
						[illegible]

防疫員＿＿＿＿＿＿＿

农林部华西兽疫防治处兽疫防治注射记录表（一九四九年七月二十四日至二十六日） 9-1-132（89）

农林部华西兽疫防治处兽疫防治注射记录表（一九四九年七月二十四日至二十六日） 9-1-132（89）

農林部

獸疫防

璧山縣 三 區 來鳳 鎮＿＿＿保＿＿＿

保	甲	畜數	畜主姓名	畜號	種屬	性別	年齡	毛色	體重	體
5	8	1	鍾炳燊	085	[illegible]牛	♂	10			
5	8	2	王文彬	086	〃	〃	2			
5	1	3	蕭榮聲	087	〃	〃	5			
5	1	4	龍達清	088	〃	〃	5			
7	11	5	黄少英	445	〃	〃	4			
8	2	6	潘樹成	446	〃	〃	2			
8	1	7	刘代发	447	〃	〃	3			
8	4	8	林云清	448	〃	♀	5			
8	4	9	鄧禄三	449	〃	♂	7			
〃	〃	10	何志云	451	〃	〃	7			
〃	〃	11	黄荣林	450	〃	♀	6			
8	1	12	吴国臻	452	〃	♂	4			
8	4	13	冯清云	453	〃	♀	12			
		14								
		15								
		16								
		17								
		18								
		19								
		20								
		21								
		22								
		23								
		24								
		25								
		共計								

璧山县一九四九年度各乡兽疫防治工作有关人员奖惩表　9-1-146（60）

33

三科

璧山县卅八年度乡乡兽疫防治工作有关人员奖惩表

乡镇别	应受奖惩者	评语	奖励	惩处	备考
来凤乡	第六保民教主任	宣传不力	/	记过一次	
定林乡	第五保民教主任唐富观	玩忽政令	/	[illegible]撤职	
〃〃	第八保民教主任	未尽职责	/	记过一次	
健龙乡	第五保民教主任	玩抗不力	/	撤职	
三合乡	七、八保民教主任	工作不力	/	记过一次	
接龙乡	中心民教主任	亲身督导	记大功一次	/	
大路乡	民教主任	努力宣传	传令嘉奖	/	
龙溪乡	三、四、五、六保民教主任	均未到场协助	/	免予撤职	

第四表 華西實驗區璧山縣第六輔導區七塘鄉第七社學區
養豬户數及數量之統計表　38年9月16日（單位：一頭，一户）

豬數	總計頭數	雄豬 户數	雄豬 頭數	母豬 户數	母豬 頭數	肉豬 户數	肉豬 頭數
總計	209	219	1	219	0	219	208
0	0	218	0	219	0	79	0
1	97	1	1			96	96
2	62					31	62
3	18						
4	20					5	20
5	5					1	5
6							
7	7					1	7
8							
9							
10							
11及以上							

华西实验区璧山县第六辅导区七塘乡第七社学区养猪户数及数量之统计表　9-1-254（231）

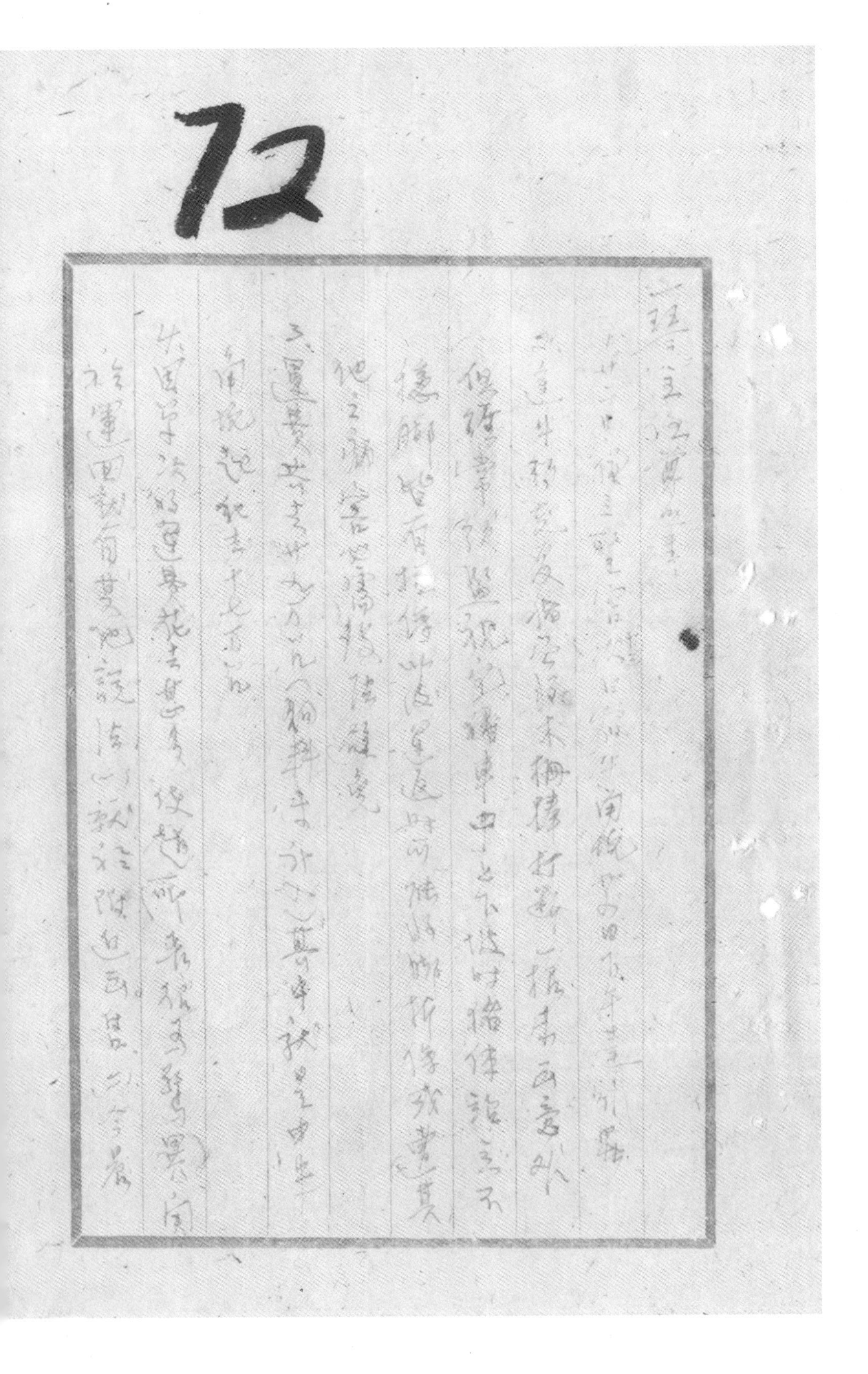

华西实验区办事处工作人员秦文熙、郭准堂与陶一琴就繁殖种猪事宜的往来信函 9-1-95（6）

华西实验区办事处工作人员秦文熙、郭准堂与陶一琴就繁殖种猪事宜的往来信函　9-1-95（7）

73

华西实验区办事处工作人员秦文熙、郭准堂与陶一琴就繁殖种猪事宜的往来信函 9-1-95（8）

74

敬礼

今晨到吉平所长处事接洽与何善之谈及繳
收何老五猪事（[illegible]）
公猪[illegible]请速凑集[illegible]
交蓉猪随李士壇何志猪以免搁延时日以暂
蒙民代会议决廿日即告结束
二、此次为运猪去蓉院购买大個猪架暨
役借梁一批圆与我俩一交乾架用（原公批）若干木
五十六個每个玖仟元共十四万〇千元俟购地

已制卡

准发

中華平民教育促進會華西實驗區總辦事處用牋

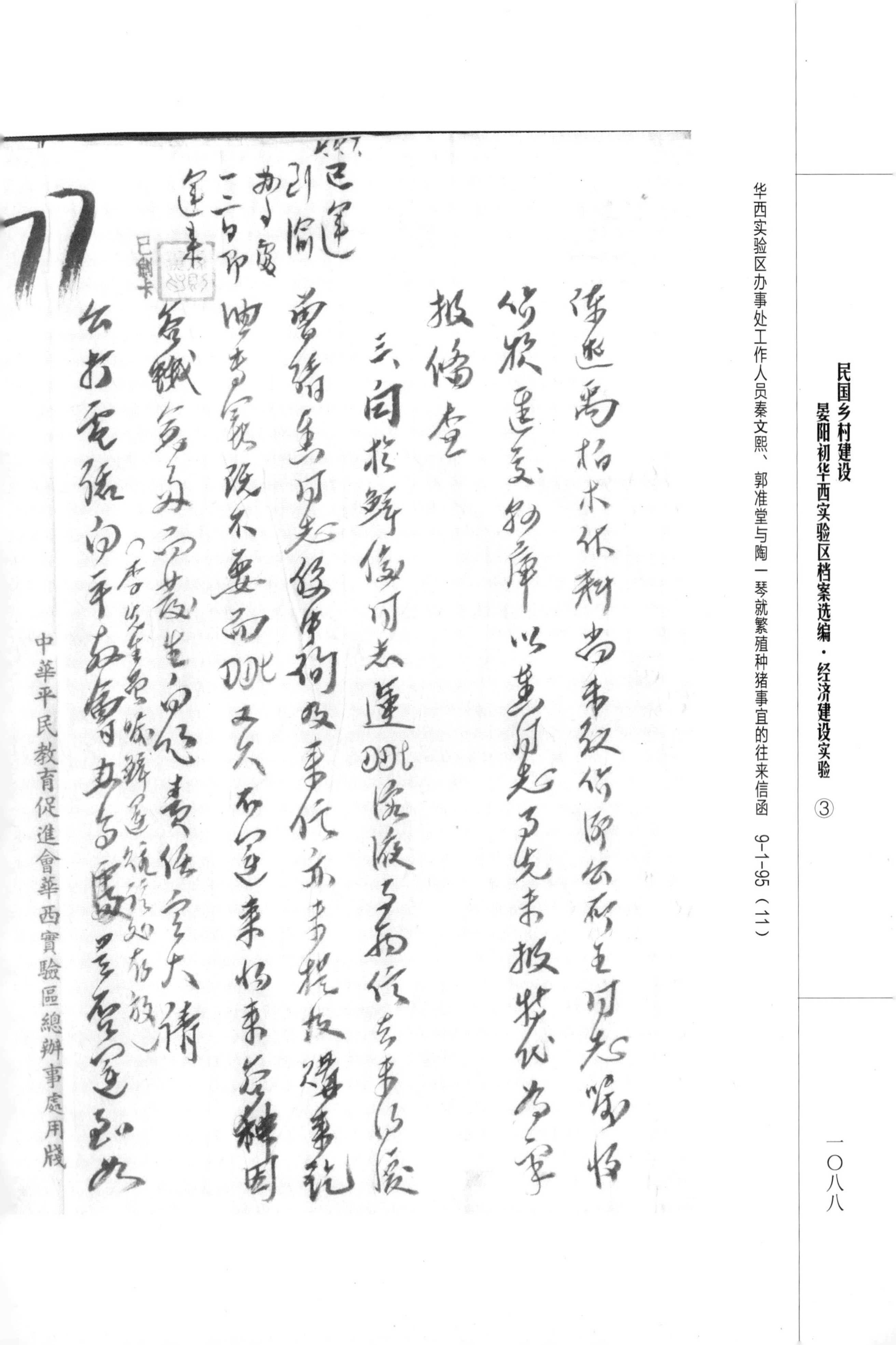

华西实验区办事处工作人员秦文熙、郭准堂与陶一琴就繁殖种猪事宜的往来信函 9-1-95（11）

已制卡

中華平民教育促進會華西實驗區總辦事處用牋

华西实验区办事处工作人员秦文熙、郭准堂与陶一琴就繁殖种猪事宜的往来信函　9-1-95（12）

78

来函敬悉　派员运赴川署农林人员训练
班向璧县取约克夏种猪由
将运至本处以便璧县各乡推广
办
只今日已向扩大生产部会议动员修整猪
圈布置换种前信商承稽及调生产部
方面情况如何希示知　此致
敬礼
弟　陶一琴　启　十一月廿六夜
秦郭先生台同知

中華平民教育促進會華西實驗區總辦事處用箋

已創卡

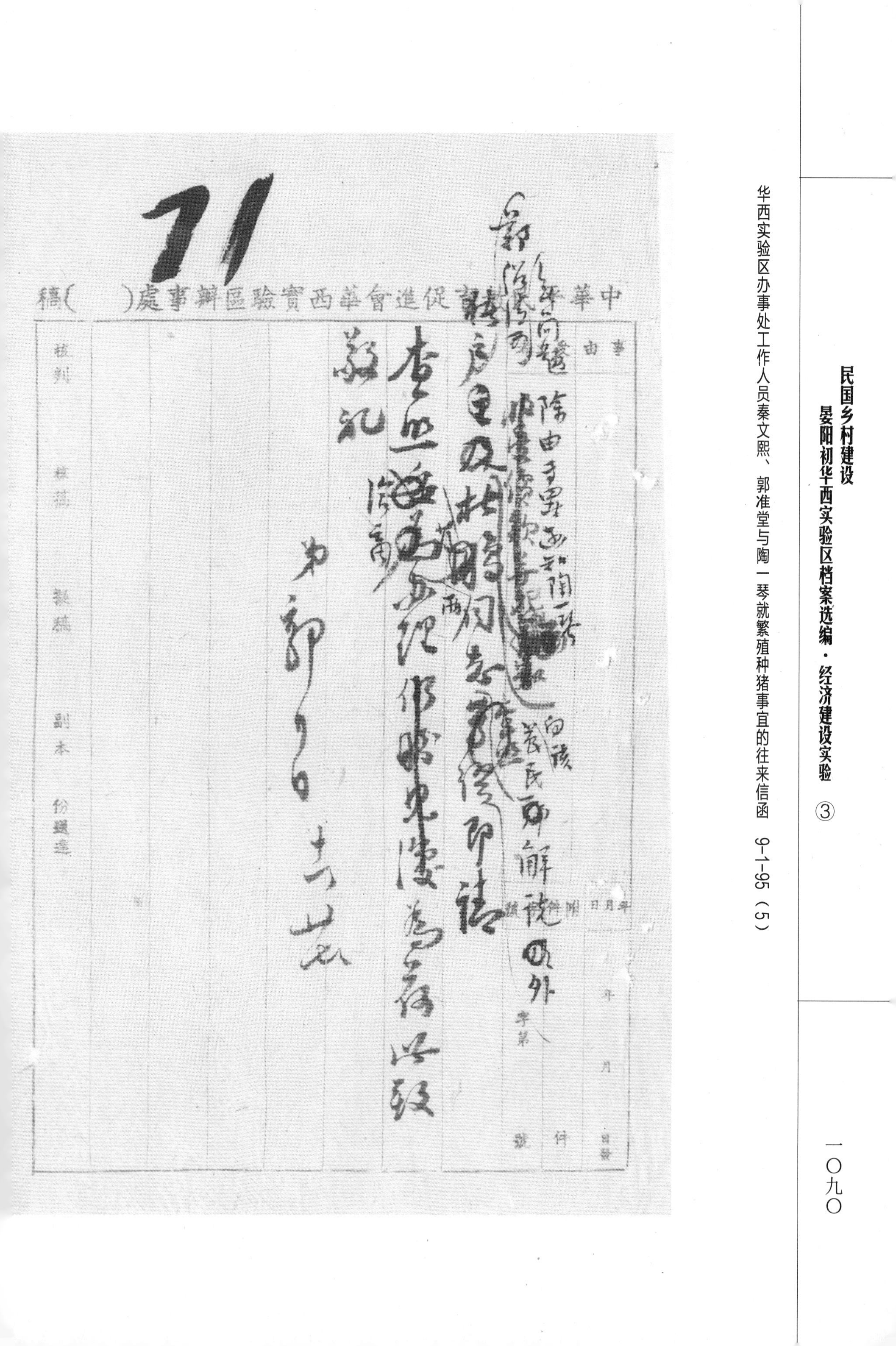

华西实验区办事处工作人员秦文熙、郭准堂与陶一琴就繁殖种猪事宜的往来信函 9-1-95（5）

71

中華平民教育促進會華西實驗區辦事處（ ）稿

事由

核判

核稿

擬稿

副本 份

附件

年 月 日發

字第 號

华西实验区办事处工作人员秦文熙、郭准堂与陶一琴就繁殖种猪事宜的往来信函 9-1-95（9）

琴公賜鑒：

六、秦文熙同志於十月廿三日邀約堯慧女史等偕商往量公豬種為一頭與鳳凰農戶鄧紹倫等代就交青四五方科長決定：①兩頭公豬一頭共帶去飯運費起程前元今日限運往云豬留行籌於昔日下午抵口寨當並發去茲就交其以運費兩元。②該民鄧紹倫請之豬尤最先當事計算由陳家壩運去所運費太貴擬將公豬兩就地速移轉手農戶價計算欽要求生郎武交江北劉善民豬一頭由廠價準，申行要趕回價款二擬何辦法請示。劉善民等各談請求前來接見豬僅善四個月農民亦並無問題但須函知貴陶一琴轉知。

十一月廿六日

中華平民教育促進會華西實驗區總辦事處用牋

华西实验区办事处工作人员秦文熙、郭准堂与陶一琴就繁殖种猪事宜的往来信函 9-1-95（4）

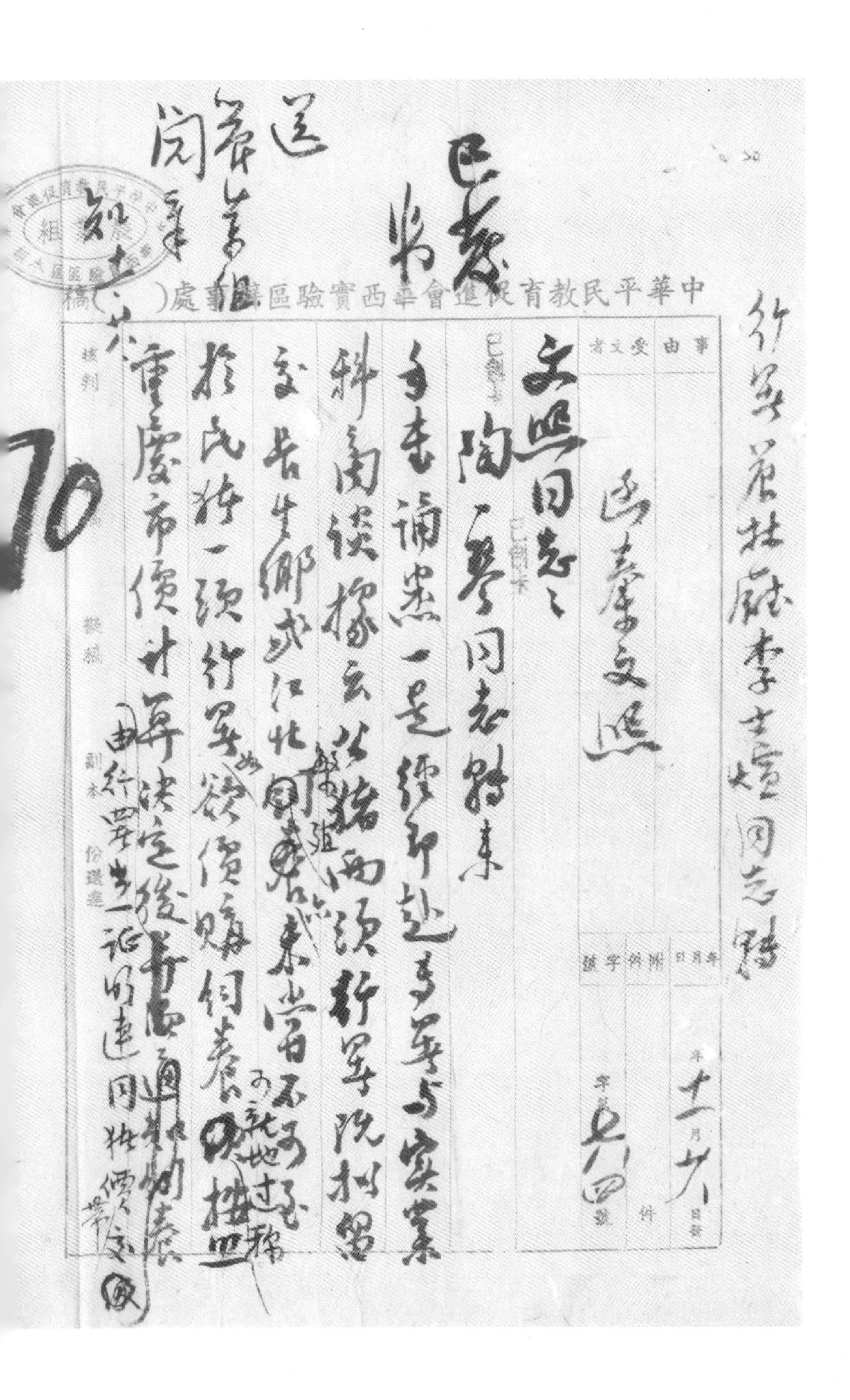
中華平民教育促進會華西實驗區辦事處（ ）稿

事由	
受文者	
年月日	十一月廿一日發
附件	件
字號	字第 號

核判

擬稿

副本 份送達

华西实验区总办事处与合作社物品供销处璧山分处关于耕牛购买及贷放的相关公文 9-1-101（32）

20

中華平民教育促進會華西實驗區總辦事處（通知）（正）本

事由：為撥款交由該處換布購牛通知查照辦理由

受文者：合作物品供銷處璧山分處

案據本處合作組六月四日簽稱：「查農業合作社補充耕牛貸款一項，頃據綦江第一輔導區調查具報前來，據調查結果每頭牛約需鹽巴百斤合銀元約十二元之譜，茲為使利計擬請由供銷處統籌辦理，按每頭牛連同運費暫以二十元計算，依據最近所編耕牛貸款預算五千元約可購牛二百五十頭，擬請將此款一次撥交供銷處換成合布由供銷處派員運往桐梓遵義等處換牛，為慎重計擬請加派對購牛有經驗者一人及獸醫一人隨同前往，待耕牛購回後由供銷處總

年月日：卅八年六月廿日

附件：耕牛調查概況表一份

字號：平实合字第五三五號

說明
（一）此公文紙「通知」「報告」「公函」「代電」均可用
（二）第一個大（）內係寫文別如「通知」「報告」「代電」等
（三）第二個小（）內係寫「正」本或「副」本
（四）正本給受文者，副本給有關係者。如輔導區主任因公報告總辦事處，必要時以副本給縣（局）政府

华西实验区总办事处与合作社物品供销处璧山分处关于耕牛购买及贷放的相关公文　9-1-101（33）

21

平民教育促進會華西實驗區總辦事處（　　）（　　）本

受文者

算成本酌加手續費然後轉貸各農業合作社以上所請是否可行敬請核示等情查所擬撥款委託該處購牛紓掉換合布赴資州購牛辦法尚屬可行茲將綦江第一輔導區耕牛調查概況表一份附送參考即希查照辦理為盼

主任

本處可派員前往採購即星復合事處將款及購牛技術人員派出並早日撥款以便辦理

說明

（一）此公文紙「通知」「報告」「公函」「代電」均可用
（二）第一個大（　）內係寫文別如「通知」「報告」「代電」等
（三）第二個小（　）內係寫「正」本或「副」本
（四）正本給受文者，副本給有關係者　如輔導區主任因公報告總辦事處，必要時以副本給縣（局）政府

件　字第　號

华西实验区总办事处与合作社物品供销处璧山分处关于耕牛购买及贷放的相关公文 9-1-101（30）

19

耕牛調查概況表

調查要項	調查所得概況
產地及市場	貴州所屬溫水（鄉）桐梓（縣）習水（縣）綏陽（縣）正安（縣）等地均係產區，以綏陽桐梓溫水三地所產品種較為優良，但各地產量雖多而無最大市場
品種類別及產量	黃牛較多水牛稍少，黃牛每地每場可採購百頭左右，水牛則可購四十餘頭，以時間稍長能下鄉分別採購則購得數較多，每人每日約可購十餘頭，水牛每季能耕水田面積約產黃谷五十老石以上，黃牛耕種山田亦力強，耕種水田則較水牛稍差
每頭價格若干	水牛每頭價格約谷五老石左右，黃牛則較低四分之一，以金元券為交易最好運鹽換谷或直以鹽相易較為便宜，銀元亦可（鹽巴一百斤約可易當地老量黃谷五石，但鹽巴須運至當地始能交易，又當地鹽巴每百斤價約值銀圓十二元左右，由綦運鹽至遵義每噸運價約為巴鹽一百斤，遵義較多，該產地途程約遠百餘里）
採購路徑及途程	溫水約二百華里由綦江東溪石壕塞堰至該鄉，桐梓二百餘華里約綦江東溪經松坎至該縣，習水三百餘華里由綦江東溪至丁山壩及条台江至

华西实验区总办事处与合作社物品供销处璧山分处关于耕牛购买及贷放的相关公文　9-1-101（31）

该县绥阳三百余华里由东溪经松坎桐梓去遵义县正安六百余华里由东溪松坎桐梓宽阔堪至该县

採購注意事項及手續	冬季節性隨時均可採購，採購時可找綦江石壕鄉牛販子接洽或多該地牛經紀亦可
沿途治安情形	桐梓、綏陽兩縣沿途較爲安全，餘則治安稍差

本表所載概況係派員至東溪與馬區長會同調查所得

璧山四寶閣文具印刷紙號印製

华西实验区总办事处与合作社物品供销处璧山分处关于耕牛购买及贷放的相关公文　9-1-101（34）

22

華西實驗區合作社物品供銷處璧山分處文稿

送達機關	總辦事處
地址	
文別	呈
來文承辦單位	業務股
章收文字號	
發文字號附件	璧供業字第〇三〇號
事由	

主任	副主任
秘書	股長

交辦	擬稿	繕寫	校印	封發	歸檔
月 日	六月廿九日	月 日	月 日	六月廿九日	字 號 年 月 日期

頃奉

鈞處平實合字第五三五號通知為撥款委託本處換購耕牛（附耕牛放貸表一份），飭即遵辦等因，奉此，自應遵辦，惟近來銀

华西实验区总办事处与合作社物品供销处璧山分处关于耕牛购买及贷放的相关公文　9-1-101（35）

元现值将借贷款告罄拟请

钧处迅将借款拨下暨兽医炼牛技术人员另派出

以便本处派员会同前往办理否当之处仍候

示遵　谨呈

总办事处

主任孙

主任李○○

副主任金○○

华西实验区总办事处与合作社物品供销处璧山分处关于耕牛购买及贷放的相关公文 9-1-101（36）

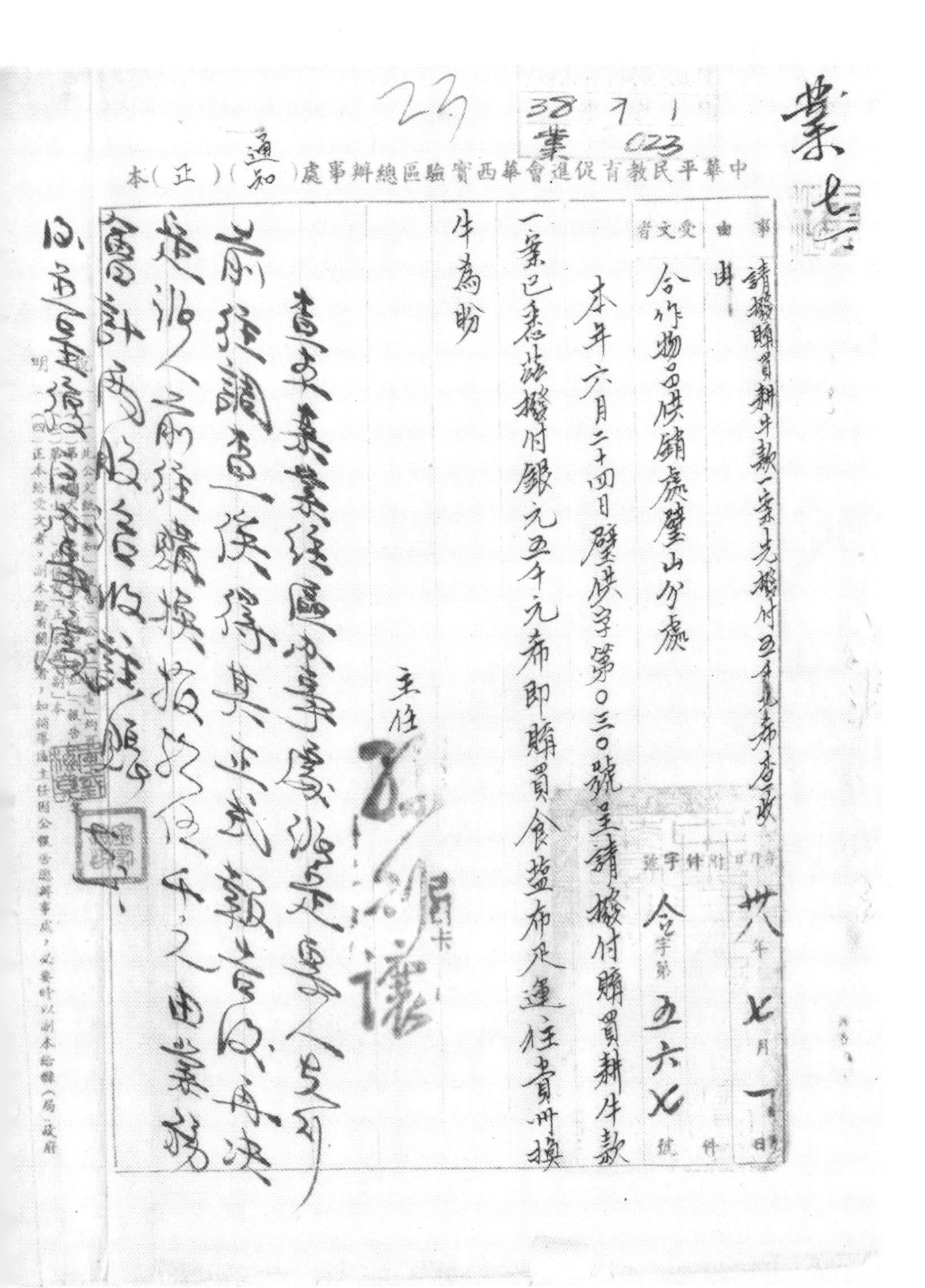
中華平民教育促進會華西實驗區總辦事處（通知）（正）本

事由	請撥購買耕牛款一案先撥付五千元希查收
受文者	合作物品供銷處璧山分處

本年六月二十四日璧供字第〇三〇號呈請撥付購買耕牛款一案已悉茲撥付銀元五千元希即購買食鹽布匹運往貴州換牛為盼

主任 孫則讓

卅八年七月一日 合字第五六七號

查本案經區辦事處派定專人前往調查，俟得其正式報告後再決定派人前往購換，故[illegible]由業務會計兩股負收辦理[illegible]

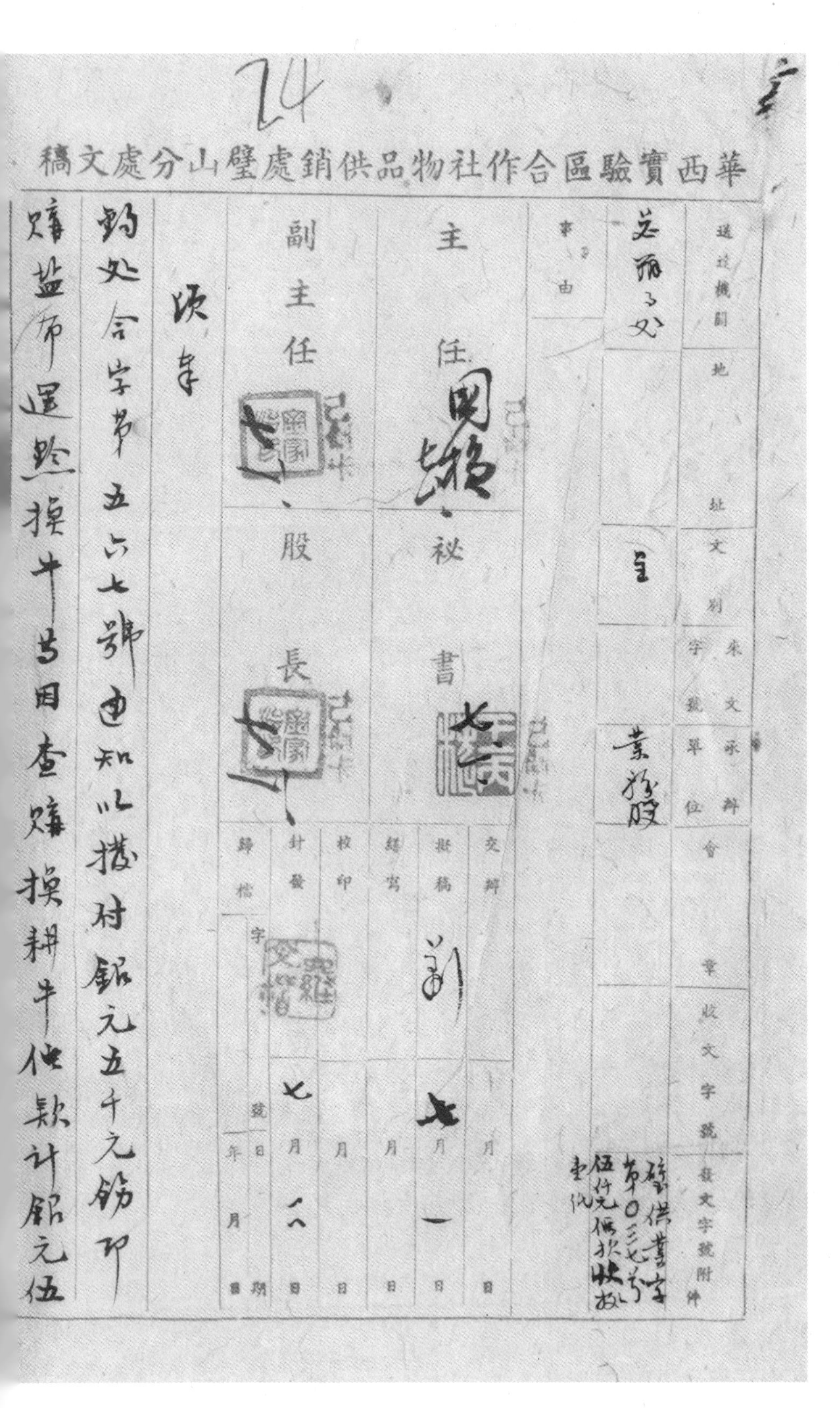

華西實驗區合作社物品供銷處璧山分處文稿

送達機關：總辦事處
事由
地址
文別：呈
來文承辦單位：業務股
主任
秘書
副主任
股長
交辦 擬稿 繕寫 校印 封發 歸檔
七月一日
七月八日
發文字號附件：發供業字第〇三七號 伍仟元收據壹紙

頃奉
鈞處合字第五六七號通知以撥付銀元五千元飭即
購置選驗換牛當即查購換耕牛借款計銀元伍

华西实验区总办事处与合作社物品供销处璧山分处关于耕牛购买及贷放的相关公文　9-1-101（37）

仟元本处业已如数收讫一俟
钧处派往璧地调查之专人回后本当处即派员首途谨
缮具五仟元收据壹纸随文赍呈请
核备
谨呈
主任
附伍仟元之收据乙纸
主任 李〇〇
副主任 金〇〇

华西实验区总办事处与合作社物品供销处璧山分处关于耕牛购买及贷放的相关公文 9-1-101（38）

华西实验区总办事处与合作社物品供销处璧山分处关于耕牛购买及贷放的相关公文　9-1-101（42）

28

華西實驗區合作社物品供銷處璧山分處文稿

送達機關地址	陈锡纯
事由	通知
主任	國楨
秘書	十五
副主任	
股長	
批稿	八月十三日
封發	八月十六日

查本處代華西實驗區購買耕牛亟待進行，茲派該同志主办其事。近据調查璧陽□鄉及貴州綏陽等地耕牛集散市場以購較易，仰即來處面洽。

此件由李主任核發

據牛販黃徽運前赴指定地區採購前檢抄呈東桐同志在桐梓購牛報告一份，隨文附發，特此函達

知照爲荷

查照　此致

陳錫純同志

附抄蘇炎東桐同志在桐梓購牛報告一份

主任　李

副主任

华西实验区总办事处与合作社物品供销处璧山分处关于耕牛购买及贷放的相关公文 9-1-101（41）

27

子衡
宏民二兄惠鉴：所购耕牛死去一头，业已第七号报告详陈
有案，想已阅及。本月 日青年日报载璧者各地均有
牛瘟，未知注射后是否可免死亡，请将该报所载新闻一
则附上，请详加研究见示为祷。昨日又购妥耕牛一头，
银元二十五元，连税用共三十八元，据冯君云运回北碚殺
至少卖黄谷十一老石左右。现正加紧采购，俟数足来
到，注射后可运回十头。昨已合谭君子钊松坎提取
食盐，明日可返桐梓，查斤运费约六角，每担上车下

中華平民教育促進會華西實驗區區本部用箋

車力費約一斤。据鹽商云，鹽耗損每担約五六斤，因上下車碎麵甚多，且保存較久，有一部化為水也。

「本區可否再購牛，派人員前往綏陽採購，該地有牛市二處，距桐梓一百餘華里（山路），距遵義八十華里，有公路通汽車，馬車亦極方便，請商請　鈞座決定為禱。如再派人赴綏採購，茲有建議如下：一、由合作組或農業組派職員一人，合作社購牛有經驗之代表三人（年四十以上身体強健者）；二、購牛中心設綏陽城內；三、運鹽二百担由遵義提貨（可用馬車運綏陽，僅九十華里）

中華平民教育促進會華西實驗區區本部用箋

华西实验区总办事处与合作社物品供销处璧山分处关于耕牛购买及贷放的相关公文 9-1-101（40）

汽車運來者）四、運費（每頭月前約三元七角）以雇布二三百足（連帶德陽）五、攜帶銀元六七百元（不要龍洋及拆板以三年者頭，以船最佳）六、在德陽租房一所（以住應由省十分之七）七、獸疫防治人員同時來德隨時注射以免死亡八、每批運回者須由合社代表一人押運，凡轄導員須派一人協助辦理。九、猪牛有要米有要銀元者，亦有要布者，如運來巴縣之布及工銀元採購較速，合作社代表三人每人每日購一頭，約一月可百頭，德陽牛價比桐梓每頭低三元至五元。以上建議是否有當，請准公務見示為禱 專此順頌

公安

附剪報一張

弟 李[illegible]拜上 八月[illegible]

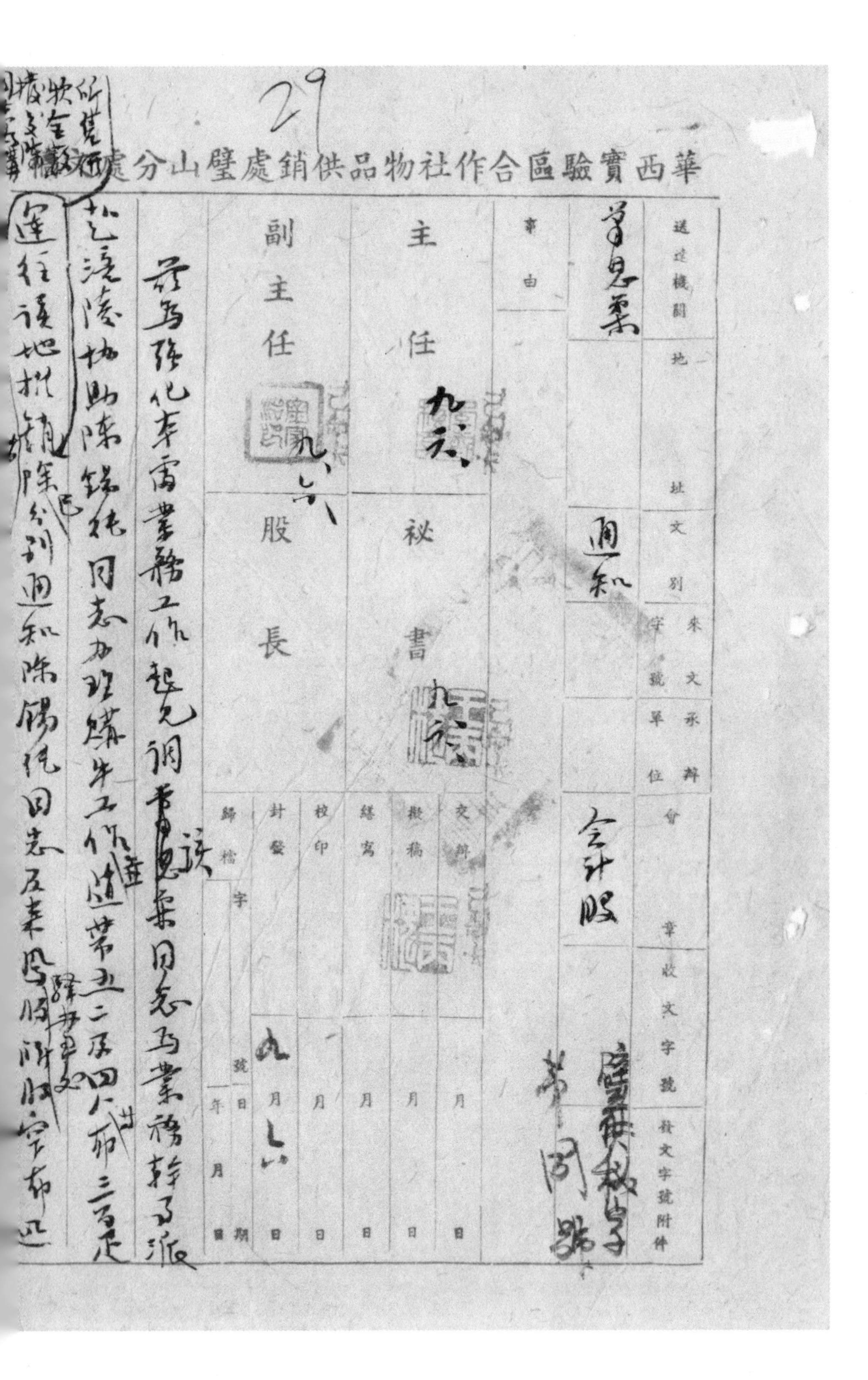

華西實驗區合作社物品供銷處璧山分處

送達機關	蕭惠安
地址	
文別	通知
來文字號	
承辦單位	
會	会计股
章	
收文字號	
發文字號附件	

事由

主任　副主任　秘書　股長

文辦　擬稿　繕寫　校印　封發　歸檔字號日期

華西实验区总办事处与合作社物品供销处璧山分处关于耕牛购买及贷放的相关公文　9-1-101（44）

华西实验区总办事处与合作社物品供销处璧山分处关于耕牛购买及贷放的相关公文　9-1-101（45）

予转[illegible]文希　该区先[illegible]来[illegible]连[illegible]请[illegible]

陈技师　特此函达即希　查照办理为荷　此致

[illegible]白志

主任　李[illegible]

副主任　余[illegible]

华西实验区总办事处与合作社物品供销处璧山分处关于耕牛购买及贷放的相关公文　9-1-101（47）

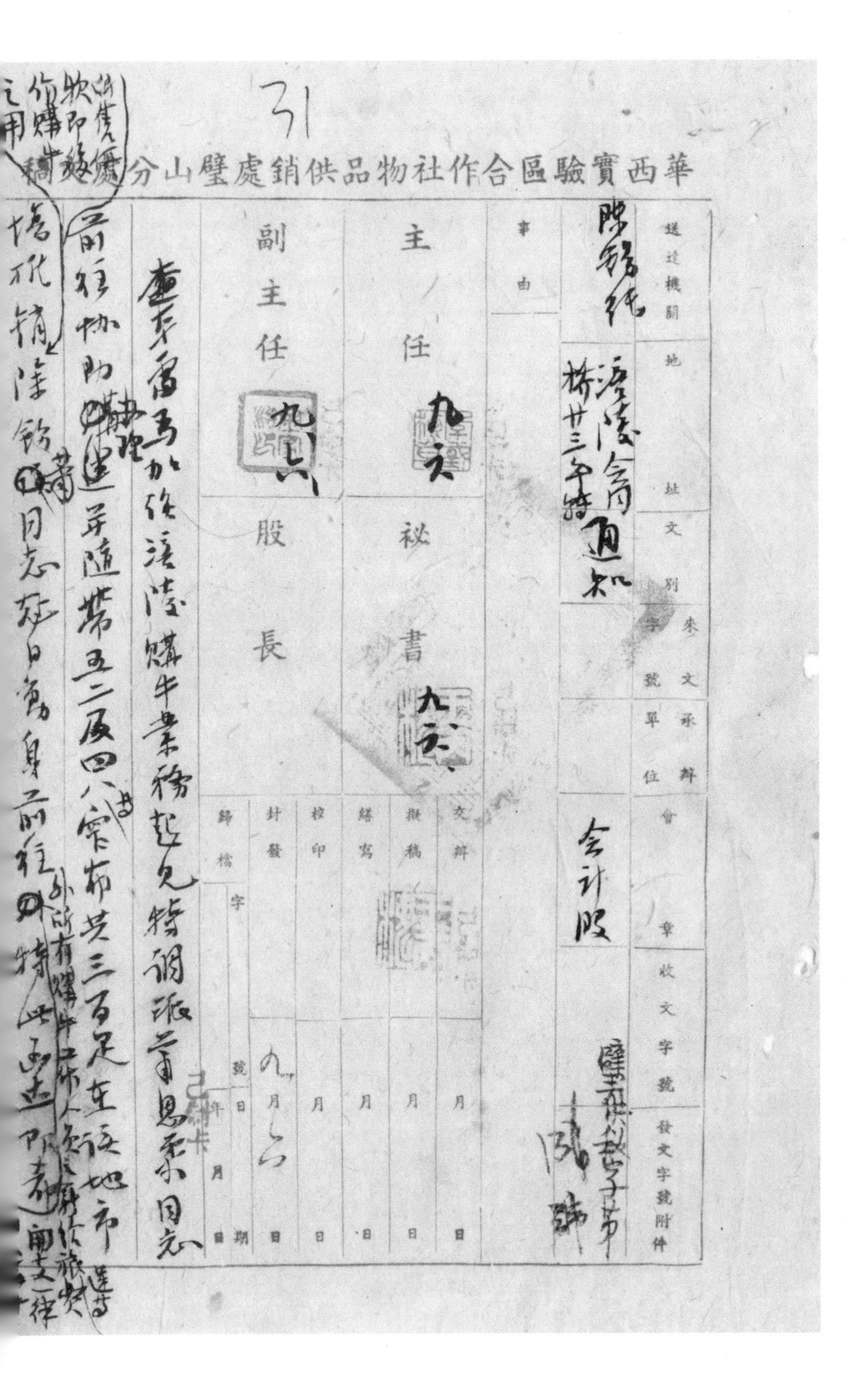

華西實驗區合作社物品供銷處璧山分處

华西实验区总办事处与合作社物品供销处璧山分处关于耕牛购买及贷放的相关公文　9-1-101（48）

查应会办理为荷　此致

陈锡德同志

主任李○○

副主任金○○

华西实验区总办事处与合作社物品供销处璧山分处关于耕牛购买及贷放的相关公文　9-1-101（46）

30

调萧思策同志为业务干事为派赴信陵场协助清销他办理销牛工作并就近调李宗韦推销为宜

国模　九五

华西实验区总办事处与合作社物品供销处璧山分处关于耕牛购买及贷放的相关公文 9-1-101(49)

32

業

中華平民教育促進會華西實驗區璧山辦事處 公函

璧一合農字第26號
三十八年九月七日

案准

貴處璧供業字第一二一號公函囑立事區農會內遴選購牛有經驗之代表一人會同

貴處業務幹事陳錫純前來前往涪陵採購等由，准此，本處除通知區辦示範校長曾選卿就近當地遴選外，相應函復，希即

查照為荷！

华西实验区总办事处与合作社物品供销处璧山分处关于耕牛购买及贷放的相关公文 9-1-101（50）

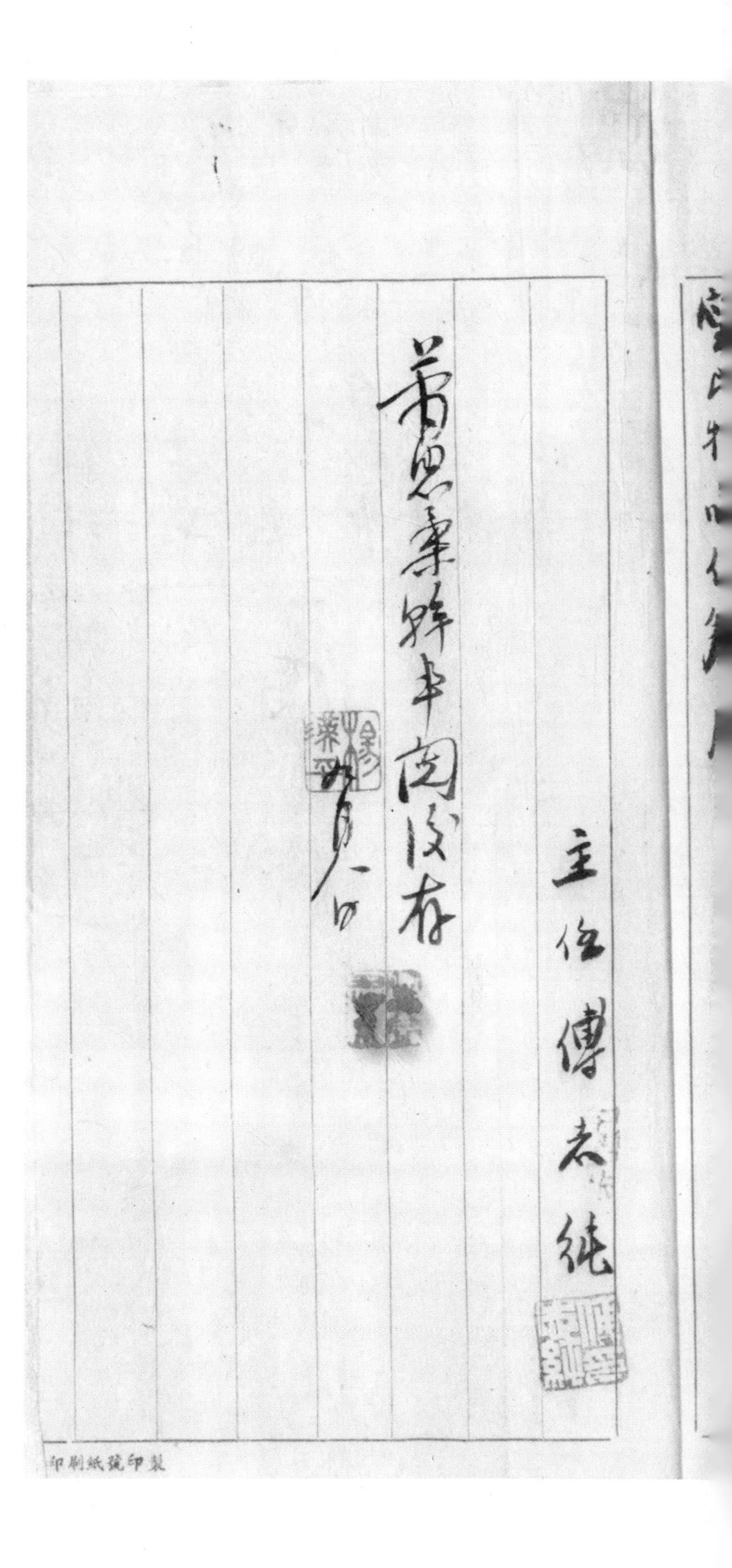
主任 傅志纯

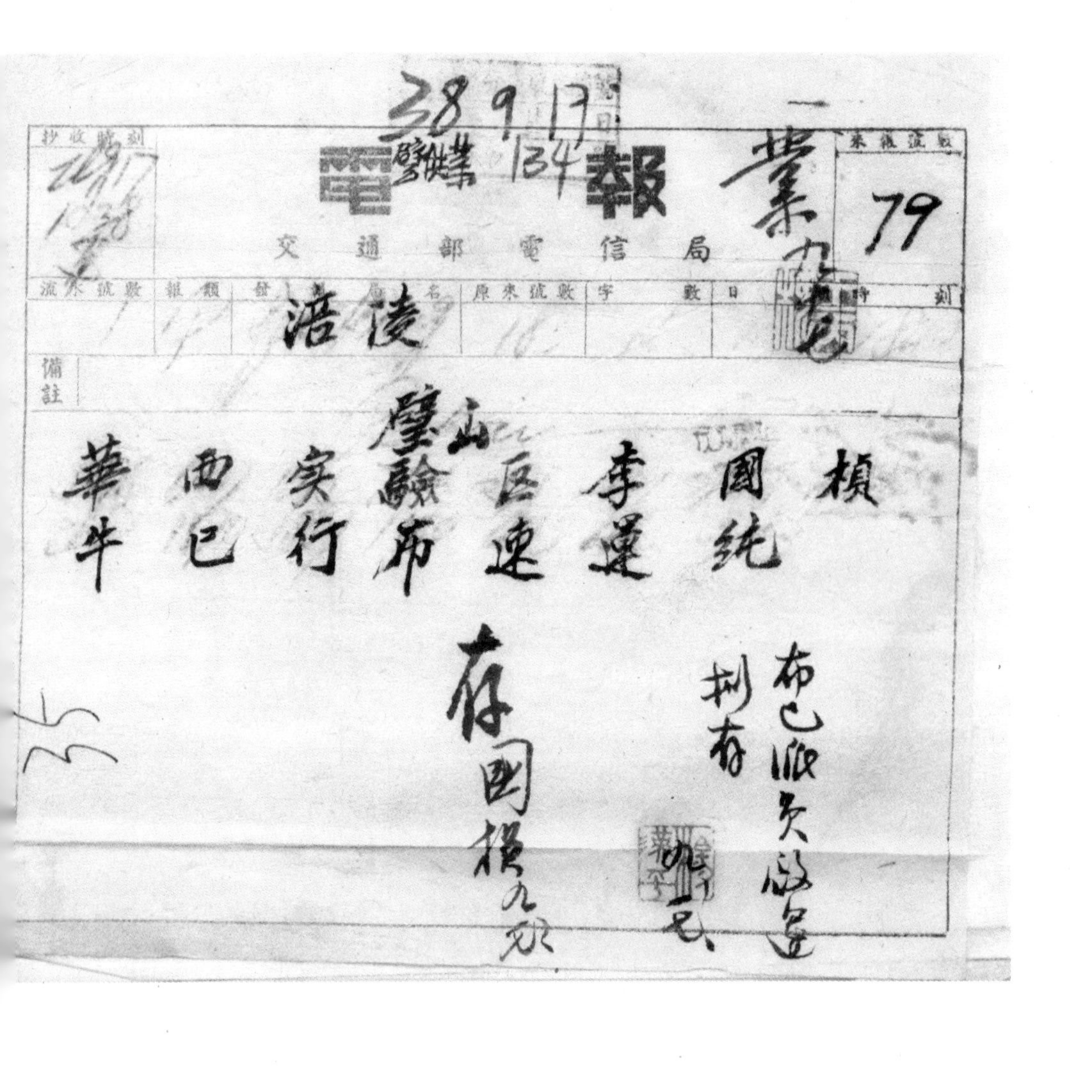

電報

交通部電信局

流水號數	報類	發報局名	原來號數	字數	日	時	刻
		涪陵					

備註

華西實驗區璧山 李國楨

牛已行布速還 純

华西实验区总办事处与合作社物品供销处璧山分处关于耕牛购买及贷放的相关公文 9-1-101（53）

华西实验区总办事处与合作社物品供销处璧山分处关于耕牛购买及贷放的相关公文　9-1-101（51）

[illegible]耕牛廿

八头已于昨日已派第二批押运员王清泉率

工人五名运赴新[illegible]萧思承先生由渝至青木关

因渝北县各乡劝谕当地农民勿加阻拦另批运

[illegible]实为问题并因感冒[illegible]只有过[illegible]十一月[illegible]再行一

趟回渝钱候先生之[illegible]运问题[illegible]可[illegible]

中运牛之费[illegible]以便运[illegible]推销

款祝

速[illegible]陈锡彪先生转[illegible]收回璧[illegible]

陈锡彪上　十十

38 10 11

205

存查　十·廿

华西实验区总办事处与合作社物品供销处璧山分处关于耕牛购买及贷放的相关公文 9-1-101（52）

34

國楨兄：

頃接巴一區翁主任純璽西發電，文曰：「奉璧縣孫幹事任鈞稱（?）：在老鼓（?）處新興（?）鄉水牛耕牛早達，迄回請鈞處速派幹員會同孫幹事辦理」。奉批「通知供銷處立時派適當人員交涉取牛」。此件在在許即電運中人員前往百牛場取（?）

公安

弟 冀廷（?） 十一月十二日

擬電孫喻二位，并當已電陳錫純前往新田迎牛返璧

三九、十七、十八（?）

中華平民教育促進會華西實驗區總辦事處用箋

华西实验区总办事处与合作社物品供销处璧山分处关于耕牛购买及贷放的相关公文 9-1-101（54）

26 38 11 7 業 298

中華平民教育促進會華西實驗區總辦事處（通知）（正）本

事由：為通知派人員赴新發鄉接牛呈送璧山分處[illegible]理具報由

受文者：合作社物品供銷處璧山分處

查關於運牛在巴縣新發鄉被阻一案[illegible]

為當地合作社社員強行留阻，嗔擬巴一區喻[illegible]於耕

牛貸放一事，職原有請總處將第一批耕牛貸予本區之意，旋即放

棄此意，決呈送總處意旨辦理。唯當本月一日陳錫純來本區辦事處面

告該第一批耕牛明日正午即送到西永鄉，當即表示不要並請渠

仍呈送璧山。不料至本月四日陳又至區處告稱耕牛呈經新發鄉經該

鄉合作社社員發覺，堅請留貸阻不放行，當又辦一通知交陳先面交新

發鄉輔導員胡孟章，囑立將耕牛仍交原牌呈送人員送璧，並請陳先立

說明

（一）此公文紙「通知」「報告」「公函」「代電」均可用

（二）第一個大（ ）內係寫文別如「通知」「報告」「代電」等

（三）第二個小（ ）內係寫「正」本或「副」本

（四）正本發受文者，副本給有關係者，如輔導區主任因公報告總辦事處，分處亦當以副本給縣（局）政府

卅八年十二月 十三日

华西实验区总办事处与合作社物品供销处璧山分处关于耕牛购买及贷放的相关公文 9-1-101（55）

去新發鄉接呈述殊知至本月五日陳元亮帶來該鄉合作社呈文並胡輔
導員報告經本處璧山分處仍交由陳元輿帶璧山請示至本月八日由肅
恩榮元帶來總處通知內開仍由陳錫純君前來趕運等因而陳元並
未到來當邀蕭元前往會同辦理而蕭元以帶言性有不能前往迨至
前日趕到土主鄉督導減租工作當通知新發鄉胡輔導員來照始發
悉第二批耕牛又由呈述牛人員於七日晚交與該鄉農民胡輔導員當即
阻止分配暫交合作社代為保管聯對此事原來雖有此動機但旋即放棄並
未通知任何人此次事件發生純係呈述牛人員未照規定路線趕道所致茲請
選派幹練人員赴新發鄉接呈述等情查上述情形與呈述牛人陳錫純所報事
實不符其中……

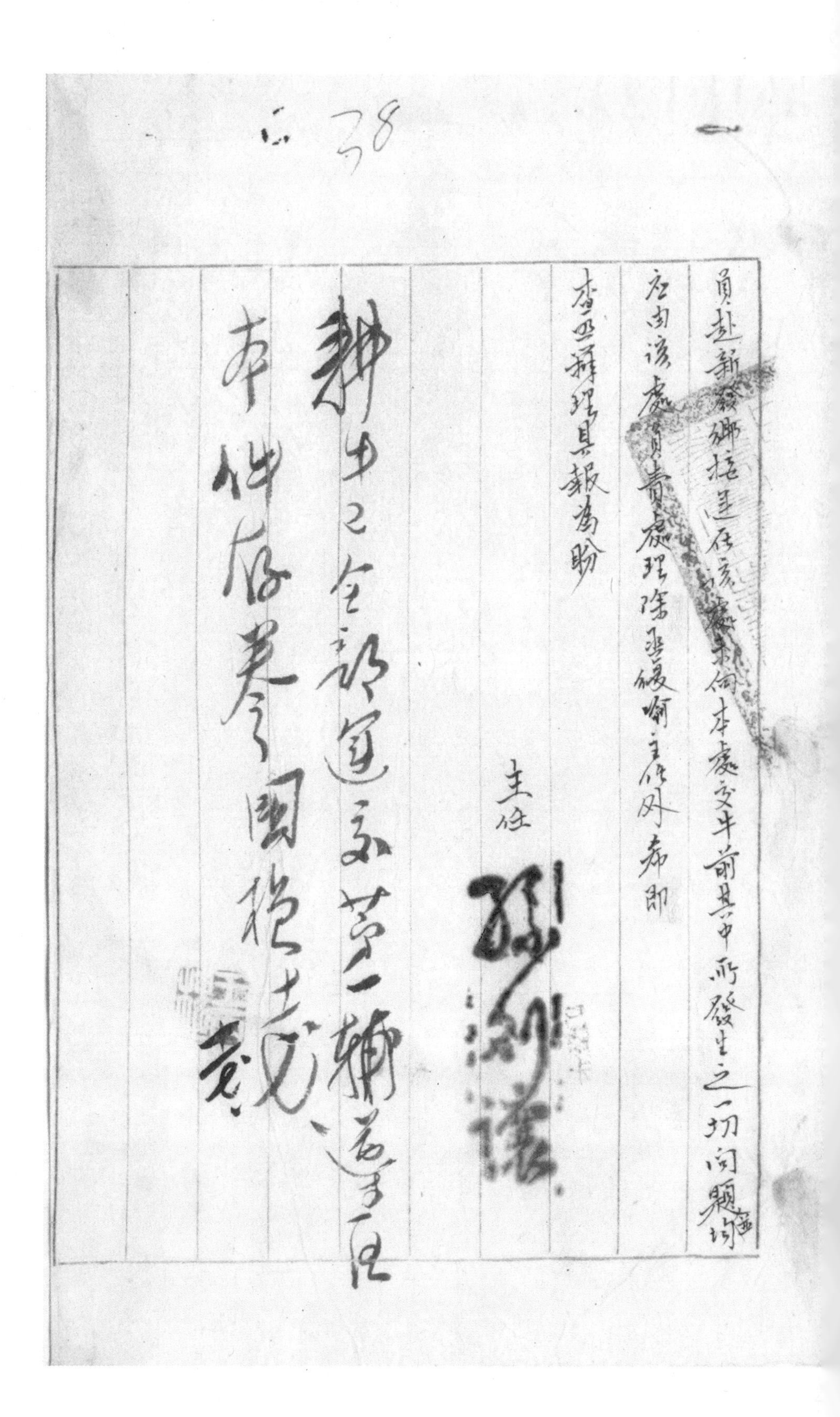

員赴新發鄉接洽任該處未向本處交牛前其中所發生之一切問題均
應由該處負責處理除函復嗬主任外希即
查照辦理具報為盼

主任 孫則讓

耕牛之全部運交第一輔導區
本件存卷

华西实验区总办事处与合作社物品供销处璧山分处关于耕牛购买及贷放的相关公文　9-1-101（56）

华西实验区总办事处与合作社物品供销处璧山分处关于耕牛购买及贷放的相关公文 9-1-101（64）

報告

逕送合作組一份
留參主任返處後核

(一)奉派赴渝採購牛隻茲已購得廿八頭運抵璧山其中有二、十四、十六、十九、廿一、廿二、廿四號共七頭因途中歸破暫留新子鄉休息一週準廿五日由本人負責運回

(二)附購運牛隻概況表一份

(三)附購牛旅費開用費清單一份

以上謹請鑒核

華西實驗區璧山合作物品供銷處

中華平民教育促進會華西實驗區總辦事處用箋

購牛成本暨用費清單

甲、成本　1,286.00元

乙、由涪至新繁鄉用賬（

（一）、貼水：72.00元（銀元[illegible]）

（二）、運牛工食：採購人一人，採購運交以二十四日計，每日食宿2.00元，共48.00元

運送工人十四人，[illegible]二人（[illegible]）共十六人，每日每人工食2.00元，共計512元（十六日計），以上總計560.00元，

（三）草料：每牛日食稻草及青草0.20元，廿八頭十六日計，共89.60元

（四）交通賬：採購人由璧去涪往返各一次，每車費20.00元，[illegible]費30.00元，[illegible]往來各二次車費8.00元，合計58.00元，

（五）雜支、A.棕繩　六十根　3.00元，
B.過渡　i.涪陵渡每個四角計11.20元，
ii.木洞每個六角計16.80元，
iii.重慶黃桷渡每個2.50元計61.00元，
合計92.00元，

小計871.60元

丙、新繁鄉運璧山

（一）、運牛工食每頭計2.00元，共56.00元

（二）、牛隻留新繁看費計118.40元，（[illegible]）

（三）、送運牛隻本處職員陳思[illegible]、張[illegible]、潘青紀（已回）、陳錫純四人由璧山赴新繁鄉往返交通及膳宿費共計40.50元（共五日）

a.交通賬　11.1元
b.膳宿賬　29.4元，

小計214.90元，

總計2372.50元，

陳錫純
兩項係陳思[illegible]　[illegible]
張[illegible]

經手人　陳錫純　[陳錫純章]

三十八年十月十八日

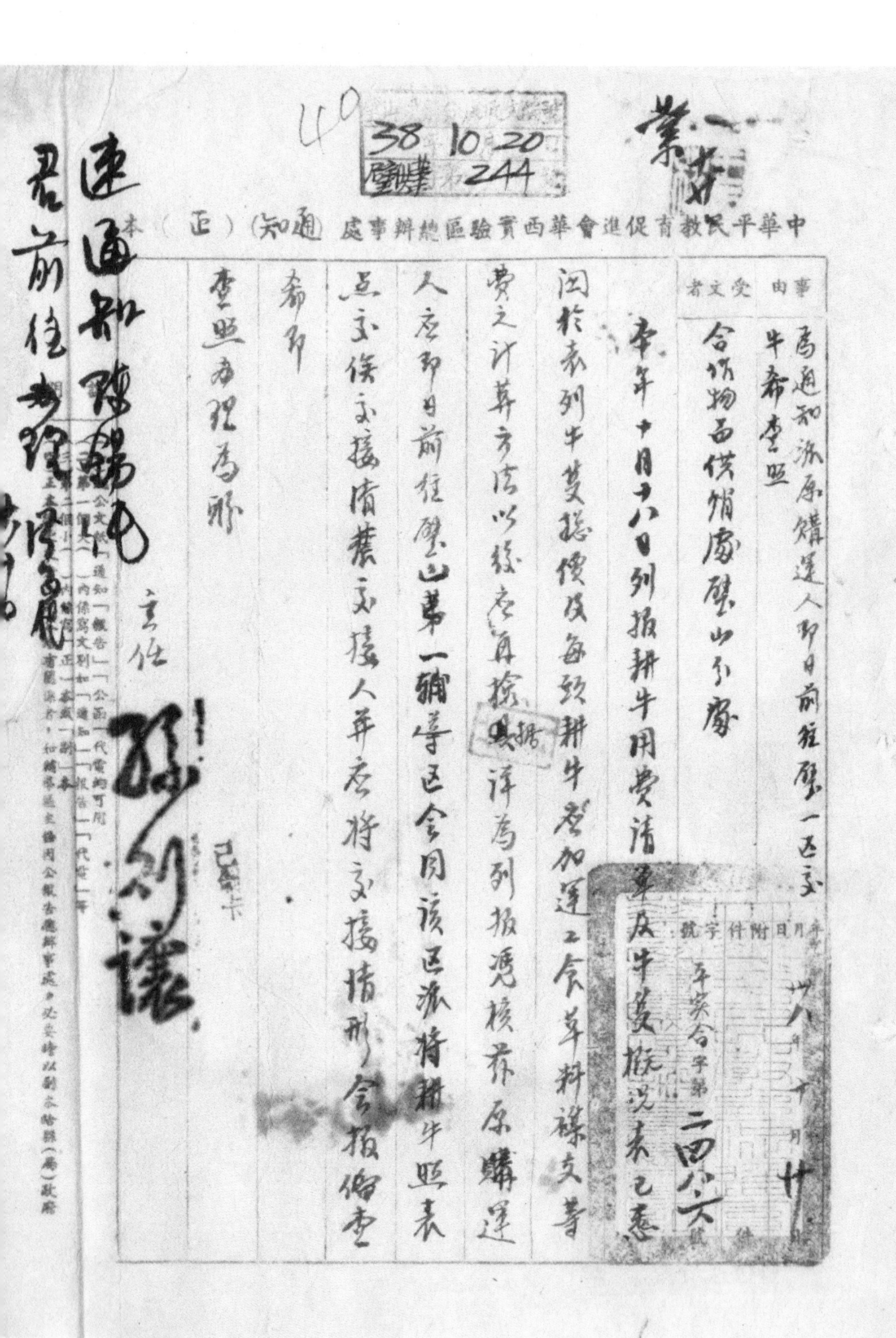

40
38 10 20
璧收第244
業一

中華平民教育促進會華西實驗區總辦事處（通知）（正）本

事由：為通知派原購運人即日前往璧一區交牛希查照

受文者：合作物品供銷處璧山分處

本年十月十八日列報耕牛用費清單及牛隻概況表已悉。關於表列牛隻總價及每頭耕牛應加運工食草料雜支等費之計算方法，以該處原有據［據］詳為列報憑核。並仰原購運人應即日前往璧山第一輔導區會同該區派將耕牛照表點交，俟交接清楚，交接人並應將交接情形會報備查。希即

查照辦理為荷

主任 孫則讓

年月日：卅八年十月廿

字號：平實合字第二四八六號

速通知陳錫九君前往辦理

已登卡

华西实验区总办事处与合作社物品供销处璧山分处关于耕牛购买及贷放的相关公文 9-1-101（58）

华西实验区总办事处与合作社物品供销处璧山分处关于耕牛购买及贷放的相关公文　9-1-101(65)

業十三

45

報告　三十八年十月二十一日　於供銷處

竊職於昨（廿日）日奉派赴獅子鄉蜘蛛墳代本處耕牛採購人陳錫純君交代牛隻事，在交接時發現二十一頭中一頭左眼失常，一頭右眼失常，一頭後蹄左肢微有蹶跛狀態，不識究竟，顯與採購人之牛隻購進概況表不符，實有礙難代人交代之處，為此懇請鈞座仍由採購人交代為禱。謹呈

主任　李

副主任　金

職　張勇攻

只是誰照不是代陳錫純交代

如有問題仍由陳錫純君返來

負責處理

照辦　十廿一

華西實驗區合作社物品供銷處用箋

华西实验区总办事处与合作社物品供销处璧山分处关于耕牛购买及贷放的相关公文　9-1-101（60）

42

業 存查

中華平民教育促進會華西實驗區璧山辦事處公函　璧一合農字第351號　卅八年十月廿四日

事由：准陳錫純同志報稱由新興鄉運璧之牛隻七头請即運往溫泉鎮社學區由

案准

貴處陳錫純同志十月十八日自涪陵購運牛隻概況表，據該表載由涪陵運璧牛隻二十八頭中有又№16 19 21 22 26等五頭因遠行腳破暫留新興鄉休養一週，準十月廿五日運璧，當由准此查本區前修建之牛棚業被專署駐璧傷兵佔用，已覓定城北鄉溫泉鎮社學區牛棚暫行使用，請

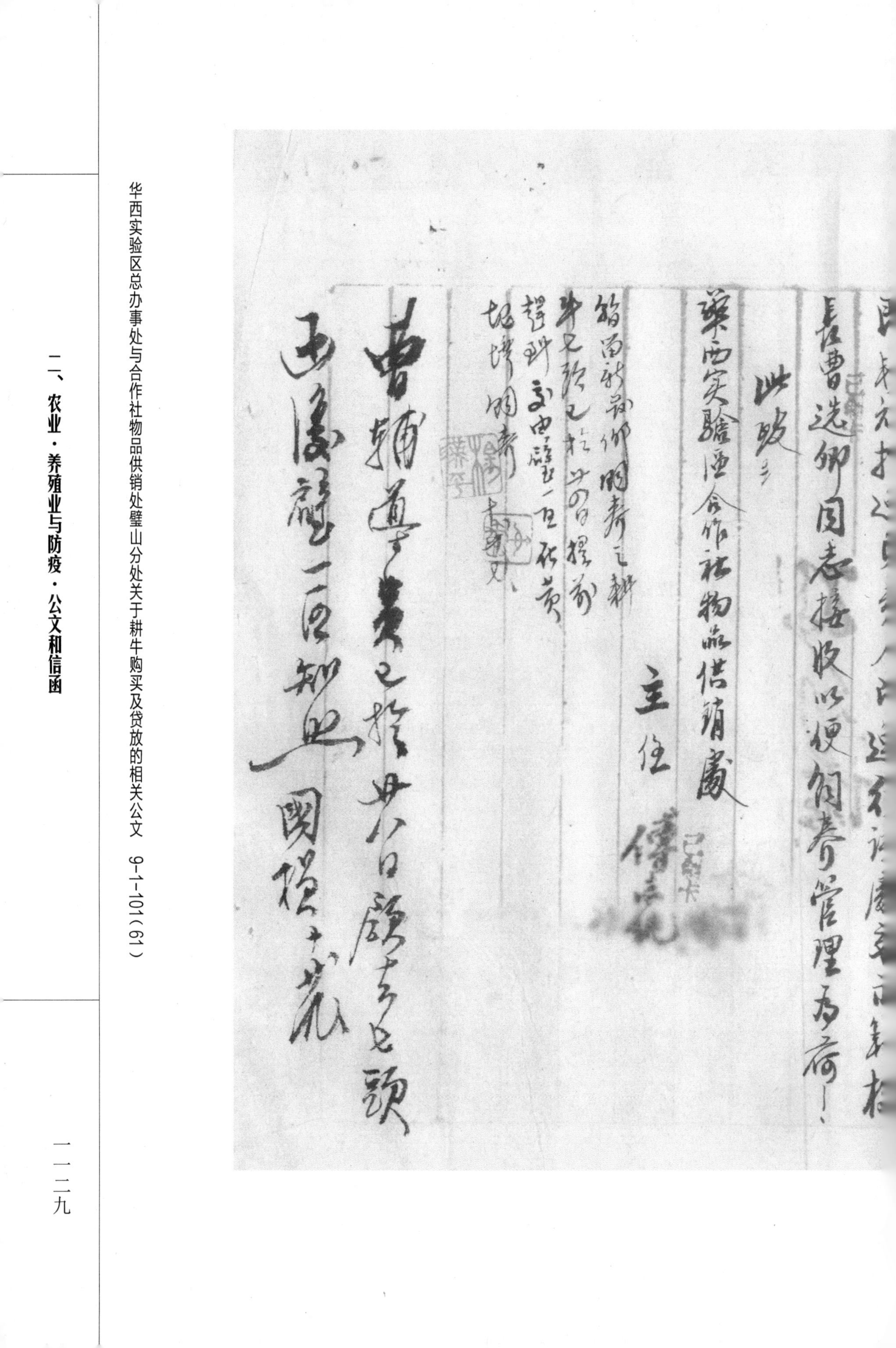

华西实验区总办事处与合作社物品供销处璧山分处关于耕牛购买及贷放的相关公文　9-1-101(61)

长曹选卿同志接收以便饲养管理为荷！

此致

华西实验区合作社物品供销处

主任　傅

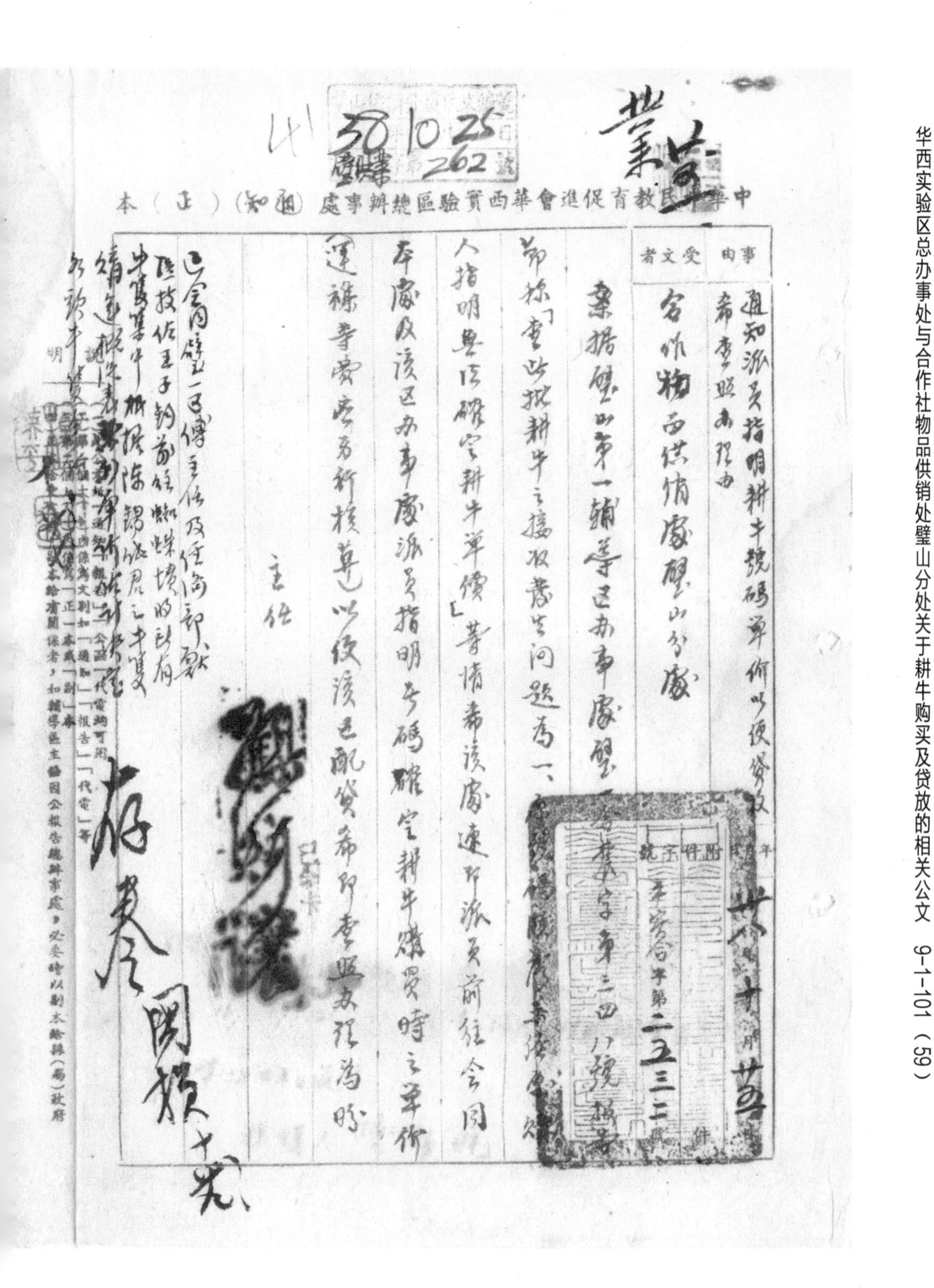

华西实验区总办事处与合作社物品供销处壁山分处关于耕牛购买及贷放的相关公文　9-1-101（59）

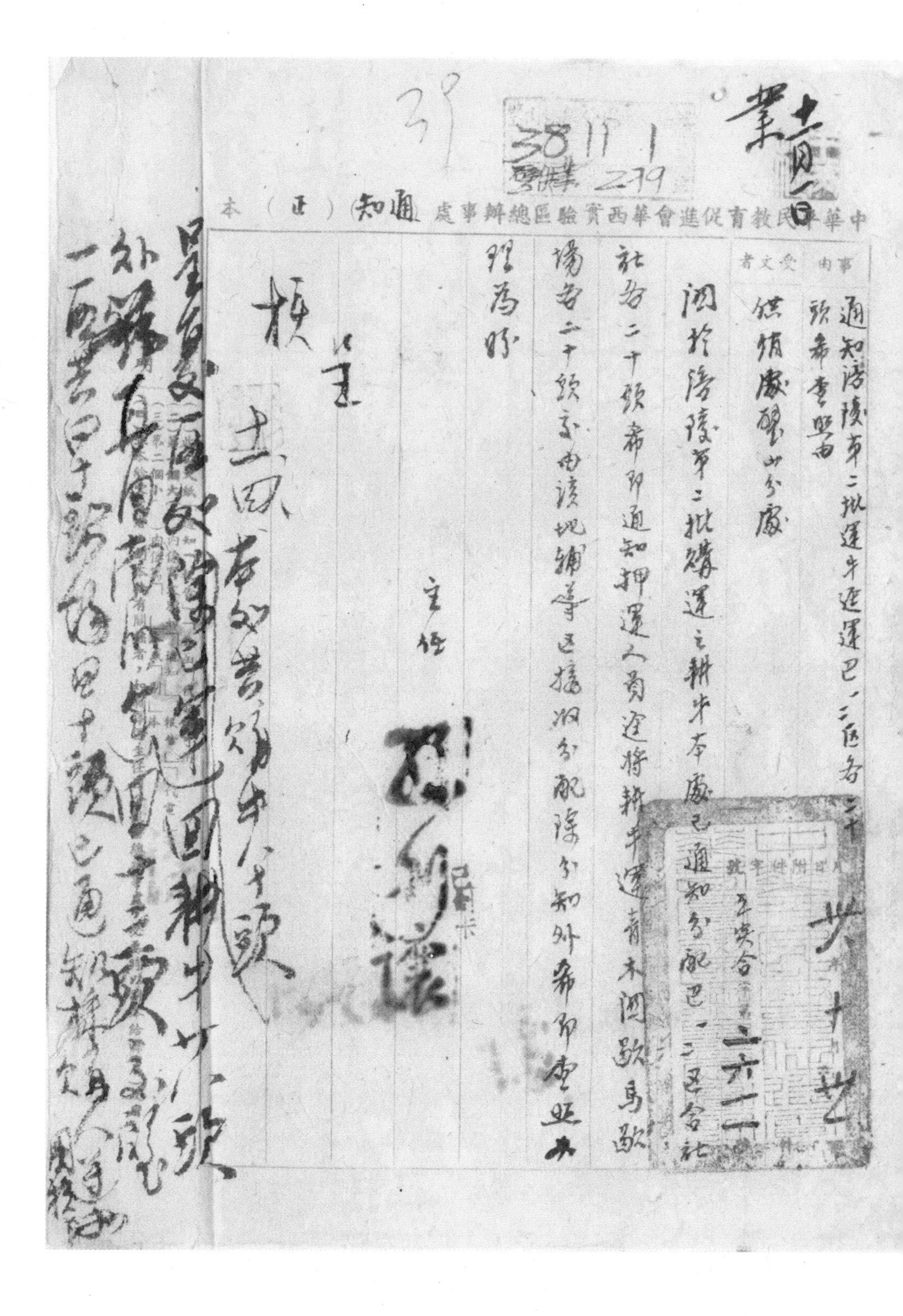
中華平民教育促進會華西實驗區總辦事處通知（正）本

事由：通知潞陵市二批運牛逕運巴一二區各二十頭希查照由

受文者：供銷處璧山分處

關於潞陵市二批購運之耕牛本處已通知分配巴一二區合作社各二十頭希即通知押運人員逕將耕牛運青木關歇馬場各二十頭分由該地輔導區接收分配除分知外希即查照辦理為要

此致

主任 孫則讓

华西实验区总办事处与合作社物品供销处壁山分处关于耕牛购买及贷放的相关公文　9-1-101（57）

华西实验区合作社物品供销处业务干事陈锡纯就购买耕牛及相关薪金与遣散费的呈文　9-1-101（6）

4

华西实验区合作社物品供销处
会字第23號
1950年4月25日

一、本人奉派赴涪购买耕牛最后一批因解放战争不及运走故暂留涪陵乡间饲养待秩序恢复于本年二月底运巴县土主乡交李靖东辅导员验收。以前在涪留养期间因国民党溃军乱窜肆意掠抢冒生命危险尽力看护赶运赴渝途中亦曾遭土匪洗劫以人定胜天幸无重大损害。应领之薪金除已领至十一月份外一九四九年十二月至一九五〇年二月份三个月薪金请照数开给本人。业未核销前一切责任仍由本人继续负责。

二、奉令遣散请按照一般机关惯例开三个月遣散费。毛主席说各机关不应随便裁员三个人的饭要拿五个人吃今天既奉令遣散请开给三个月遣散费以便另外[illegible]事生产。谨呈

[illegible]

華西實驗區合作社物品供銷處用箋

华西实验区总办事处为核发中街等二社仔猪贷款事宜致璧山县第二辅导区办事处的通知　9-1-112（184）

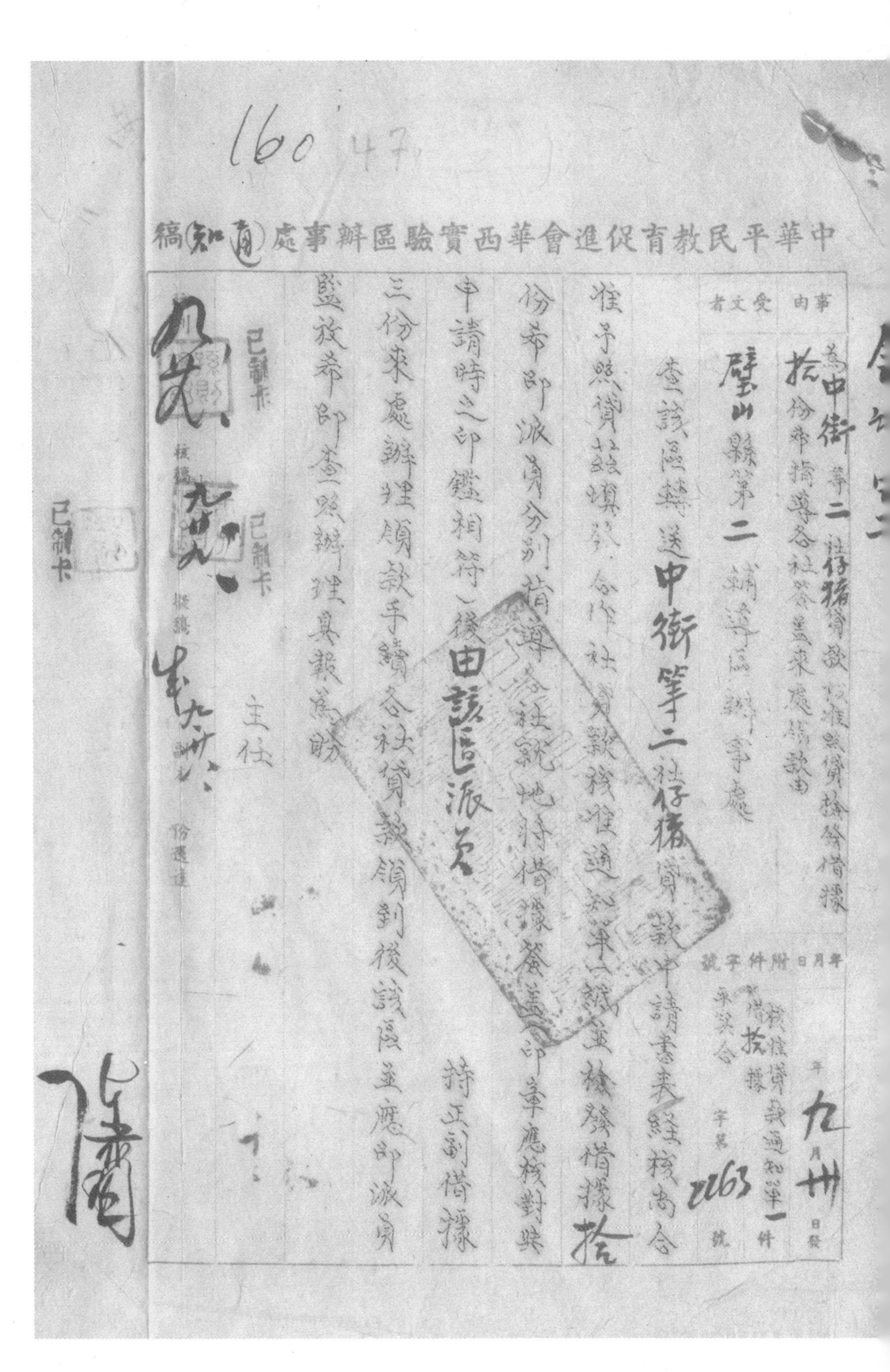
160　47

中華平民教育促進會華西實驗區辦事處（通知）稿

事由	為中街等二社仔豬貸款核准照貸，檢發借據拾份希轉導各社簽蓋來處領款由
受文者	璧山縣第二輔導區辦事處

查該區彙送中街等二社仔豬貸款申請書表經核尚合，准予照貸，茲填發合作社貸款核准通知單一紙並檢發借據拾份，希即派員分別指導各社就地將借據簽蓋印章，應核對與申請時之印鑑相符後，由該區派員持正副借據三份來處辦理領款手續，各社貸款領到後，該區並應即派員監放，希即查照辦理具報為盼。

附件：核准貸款通知單一件，借據拾張

年 九月卅日發

字第2263號

主任

已制卡

核稿

擬稿

份送達

巴县第一辅导区办事处为耕牛注射疫苗后生病请派员治疗一事与华西实验区总办事处的往来公文 9-1-128（79）

農業組

字第　號第　頁

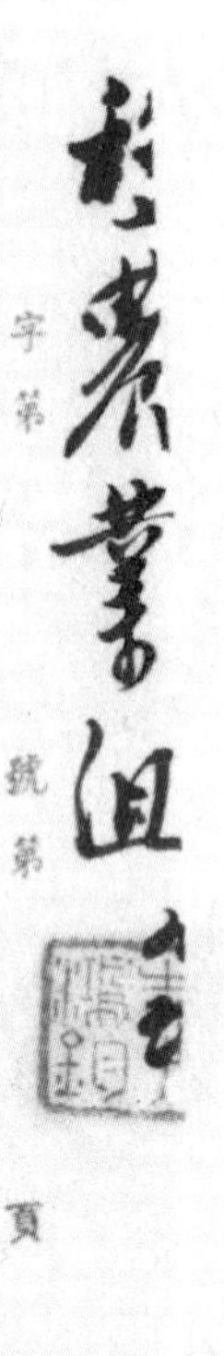

報告　卅八建字第〇四九號

中華民國三十八年九月三日

事由　為據鳳凰鄉農戶閻炳榮所養耕牛注射後生病報請核備由

案據本區鳳凰鄉輔導員涂遠文本年九月三日報稱：「該鄉第三保第二甲第七戶閻炳榮所養耕牛注射後三日發生食量減少，至第八日水草不進等情」，理合報請迅賜派員檢查治療為禱！

謹呈

中華平民教育促進會華西實驗區總辦事處

中華平民教育促進會華西實驗區巴縣第一輔導區辦事處用箋

巴县第一辅导区办事处为耕牛注射疫苗后生病请派员治疗一事与华西实验区总办事处的往来公文　9-1-128（80）

65

字第　　號第　　頁

職喻純望

[illegible]

中華平民教育促進會華西實驗區巴縣第一輔導區辦事處用箋

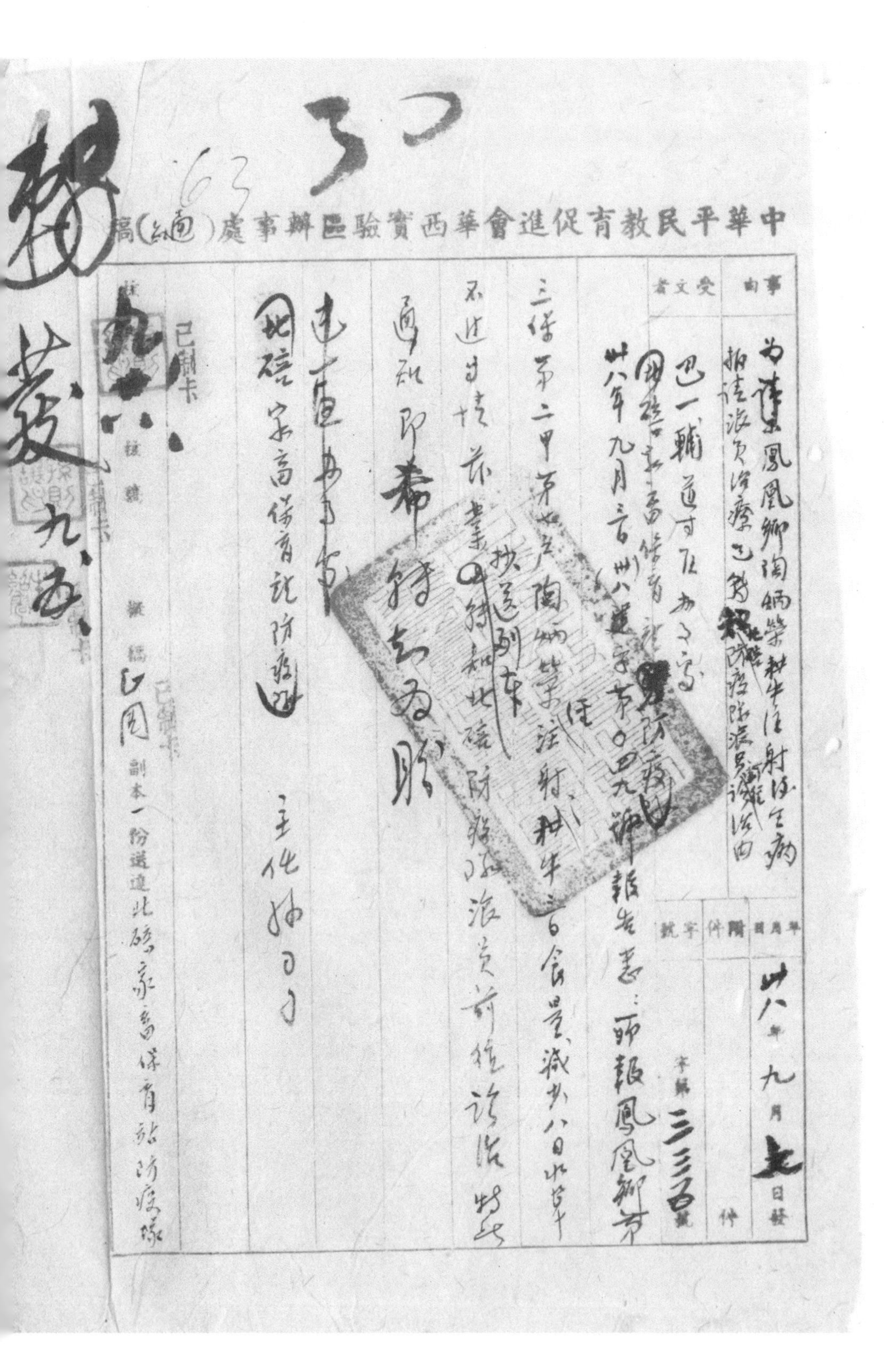

中華平民教育促進會華西實驗區辦事處稿

事由：为據鳳凰鄉陶炳榮耕牛注射后生病報請派員治療已飭防疫隊派員前往診治由

年月日發：卅八年九月 日發

巴一輔導區辦事處：

卅八年九月三十日卅八號字第〇四九號報告悉：頃報鳳凰鄉第三保第二甲第七户陶炳榮注射耕牛后食量減少，八日水草不進，

通知，即希轉知為盼。

此致

北碚家畜保育站防疫隊

主任

副本一份送達北碚家畜保育站防疫隊

巴县第一辅导区办事处为耕牛注射疫苗后生病请派员治疗一事与华西实验区总办事处的往来公文　9-1-128（78）

璧山县大路乡乡公所为耕牛注射疫苗后生病请派员治疗一事与华西实验区总办事处的往来公函 9-1-128（85）

璧山縣大路鄉公所公函

逕啟者：案准敝鄉第九社學區民教主任劉

九方函稱：

查本區十四保九甲居民楊德輝喂有耕牛一隻，自

貴會督導團注射防疫針後，當日即減少食料，

亦不解便。迄今已達四日，病態一天較一天沉重，

璧山县大路乡乡公所为耕牛注射疫苗后生病请派员治疗一事与华西实验区总办事处的往来公函　9-1-128（86）

案由准此相应函请

贵处查照迅派医生莅临诊治为荷！

此致

华西实验区总办事处

乡长　傅道五
　　　何道宣

已制卡

已制卡

璧山县大路乡乡公所为耕牛注射疫苗后生病请派员治疗一事与华西实验区总办事处的往来公函　9-1-128（82）

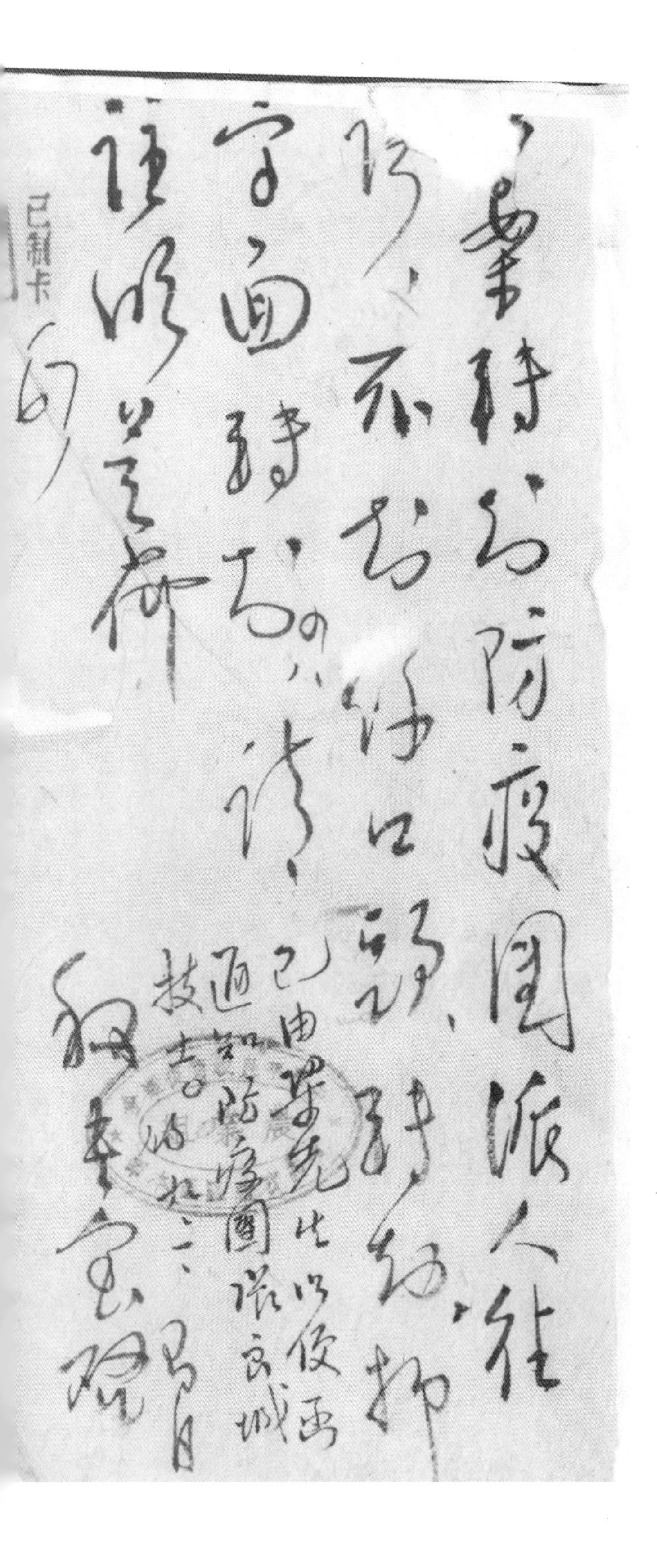

璧山县大路乡乡公所为耕牛注射疫苗后生病请派员治疗一事与华西实验区总办事处的往来公函 9-1-128（83）

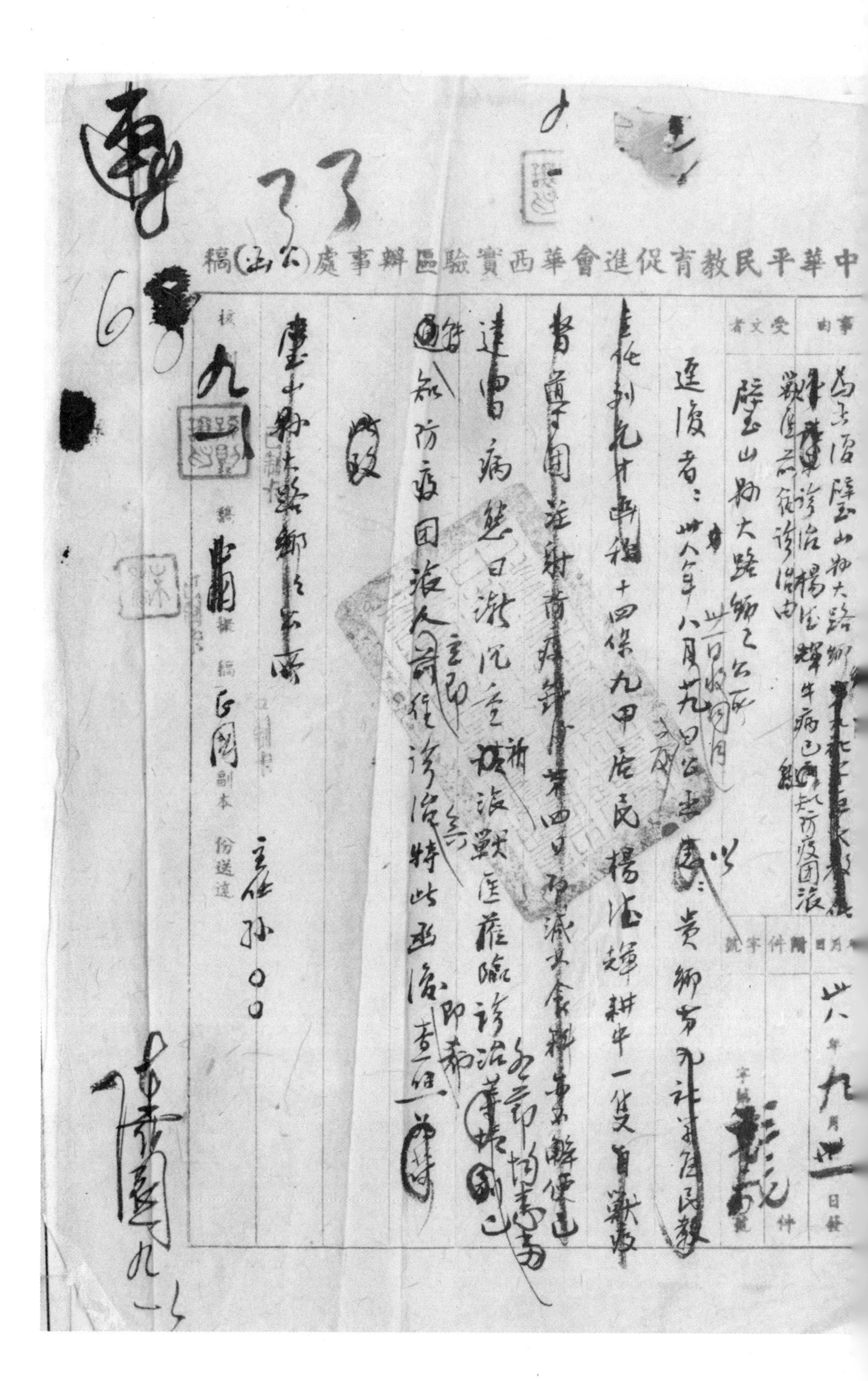

中華平民教育促進會華西實驗區辦事處稿（公函）

事由

受文者

璧山縣大路鄉公所

逕復者：卅八年八月九日公函……

字號

附件

卅八年九月廿一日發

校

繕

擬稿

副本 份送達

璧山县政府为兽疫防治团派员前往福禄乡治疗牛只疾病一事与华西实验区总办事处的往来公函　9-1-128（44）

36

收文　民國38年9月30日　字第2401號

事由：为据呈函请转知兽疫防治团派员前往福禄乡治疗牛只疾病由

公函　建三　八　九　356　廿九

案据福禄乡公所福良禄字第10号呈「案准本乡第六社学区民教部函开：据十保一甲居民王建堂呈称：窃民养有耕牛一只，前经于本年九月十九日派员至该区注射牛瘟疫苗，本案耕牛返家后实于本年九月廿三日下午三时发生耕牛病症，又于本月廿四日上午九时发生病症一只，不食草料，命在垂危，急即请转报派员治疗。等情据此，查该住户王建堂之耕牛

37

二隻實係發生病疫不能進食有生命之虞理合照請鈞府
俯賜轉請縣府派員蒞區治療為荷」等情正核辦間復據
該乡第五社學區卅八年九月廿七日呈「窃職轄有本社學區第
七保第九甲住戶胡興樓養有水牛一隻於本年九月十七日晨牽
命將牛牽赴街上文昌宮內牛瘟注射登記並於本月廿五六兩
日發現病症每日多吃水少吃草據是肚大亂響並於廿七日晨水
草不食於當日上午九時口稱報告殊速達致查情屬實理
合具文呈請輔導員准予俯賜鑒核前查轉報縣府派員
來乡治療以免死亡不幸治[illegible]等情據此相應
函請

璧山县政府为兽疫防治团派员前往福禄乡治疗牛只疾病一事与华西实验区总办事处的往来公函 9-1-128（47）

38

查照，希迅转兽疫防治团派员前往分别治疗为荷！

此致

中华平民教育促进会华西实验区总办事处

县长 徐中岳

已制卡

璧山县政府为兽疫防治团派员前往福禄乡治疗牛只疾病一事与华西实验区总办事处的往来公函　9-1-128（43）

中華平民教育促進會華西實驗區辦事處（公函）稿

事由：為獸疫防治團派員前往福祿鄉治療牛隻已函達該團王子鈞君

受文者：璧山縣政府

逕啟者：案准本年九月廿九日建三字第三五六號代電，以福祿鄉前經防疫團注射之牛隻三頭發生疫病，請轉知獸疫防治團派員前往福祿鄉治療牛隻，並因中於九月廿七日電話通知壽木關獸疫防治團王子鈞於九月廿八日來璧接洽，赴福祿鄉分別治療，特此函復，希即查照為荷。

已制卡

核稿

擬稿

副本　份邀達

發文　八年　月　日　字第401號

华西实验区总办事处为防疫团派员前往注射猪瘟血清菌苗致巴县第一辅导区办事处的通知 9-1-128(70)

中華平民教育促進會華西實驗區辦事處(通知)稿

事由：為防疫團派員前往注射豬瘟血清菌苗請協助查照由

受文者：巴一區

年月日：卅八年九月廿日發

字第370號

查九月七日畜牧獸醫問題座談會記錄六(乙)請彭隊長調四人負責璧山一區巴一區猪瘟防疫責任等因。茲派該員前往施行猪瘟預防注射，須先行組訓駐鄉輔導員發動地方教育主任廣為宣傳，排定各鄉注射日期及集中地點，通知農民集中猪隻，以便注射並請協助工作。所有辦理情形，仍須報查。為荷。

主任 孫○○

校稿

擬稿

副本 份送達

华西实验区总办事处为防疫团派员前往注射牛瘟疫苗致铜梁第一辅导区办事处的通知 9-1-128（71）

中華平民教育促進會華西實驗區辦事處（通）稿

事由：为防疫团派员前来注射牛瘟疫苗请协助 查照由

受文者：铜一区

年月日：九月十六日发

附件：实施办法三份

字号：字第367号

查经济部华西兽疫防治处四川省农业改进所合组兽疫防治督导团以防治牛瘟业经派员在璧山工作完毕兹前来该区注射希先转知各驻乡辅导员发动民教主任广为宣传按照预定日程排定各乡注射日期及集中地点并召先通知农民于拂晓集中牛只以便注射并随时协助工作随有办理情形仰即报查为要

九、十二

经济部华西兽疫防治处为兽疫防治工作事宜致华西实验区总办事处主任孙则让函　9-1-128（155）

康公賜鑒久違
雅教念如之何此次農復會
撥動
貴屬六縣之獸疫防治工作在
技術方面係由本處負責至於
行政方面則有賴於我
公轉飭各縣之鼎力惠助也

经济部华西兽疫防治处为兽疫防治工作事宜致华西实验区总办事处主任孙则让函 9-1-128（156）

123

並偕來處楊處長興業親
到璧展開工作之便謹函
陳叩伏乞
詧察是幸專肅敬候
勛安
[illegible] 手
七月九日

江津县政府为派员来县进行兽疫防治工作一事与华西实验区总办事处的往来公函　9-1-128（140）

112

56

收文 民國38年7月16日 字第230號

江津縣縣政府公函

事由：為函請派員携帶清血病菌來縣実施獸疫防治由

民國三十八年七月五日 字第699號

逕啟者：查本縣牲畜罹病死亡，農村遭受重大損失，曾於去年函川農所價購血清，經派員來縣試行預防，後以縣預算支絀，未克繼續。今春以致猪牛瘟盛行，

貴區嘉惠農民，對獸疫防治積極倡導，相請及時派員攜帶清血菌苗來縣実施防治，無任感戴，特函

查照并希見復為荷！

江津县政府为派员来县进行兽疫防治工作一事与华西实验区总办事处的往来公函　9-1-128（141）

113

此致

農村復興委員會華西實驗區

縣長　簡諧（？）

已制卡

江津县政府为派员来县进行兽疫防治工作一事与华西实验区总办事处的往来公函　9-1-128（139）

中華平民教育促進會華西實驗區總辦事處稿

事由：關於獸疫防治函請直接向北碚家畜保育站商請派員前來防治獸疫由

受文者：江津縣府

一、七月五日圓四字第六九九號函敬悉。

二、農復會對於獸疫防治事宜現已成立防疫團，程紹明先生主持，除將原函轉送外，請逕向北碚家畜保育站直接商請派員前往貴縣協助防治。

三、相應函覆，即希查照為荷。

年七月十八日發

字第二三〇號

核稿

擬稿　七．十五

副本一份送達北碚家畜保育站

华西实验区璧山第四辅导区办事处关于兽疫防治督导团来区工作情形呈华西实验区总办事处的报告
（附：璧山县第四区牛瘟预防注射牛只统计表）9-1-128（87）

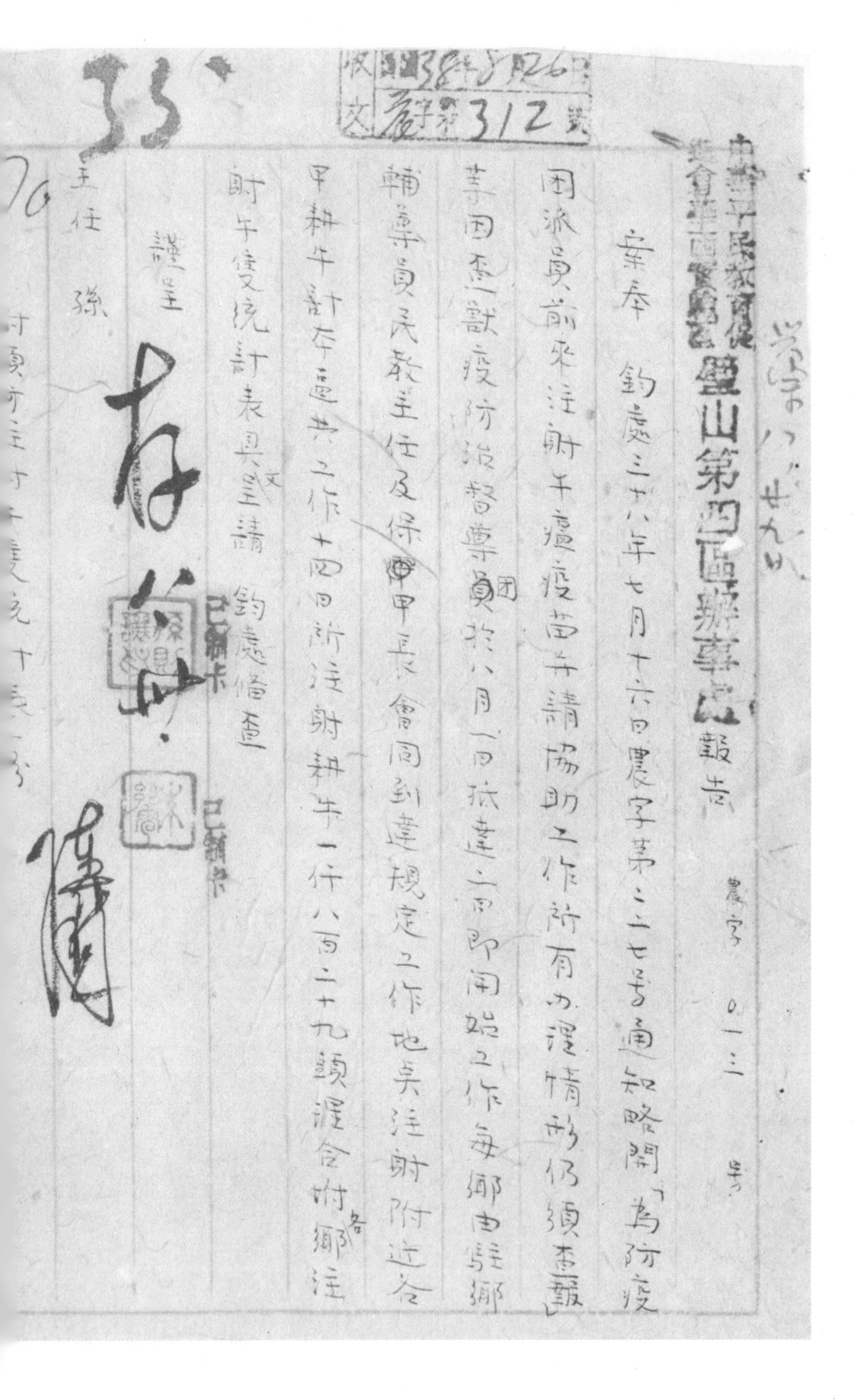

中华平民教育促进会华西实验区璧山第四区办事处报告　农字 0一三 号

案奉

钧处三十八年七月十六日农字第二二七号通知略开「为防疫团派员前来注射牛瘟疫苗并请协助工作所有办理情形仍须查报等因」查兽疫防治督导团员於八月一日抵达之日即开始工作每乡由驻乡辅导员民教主任及保甲长会同到达规定工作地点注射附近各甲耕牛计本区共工作十四日所注射耕牛一仟八百二十九头遵令填附各乡注射牛隻统计表具文呈请

钧处备查

谨呈

主任 孙

主任 邱達夫

华西实验区璧山第四辅导区办事处关于兽疫防治督导团来区工作情形呈华西实验区总办事处的报告

（附：璧山县第四区牛瘟预防注射牛只统计表）9-1-128（88）

华西实验区璧山第四辅导区办事处关于兽疫防治督导团来区工作情形呈华西实验区总办事处的报告
（附：璧山县第四区牛瘟预防注射牛只统计表）9-1-128（89）

璧山縣第四区牛瘟預防注射牛隻統計表　三八年八月廿四日

年	月	日	工作地点（鄉）	注射牛隻		共計	備注
				黄牛	水牛		
38	8	3-9	丁家鄉	111	404	515	
38	8	10 11	馬坊鄉	45	256	301	
38	8	12	定林鄉	5	98	103	
38	8	13 14	廣普鄉	62	515	577	
38	8	15 16	健龍鄉	5	117	122	
38	8	17	三合鄉	13	198	211	
總計				241	1588	1829	

经济部华西兽疫防治处、四川省农业改进所合组兽疫防治督导团为函送璧山牛瘟预防注射统计表致华西实验区总办事处函　9-1-128（134）

一區隊在茲已將璧山縣第一區各鄉鎮牛瘟預防注射工作暫告結束所有注射頭數特造具統計表一份送請

查照備資參考

此致

中華平教會華西實驗區

附統計表一份

防疫團第三區防疫隊隊長　彭忠信

卅三

經濟部華西獸疫防治處
四川省農業改進所
合組獸疫防治督導團用箋

经济部华西兽疫防治处、四川省农业改进所合组兽疫防治督导团为函送璧山牛瘟预防注射统计表致华西实验区总办事处函　9-1-128（135）

合组防疫团第三区牛瘟防治队
璧山县第一区牛瘟预防注射统计表

月	日	工作地区		预防注射头数	本日头数总计	牛只种属		性别		备考
7	15	城北乡	油麦坪 黄泥[illegible] 三间碾	30 6 13	55	黄牛 水牛	19 36	雄 3 3	雌 16 33	
〃	16	〃〃	杨家祠 大碾 林子坡	20 17 0	37	水牛	37	〃 6	〃 31	内二头注检查未予注射
〃	17	城东乡	〃〃[illegible] 一天门 碾[illegible]	19 21 10	50	黄牛 水牛	8 42	〃 0 3	〃 8 39	
〃	18	城东乡	扇宗庙 林家店	11 7	18	水牛	18	〃 4	〃 14	
〃	19	狮子乡	[illegible] 夏家沟	30 12	42	黄牛 水牛	19 23	〃 10 4	〃 9 19	
〃	20	〃〃	全家地 谢家[illegible]	14 7	21	水牛	21	〃 4	〃 17	
〃	21	城西乡	千佛岩 [illegible] 小佛山	10 8	10	黄牛 水牛	1 9	〃 0 3	〃 1 6	
〃	22	城南乡	王里庙 东岳庙	4 3	7	水牛	7	〃 0	〃 7	
〃	23	〃〃	观音阁 明月堂	9 14	23	水牛	23	〃 3	〃 20	
总计					263	黄牛 水牛	47 216	雄 13 30	雌 34 186	十六日有二头[illegible]注检查未予注射

经济部华西兽疫防治处、四川省农业改进所合组兽疫防治督导团为函送璧山牛瘟预防注射统计表致华西实验区总办事处函　9-1-128（113）

逕啓者：

貴處璧三區所屬各鄉之牛瘟預防工作經本團辦理以來業將各地集中牛隻悉數注射完竣，計共注射耕牛隻八八〇頭，特送上注射統計表一份，即希

查照爲荷。此致

中華平民教育促進會華西實驗區總辦事處

經濟部華西獸疫防治處
四川省農業改進所
合組獸疫防治督導團副團長兼第三區牛瘟防治隊領隊　龔忠信　啓

卅八年八月十二日

附統計表乙份

經濟部華西獸疫防治處
四川省農業改進所
合組獸疫防治督導團用箋

经济部华西兽疫防治处、四川省农业改进所合组兽疫防治督导团为函送璧山牛瘟预防注射统计表致华西实验区总办事处函　9-1-128（114）（115）

璧山縣第三區牛瘟預防注射牛隻統計表

三十八年八月[illegible]日

月	日	工作地點	注射牛隻頭數		本日頭數總計	牛隻种屬 水牛(頭)	牛隻种屬 黃牛(頭)	備考
7	24	中興鄉 [illegible]	15 11	22 9	60	50	10	[illegible]
〃	25	〃 [illegible]	25 7 9	17 5	63	61	2	[illegible]
〃	26	來鳳鄉 [illegible]	4 0	1 8	13	13	0	
〃	27	〃 [illegible]	18 10	3 7	38	31	7	[illegible]
〃	28	來鳳鄉9保—桂泉莊 中興鄉9保—章家鋪		9 23	32	30	2	[illegible]
〃	29	來鳳鄉13保—[illegible] 鹿鳴〃 [illegible]		22 34 11	67	61	6	[illegible]
〃	30	龍鳳鄉 [illegible] 來鳳〃7保—[illegible]	17 28	27 22	94	85	9	[illegible]
〃	31	龍鳳〃 [illegible] 來鳳〃8保—[illegible]	7 6	37 28	78	74	4	[illegible]
8	1	鹿鳴鄉 [illegible] 來鳳〃5保—[illegible]	21 35	23 27 15	121	119	2	[illegible]
〃	2	來鳳鄉6保—[illegible]		26	26	23	3	[illegible]
〃	4	正興鄉 10—[illegible] 11保—三官殿 12—[illegible]		14 24 16	54	52	2	[illegible]
〃	7	〃 [illegible]	37 23	39 33	132	122	10	[illegible]
〃	8	〃 [illegible]		27 28 47	102	96	6	[illegible]
總計					880	817	63	[illegible]

附註　各鄉預防注射牛隻總數計　來鳳鄉　173頭

中興〃　146

鹿鳴〃　151

龍鳳〃　122

正興〃　288

880頭

華西實驗區
四川農改所 合組獸疫防治督導團第三區牛瘟防治隊製

经济部华西兽疫防治处、四川省农业改进所合组兽疫防治督导团为函送璧山牛瘟预防注射统计表致华西实验区总办事处函　9-1-128（119）

经济部华西兽疫防治处
四川省农业改进所　合组兽疫防治督导团用笺

38 8 18
298

448

914

逕啓者：茲已將
貴處璧山區牛瘟預防注射工作辦理完竣，
所有牛隻注射共一八二九頭，特造具統計表
壹份送請
查照為荷。此致
中華平民教育促進會華西實驗區總辦事處
附璧山第四區牛瘟預防注射統計表壹份
經濟部華西獸疫防治處
四川省農業改進所　合組獸疫防治督導團副團長
兼第三區牛瘟防治隊隊長　彭[illegible]信
卅八年八月十八日

已制卡

经济部华西兽疫防治处、四川省农业改进所合组兽疫防治督导团为函送璧山牛瘟预防注射统计表致华西实验区总办事处函 9-1-128（120）

22

璧山县第四区牛瘟预防注射牛只统计表

三十八年[illegible]八日

月	日	工作地点	注射牛只头数	本日头数总计	牛只种类 水牛（头）	牛只种类 黄牛（头）	备考
8	3	丁家乡 [illegible]	17 8 / 36 15 / 53	129	111	18	
〃	4	丁家乡 牛市場	40	40	0	40	
〃	5	〃〃〃 [illegible]	30 35 / 20 63	148	126	22	内一牛体温高未注射。
〃	6	〃〃〃 [illegible]	22 43 / 19 24	108	99	9	
〃	8	〃〃〃 牛市場	22	22	0	22	
〃	9	〃〃〃 [illegible]	36 / 32	68	65	0	
〃	10	[illegible] [illegible]	36 34 / 14 / 30 17	131	117	14	内二牛体温高未注射。
〃	11	〃〃〃 [illegible]	26 21 / 50 16 / 27 30	170	139	31	内一牛有病未注射
〃	12	定林乡 [illegible]	29 30 / 22 22	103	98	5	
〃	13	广普乡 [illegible]	110 29 / 46 43	228	[illegible]	[illegible]	内四牛有病及生产未注射。
〃	14	〃〃 [illegible]	39 39 / 39 96 / 86	349	300	49	内四牛产生产及太幼未注射
〃	15	健龙乡 [illegible]	22 / 21 / 39	82	80	2	内一牛图害怕未注射。
〃	16	〃〃 [illegible]	10 / 2 / 28	40	37	3	
〃	17	三合乡 [illegible]	116 38 / 38 19	211	198	13	内四牛生产及有病未注射。
总		计		1,829	1,588	241	内有牛只17头未注射。

[illegible]各乡牛只注射总数——计丁家乡——515头
马坊〃——301〃
定林〃——[illegible]=103头
广普〃——577〃
健龙〃——122〃
三合〃——211〃
总计1,829头

合组兽疫团[illegible]牛瘟[illegible]
[illegible]

经济部华西兽疫防治处、华西实验区总办事处为中国农村复兴联合委员会家畜保育、防疫经费拨付、使用的相关公函　9-1-128（54）

44　16

事由：為准農復會函囑擬領三區防疫經費一案函請撥發一七五〇〇美元以利工作進行由

經濟部華西獸疫防治處公函　防技字第三〇三　民國卅八年九月十五

逕啟者：查本處接受中國農村復興聯合委員會補助舉辦第三區牛瘟防治工作一案，已派本處技正兼技術主任彭邁信率隊前來璧山一帶工作在案。茲准該會畜牧事業負責人亨脫先生來函略稱：「該項工作全部預算原定為一三、八三八美元，茲接總會通知現已核減為八三三八美元，內四八三八美元由本會直接撥付，餘數三五〇〇美元應由平教會華西區就本會補助之獸疫防治費七〇〇〇美元內撥付」等由。查本項工作係由本處及攸紹明先生分別負責，經費亦應各半領用，准函前由，相應函請

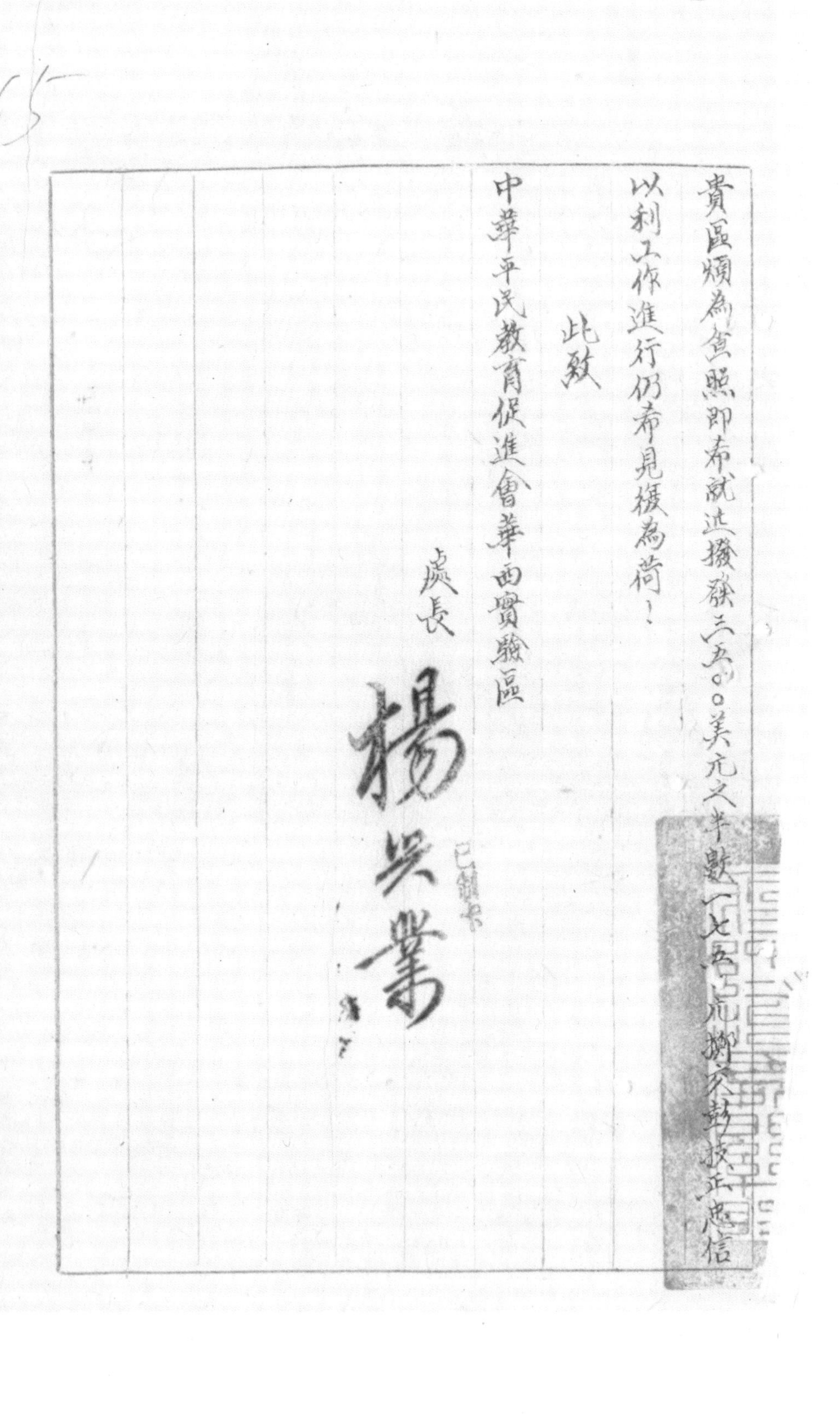

貴區煩為查照即希就近撥發三五〇〇美元之半數一七五〇元撥交彭技正忠信

以利工作進行仍希見復為荷！

此致

中華平民教育促進會華西實驗區

處長 楊興業

已録卡

经济部华西兽疫防治处、华西实验区总办事处为中国农村复兴联合委员会家畜保育、防疫经费拨付、使用的相关公函　9-1-128（55）

经济部华西兽疫防治处、华西实验区总办事处为中国农村复兴联合委员会家畜保育、防疫经费拨付、使用的相关公函　9-1-128（49）

8　40　17

中華平民教育促進會華西實驗區辦事處（公函）稿

事由：為函復直接防疫經費一七五〇美元……

受文者：經濟部華西獸疫防治處

逕啟者：卅八年九月十五日防校字第二〇三號公函敬悉。

貴處

案據中國農村復興聯合委員會華西區牛瘟防治工作已派本會技正彭某信率隊前來璧山工作在案，茲准該會畜牧事業負責人李先生來函略稱：該項工作原定為一一三八三八美元，茲據該會通知現已核減為八三三八美元，內四八三八美元由本會直接撥付，餘數三五〇〇美元應由平教會華西實驗區就本會補助之獸疫防治費七〇〇〇美元內……

核判：九·廿三

擬稿

副本　份送達

年月日發　卅八年九月廿　日

字號

经济部华西兽疫防治处、华西实验区总办事处为中国农村复兴联合委员会家畜保育、防疫经费拨付、使用的相关公函　9-1-128（51）

41

中華平民教育促進會華西實驗區辦事處（　）稿

事由	受文者

年月日附件字號

核判

核稿

擬稿

副本　份選達

[illegible]

年　月　日發　件　字第　號

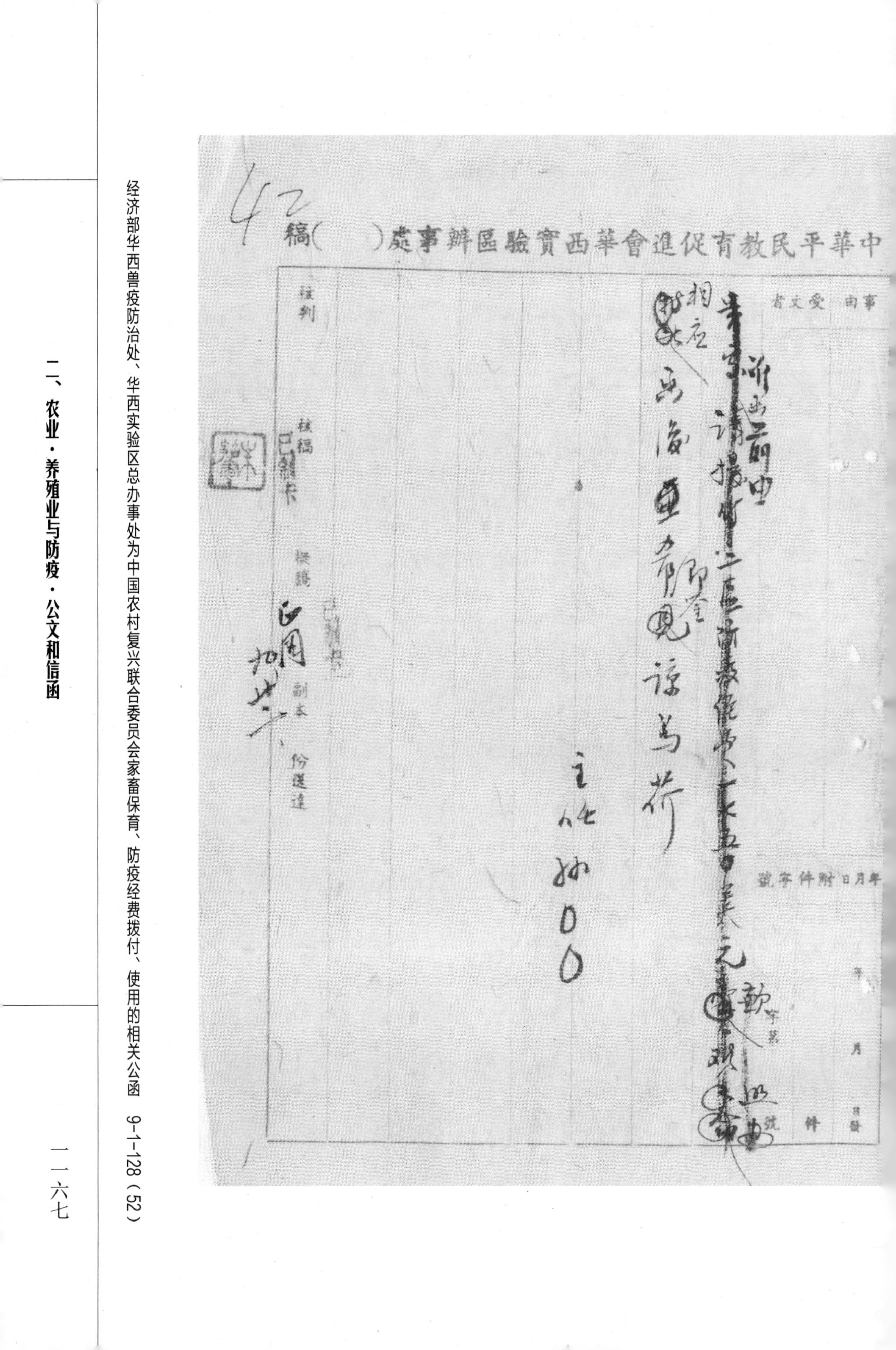

经济部华西兽疫防治处、华西实验区总办事处为中国农村复兴联合委员会家畜保育、防疫经费拨付、使用的相关公函　9-1-128（52）

中華平民教育促進會華西實驗區辦事處（　　）稿

事由

受文者

核判

核稿

擬稿

副本　份送達

年月日附件字號

字第　號

件

年　月　日發

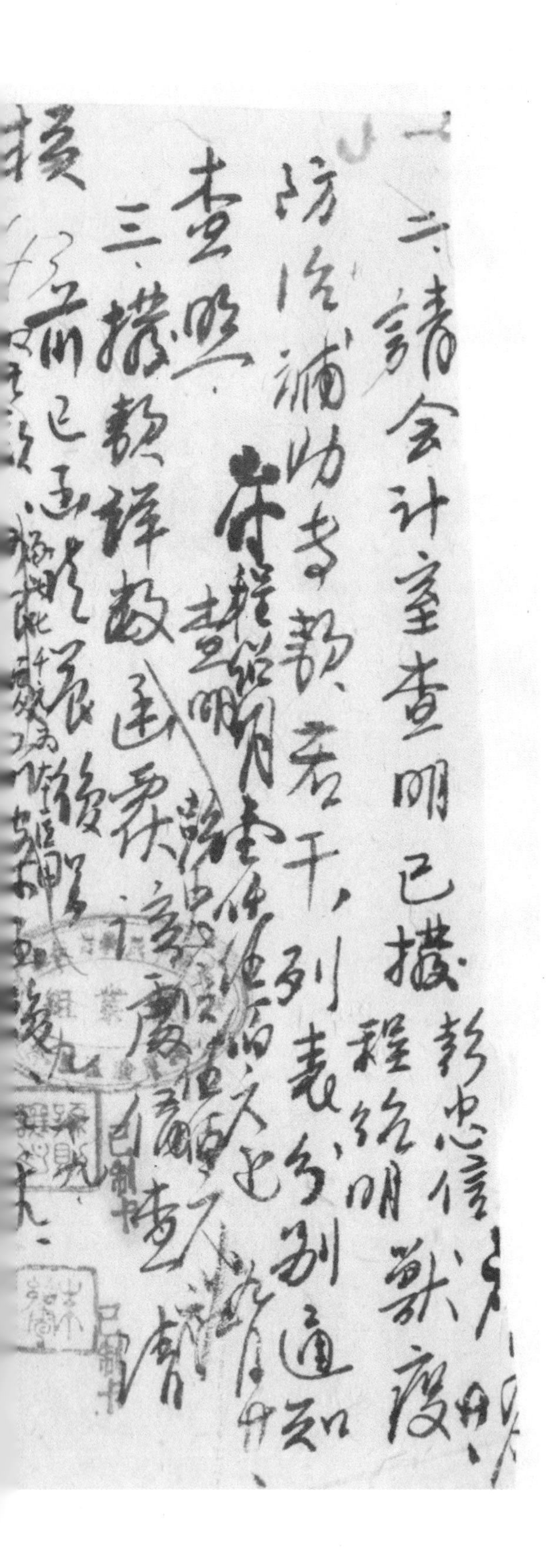
二、請會計室查明已撥彭忠信、程紹明款項、防治補助專款若干，列表分別通知查照。

经济部华西兽疫防治处、华西实验区总办事处为中国农村复兴联合委员会家畜保育、防疫经费拨付、使用的相关公函　9-1-128（53）

九月七日主任秘书座谈会记录讨论事项（四）由贾[illegible]臣去农复会请将前所拨本区七千元仍作本区办理家畜保育之用，并将副本分寄华西兽疫处及农复会[illegible]。查农复会补助七千在以农业补助费二万美元内拨付华西兽疫处七千美元，专作牛瘟防治，前因本区已办及正在举办种猪及防疫，请农复会将七千保留并拨付，本区已将预算说明书（附预算表已付）请核示。

梁正国 九[illegible]

15

一、查前以农字三八三号函请农复会将前补助本区家畜保育费七千美元指定留区支用，农复会已复函[illegible]

16

拟七千美元早日核复文并注销[illegible]请示。

农复会一八四号公函内称本区前请求之补助七千美元内需[illegible]预算[illegible]

[illegible]拟将详细工作计划及预算表[illegible]请农复会补助可否请示。

已拟具详细工作计划及预算

已制卡

梁正国 十、十八

经济部华西兽疫防治处、华西实验区总办事处为中国农村复兴联合委员会家畜保育、防疫经费拨付、使用的相关公函 9-1-128（17）（18）

经济部华西兽疫防治处、华西实验区总办事处为中国农村复兴联合委员会家畜保育、防疫经费拨付、使用的相关公函 9-1-128（19）（20）

農復會補助本區家畜保育費用（七千美元）預算說明書

查 貴會前補助本區農業生產補助費二萬美元內撥付亨德先生七千美元專作家畜保育牛瘟防治因本區已辦及正在舉辦豬種改良暨防治家畜疫病急需該款請 貴會准予保留並撥付茲將費用說明如下：

一、北碚家畜保育站種豬飼料費

1. 本區北碚家畜保育站種豬飼料費原由農林部中畜所負担以南京解放後自本年五月份起即由本區負担及 貴会補助玉米飼料在玉米用完後本區即以七千美元內補助飼料費美金三千一百六十八元

2. 該站本年預計生產小豬四十頭其飼料費以六個月計算

经济部华西兽疫防治处、华西实验区总办事处为中国农村复兴联合委员会家畜保育、防疫经费拨付、使用的相关公函 9-1-128（20）

二、推廣約克縣種猪飼料費—本區所推廣之約克縣種猪及貸放榮昌之公猪所補助飼料時間為六個月至該猪能交配時止即停補助

三、榮昌家畜保育站所需之飼料及種猪費（飼具及旅運費均包括在內）為美金四二四元

四、本區所飼種猪及推廣貸放各社員之牛猪時發生病疫在防疫團工作未結束時應由該團負責防治此外須由本區自行辦理故仍需防疫費用又本區極缺乏獸醫器械及藥品應即定購以備急用

璧山四寶閣文具印刷紙號印製

18

五、附農復會補助本區家畜保育費用（七千美元）預算表乙份

正本寄農復會及副本寄亨德先生

19

農復會補助本區家畜保育費用（七千美元）預算表

卅八年九月

項目	款額（元美）	說明
北碚家畜保育班種豬飼料費	二七六八	本區除推廣各區約克夏種豬外尚有巴克夏種豬四十六頭，本年擬配種豬五頭，預計即可產豬四十六頭，每頭每月飼料費四元，全年共支如上數
推廣各區約克夏種豬飼料費	九一二	本區共推廣各區約克夏種豬三十八頭，每月每頭補助飼料費四元，至該公豬能交配時為止，計六個月共計如上數
各區榮昌公豬飼料補助費	六〇〇	本區共貸放榮昌公豬一百頭，每頭每月補助飼料一元，至能交配時為止，六個月共計如上數
榮昌家畜保育站種豬飼料費	三八四	本區選購榮昌種豬八頭，每頭每月飼料費四元（飼養費包括在內），全年共支如上數
榮昌家畜保育站種豬費	四〇〇	本區在榮昌選購種豬八頭，每頭價五十元（旅運費在內），計支如上數
購買獸醫器品器械費	九七六	本區急需獸醫器械（如注射器、體溫表等）及藥品等，以五百元購買器械，四百七十六元購買藥品
防治家畜疾病費用	九六〇	本區貸放豬種及推廣貸放之仔豬，時發現疫病，來往不及時，請由該司負責，由防治處……此外需由本區自行辦理，計每年支防疫費如上數
合計	七〇〇〇	

华西实验区家畜保育工作站为呈送本站预防注射牛瘟工作报告呈华西实验区总办事处公函　9-1-128（63）

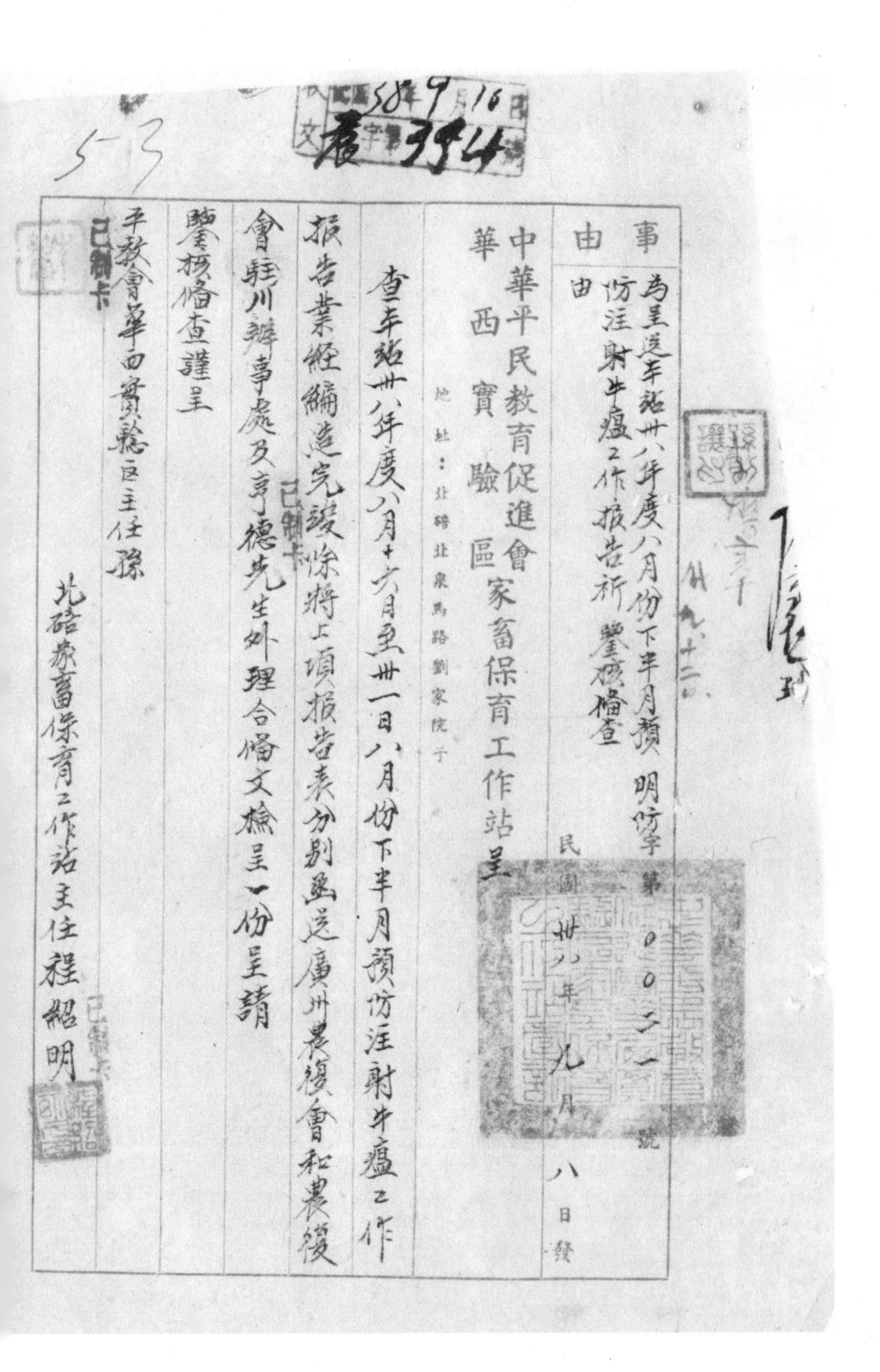

事由　为呈送本站卅八年度八月份下半月预防注射牛瘟工作报告祈鉴核备查由

明防字第〇〇二一號

民國卅八年九月八日發

中華平民教育促進會華西實驗區家畜保育工作站呈

地址：北碚北泉馬路劉家院子

查本站卅八年度八月十六日至卅一日八月份下半月預防注射牛瘟工作報告業經編造完竣，除將上項報告表分別函送廣州農復會和農復會駐川辦事處及章德先生外，理合備文檢呈一份，呈請鑒核備查。謹呈

平教會華西實驗區主任孫

北碚家畜保育工作站主任程紹明

华西实验区家畜保育工作站为呈送本站预防注射牛瘟工作报告呈华西实验区总办事处公函　9-1-128（64）（65）

工作進度半月報

編號 NO、3　　　　日期 卅八年九月五日

（1）工作項目 製造兔化牛瘟疫苗及預防牛瘟注射

（2）執行機關 華西實驗區家畜保育工作站獸疫防治團

（3）起迄月日 自八月十七日起至八月三十一日止

（4）工作人員

（甲）負責人 程紹明

（乙）技術其他人員人數 技術人員十二人事務人員二人工友三人

（5）工作進展情形

日期	縣別	鄉鎮別	離城距離	預防注射種類及頭數	治療頭數	疾病種類	合計	備註
7月20日起至8月15日止				893	3		896	此數係七八兩月累積頭數
八月17日至21日	巴縣	青木鄉	約140華里	277				
22日至25日	〃	鳳凰	〃160〃	280				
26日至29日	〃	虎溪	〃150〃	592				
29日至30日	〃	西永	〃170〃	288				
31日	〃	新發	〃60〃	93				
							1530	
總計							2426	

（6）困難點 （1）西永與新發兩鄉：公所協助不力

（2）農忙時期半數耕田多藉口不願注射且多表懷疑態度

（7）建議點 （1）各鄉豬疫（豬瘟、豬丹毒、豬肺疫）流行農民多要求防治擬請設法辦理

（2）經費缺乏請能於月初提早匯交以免延誤工作進行及效率

（8）備註

簽名 程紹明

隊長

华西实验区家畜保育工作站为呈送本站预防注射牛瘟工作报告呈华西实验区总办事处公函 9-1-128（66）

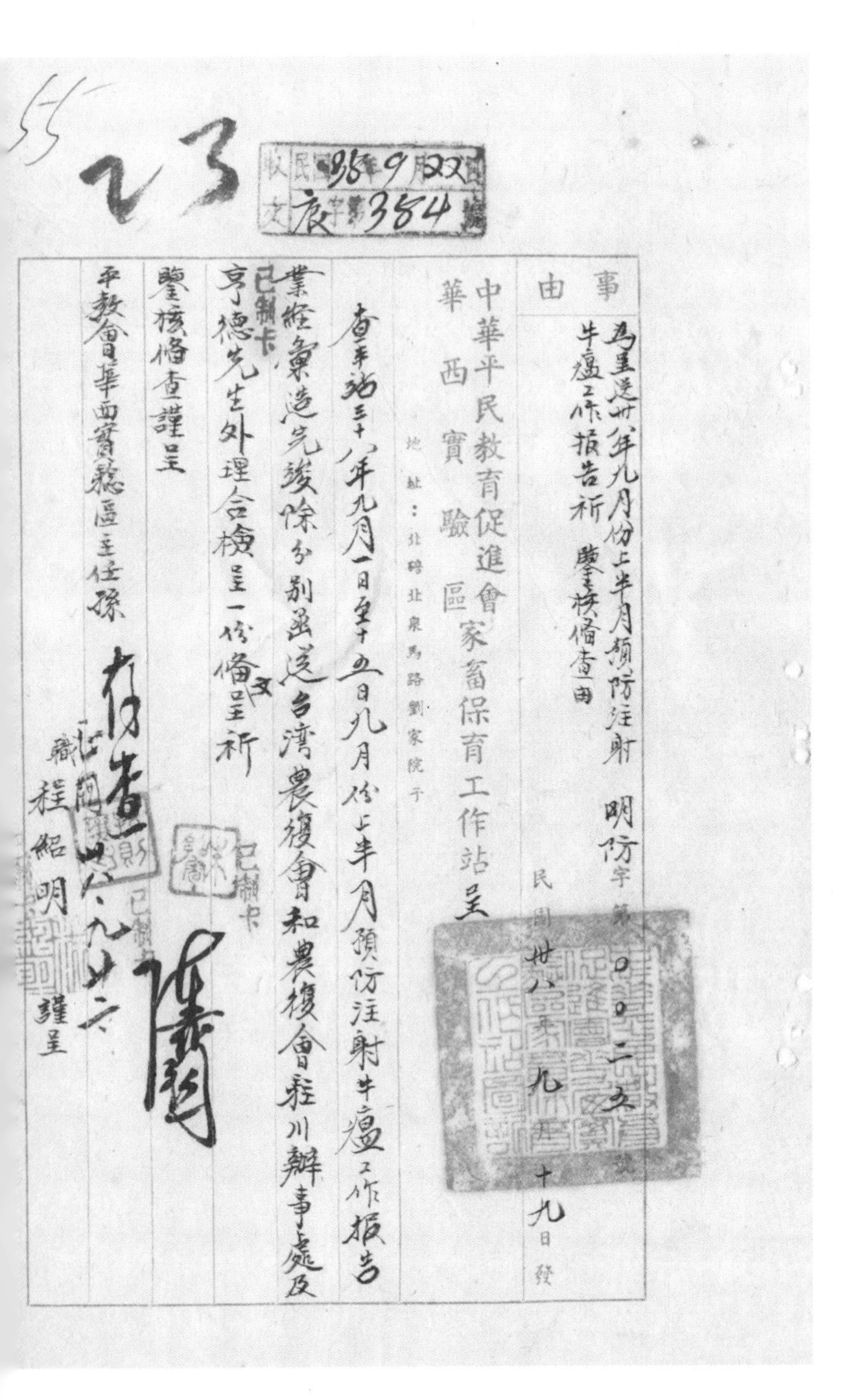
55
223

收文 民国38年9月22日 字第384号

事由：為呈送卅八年九月份上半月預防注射牛瘟工作報告祈 鑒核備查由

明防字第〇〇二五號

中華平民教育促進會華西實驗區家畜保育工作站 呈

地址：北碚北泉馬路劉家院子

民國卅八年九月十九日發

查本站三十八年九月一日至十五日九月份上半月預防注射牛瘟工作報告業經彙造完竣，除分別函送台灣農復會和農復會駐川辦事處及亨德先生外，理合檢呈一份，備文呈祈

鑒核備查。謹呈

平教會華西實驗區主任孫

職 程紹明 謹呈

已制卡

存查

工作進度半月報

編號 No.21　　　　日期 卅八年九月十九日

(1)工作項目

(2)执行機關

(3)起迄月日 九月一日起至九月十五日止

(4)工作人員

(甲)負責人 [illegible]紹明

(乙)技術其他人員人數 技術人員12人事務人員2人工友3人

(5)工作進展情形

日期	縣別	鄉鎮別	離城距離	預防注射種類及頭數	治療頭數	疾病種類	合計	備註
七月份起至八月卅一日止				2423	3		2426	此數為歷月累積數
九月二日至四日	巴縣二區	大興鄉	約65華里	423				此數為二次補行注射牛隻頭數
九月七日至十日	〃	歇馬場	約105華里	540				
九月十二日至十四日	〃	興隆場	約70華里	580			1543	
總計							3969	

(6)困難點 近來天氣酷熱，工作人員疲累不堪，致影響工作效率，

(7)建議點 市面已無冰供應，致影響兔化牛瘟疫苗儲存時效，

(8)備註

簽名 [illegible]紹明

隊長

华西实验区家畜保育工作站为呈送本站预防注射牛瘟工作报告呈华西实验区总办事处公函　9-1-128（67）（68）

华西实验区家畜保育工作站为呈送本站预防注射牛瘟工作报告呈华西实验区总办事处公函 9-1-128（36）

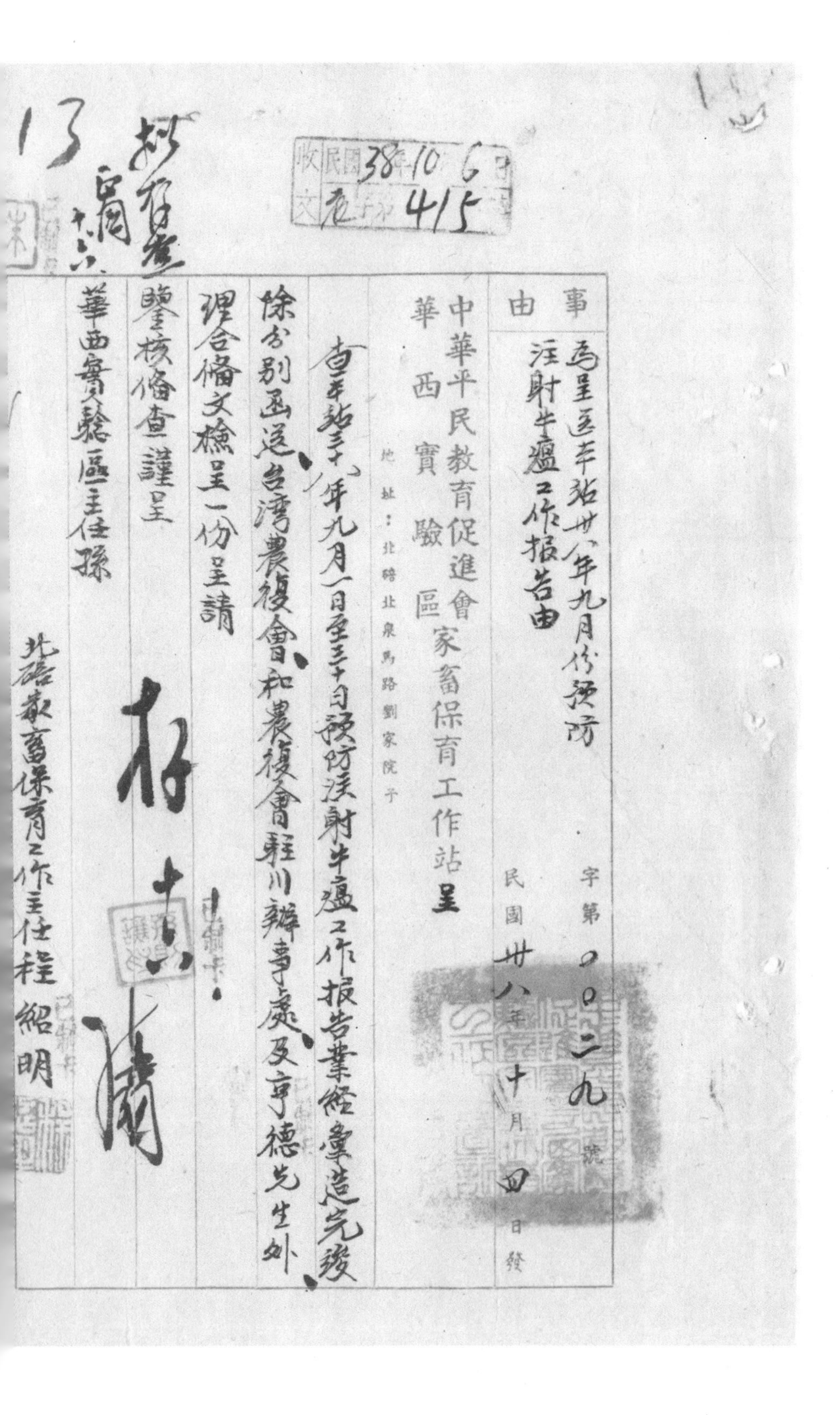

收文 民國38年10月6日 字第415號

事由：為呈送本站卅八年九月份預防注射牛瘟工作報告由

字第〇〇二九號

民國卅八年十月四日發

中華平民教育促進會華西實驗區家畜保育工作站 呈

地址：北碚北泉馬路劉家院子

查本站三十八年九月一日至三十日預防注射牛瘟工作報告業經彙造完竣，除分別函送台灣農復會、和農復會駐川辦事處及章德先生外，理合備文檢呈一份呈請

鑒核備查。謹呈

華西實驗區主任孫

北碚家畜保育工作主任程紹明

华西实验区家畜保育工作站为呈送本站预防注射牛瘟工作报告呈华西实验区总办事处公函　9-1-128（37）（38）

工作進度月報

編號 NO.4 & NO.5　　　　日期 38年10月5日

(1)工作項目 製造兔化牛瘟疫苗及預防牛瘟注射

(2)執行機關 平教會華西實驗區家畜保育工作站獸疫防治團

(3)起迄月日 自9月1日起至9月30日止

(4)工作人員

(甲)負責人 程紹明

(乙)技術其他人員人數 技術人員12人 事務行政人員2人 工友3人

(5)工作進展情形

日期	縣別	鄉鎮別	離城距離	預防注射種類及頭數	治療頭數	疾病種類	合計	備註
(自七月份起至八月卅一日止)				2,423	3	便秘及生產	2,426	此數為七、八兩月份累積數
[illegible]2日至4日	巴縣二區	土主鄉	約65華里	423				此數為第二次施行注射頭數
7日至10日	〃	歇馬場	約105〃〃	540				
[illegible]日至14日	〃	興隆鄉	約70〃〃	580				
[illegible]日至19日	〃	蔡家鄉	約80〃〃	627				
[illegible]日至21日	〃	同興鄉	約65〃〃	68				
[illegible]22日	〃	井口鄉	約50〃〃	51				
[illegible]至9月30日	巴縣七區	白市驛	約70〃〃	367			2,656	
總計							5082	

(6)困難點 ①近來天氣突轉酷熱，工作人員受累不淺，致影响工作時效（上半月）
②市面已無冰供应，致影响兔化牛瘟疫苗儲存時效

(7)建議點

(8)備註

簽名 程紹明

隊長

巴县第三辅导区办事处、华西实验区总办事处、北碚家畜保育站为派员前往巴县第三辅导区防治猪瘟一事的往来公文　9-1-128（162）

中華平民教育促進會華西實驗區總辦事處稿（函）

事由：為准田元信同志前來跳蹬鄉防治猪瘟注射由

受文者：巴三區

據報貴區跳蹬鄉猪瘟情形嚴重，茲派田元信同志前來協助防治注射，請予協助，並將辦理情形報查為荷。

主任孫〇〇

六月卅日發　字第一七八號

巴县第三辅导区办事处、华西实验区总办事处、北碚家畜保育站为派员前往巴县第三辅导区防治猪瘟一事的往来公文 9-1-128（159）

67

125

收文 民国38年7月11日 农字第206号

报告 平巴三农字第 号 中华民国卅八年七月 日

为请留田元信同志留乡工作或另派专人来乡防治猪瘟由

案奉

钧处农字4号通知，为派田元信同志前来跳蹬乡防治猪瘟注射予以协助等因，奉此。查该田同志已于本月四日携带部份药品抵达居都镇，因本区各乡均发生猪瘟流行情事，于是迎青水沟等地比比皆是，农家受损者非尠，爰留田同志往居都镇百下乡注射，六日到跳蹬乡，惟拟该田同志稍

巴县第三辅导区办事处、华西实验区总办事处、北碚家畜保育站为派员前往巴县第三辅导区防治猪瘟一事的往来公文　9-1-128（160）

126

伊只能于跳蹬住三日不能普遍推行防治工作值兹猪瘟流行之际此种情形至为遗憾除另案将办理经过报请备查外理合备文报请

钧座鉴核请通知田同志留本区推行防治工作或另派专人驻乡工作为祷！

谨呈

主任孙

巴县第三辅导区主任　胡英铿

已制卡

巴县第三辅导区办事处、华西实验区总办事处、北碚家畜保育站为派员前往巴县第三辅导区防治猪瘟一事的往来公文　9-1-128（158）

124

62

中華平民教育促進會華西實驗區總辦事處稿（通知）

事由：為派員防治豬瘟由

受文者：巴三區

一、七月六日平巴三農字第一九九号报告悉。

二、前派田元信同志前来防治猪瘟工作，因该员系向璧川农所第三农业辅导区借用，现已奉调北碚，不克留贵区工作。

三、农林部华西兽疫防治处巴县办事处派员来区协助兽疫防治工作，并由商洽派员前来协助。

四、相应通知查照为荷。

主任 孙

核判　核稿　擬稿　七、十一

副本　份送達

年 七 月 十二 日發

字第 二〇六 號

巴县第三辅导区办事处、华西实验区总办事处、北碚家畜保育站为派员前往巴县第三辅导区防治猪瘟一事的往来公文　9-1-128（127）

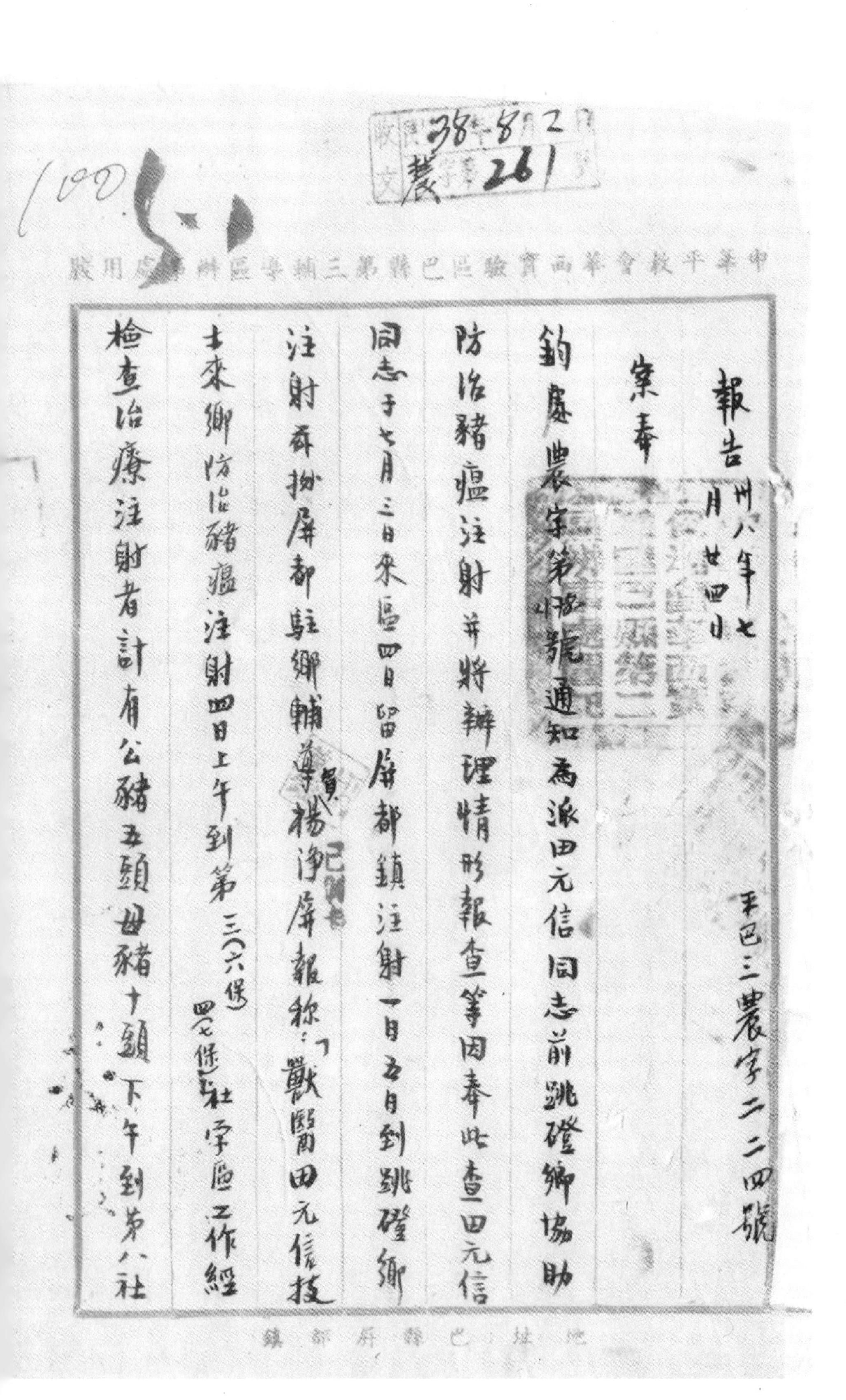

中華平教會華西實驗區巴縣第三輔導區辦事處用牋

報告　卅八年七月廿四日　平巴三農字二二四號

案奉

鈞處農字第478號通知為派田元信同志前跳磴鄉協助防治豬瘟注射并將辦理情形報查等因奉此查田元信同志于七月三日來區四日留屏都鎮注射一日五日到跳磴鄉注射并擬屏都駐鄉輔導員楊淨屏報稱：「獸醫田元信技士來鄉防治豬瘟注射四日上午到第三（六保四七保）社學區工作經檢查治療注射者計有公豬五頭母豬十頭下午到第八社

地址：巴縣屏都鎮

巴县第三辅导区办事处、华西实验区总办事处、北碚家畜保育站为派员前往巴县第三辅导区防治猪瘟一事的往来公文　9-1-128（128）

101

中華平教會華西實驗區巴縣第三輔導區辦事處用牋

学區（十二十三保）經檢查治療注射者計母豬二頭防預射者有公豬二頭母豬四頭合計注射共十八頭來及注射施藥治療者計母豬二頭經查本鄉豬瘟流行劇烈請轉總處派專人駐鄉防治射注。復據跳蹬鄉駐鄉輔導員鍾坤燦報稱：「查田元信同志來鄉防治豬瘟首在街保開始工作六日同往第一保九甲及第十八、十九兩保豬瘟農家實施防治兩日來共計治療病豬四十二頭防預注射六十六頭以所帶藥品用完七月七日即行離去值茲夏季病

地址：巴縣府郡鎮

中華平教會華西實驗區巴縣第三輔導區辦事處用牋

豬甚多聞訊來求治者已有十餘處擬懇鈞處轉請總處續派員長住實施防治等情據此查田元信同志工作經驗甚佳各農家病豬經注射後均先後痊癒而各農對是項工作印象極好理合報請

鈞座鑒核備查又本區各鄉鎮豬瘟流行各鄉輔導員均先後請求轉請

鈞處派專人來鄉實施豬瘟防治工作曾以巴三農字第(199)號報請鑒核懇派專人來區注射在案茲據各鄉實際

地址：巴縣屏都鎮

巴县第三辅导区办事处、华西实验区总办事处、北碚家畜保育站为派员前往巴县第三辅导区防治猪瘟一事的往来公文　9-1-128（130）

103

華平教會華西實驗區巴縣第三輔導區辦事處用牋

需要仍據詳
鈞座准予速派專人來鄉駐鄉實施豬瘟防治工作
是否有當尚祈核示祇遵！
謹呈。
主任孫

巴縣第三輔導區主任　胡英鑑

地址：巴縣府部鎮

巴县第三辅导区办事处、华西实验区总办事处、北碚家畜保育站为派员前往巴县第三辅导区防治猪瘟一事的往来公文 9-1-128（126）

99

中華平民教育促進會華西實驗區辦事處（通知）稿

事由	為通知關于豬瘟防治事宜希逕向北碚家畜保育站總隊長處商請辦理
受文者	巴縣第三輔導區
年月日發	三十八年八月九日發
附件	
字號	字第二六八一號

一、七月廿四日平巴三農字二二四號報告悉

二、關于獸疫防治事宜現經農復會商請農林部西南獸疫防治處成立防疫團兩隊該區豬瘟防治工作應屬該隊明先生所主持除將原報告抄送該隊外特希逕向北碚家畜保育站總隊長處直接商請派員前往協助防治

三、相應通知即希查照為荷

校對　監印　核稿　擬稿

副本一份送達北碚家畜保育站

巴县第三辅导区办事处、华西实验区总办事处、北碚家畜保育站为派员前往巴县第三辅导区防治猪瘟一事的往来公文　9-1-128（122）

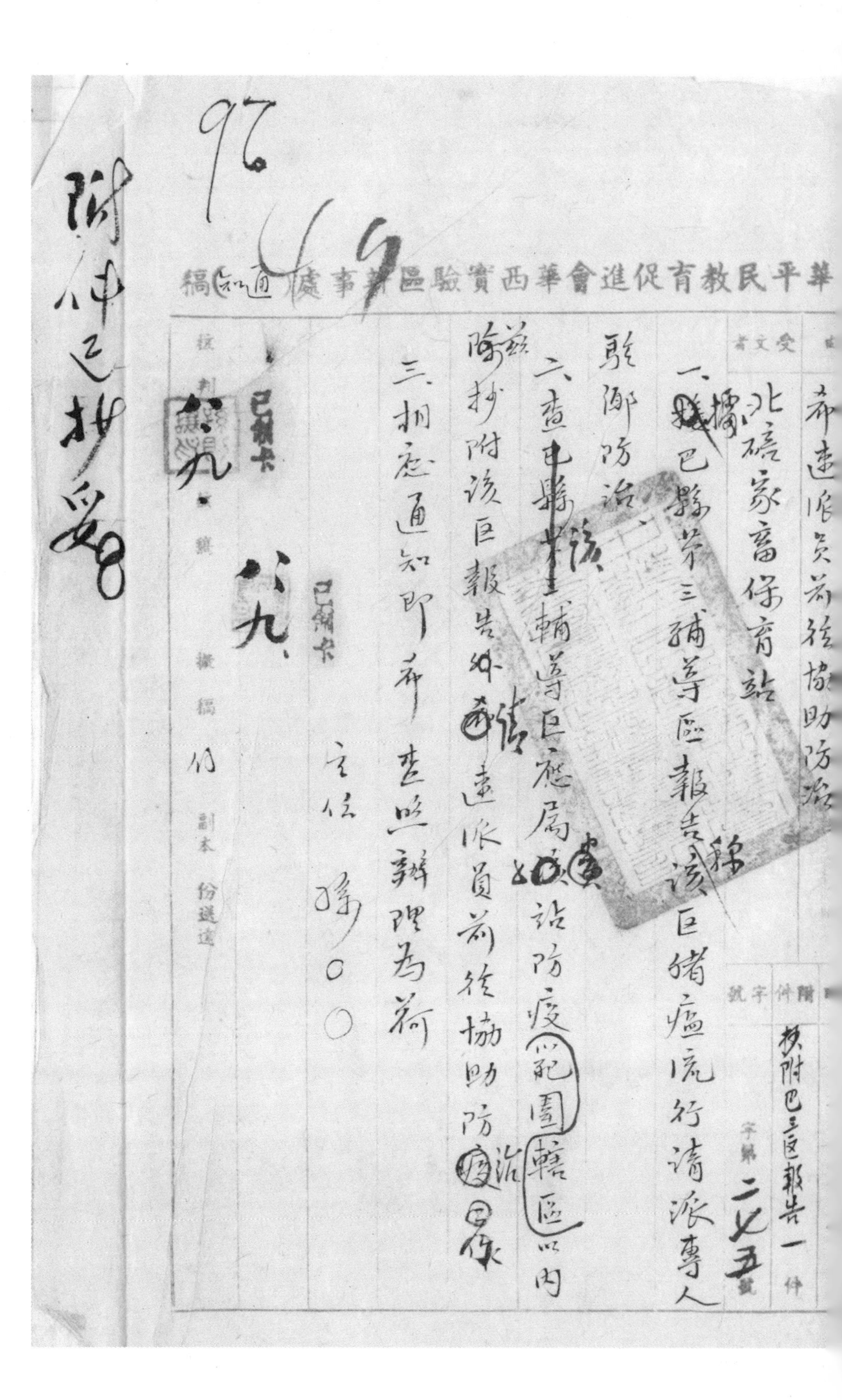
中華平民教育促進會華西實驗區總辦事處（通知）稿

希速派員前往協助防治

受文者：北碚家畜保育站

一、據巴縣第三輔導區報告該區猪瘟流行請派專人赴鄉防治

二、查巴縣第三輔導區應属該站防疫範圍轄區以内，茲除抄附該區報告外，希速派員前往協助防治為荷

三、相應通知即希查照辦理為荷

主任 孫〇〇

附件：抄附巴三区報告一件

字第二七五號

附件已抄發

已辦卡

巴县第三辅导区办事处、华西实验区总办事处、北碚家畜保育站为派员前往巴县第三辅导区防治猪瘟一事的往来公文　9-1-128（124）

中国农村复兴联合委员会广州总会畜牧专员亨德、渝区畜牧专员张龙志为经济部华西兽疫防治处派员前往华西实验区实施牛瘟防治致孙则让信函　9-1-128（152）

120

60

存查 七、十二收

私立銘賢學院公用箋

則襄專員勛鑒：别後甚念。遥祝
勳猷聿駿
履祺延鴻，為頌無量。敬啟者：兹有華西防疫處
楊處長興業率領工作人員十名前往
貴署轄區以璧山為中心實施牛瘟防治事宜，
用特專函介紹，並祈
察照，覓工作地點，並賜協助一切，以利進行，毋任
企禱。專此，即頌

中国农村复兴联合委员会广州总会畜牧专员亨德、渝区畜牧专员张龙志为经济部华西兽疫防治处派员前往华西实验区实施牛瘟防治致孙则让信函　9-1-128（153）

121

私立銘賢學院公用箋

政綏

弟　亨德
職　張龍志
仝啟
七月七日

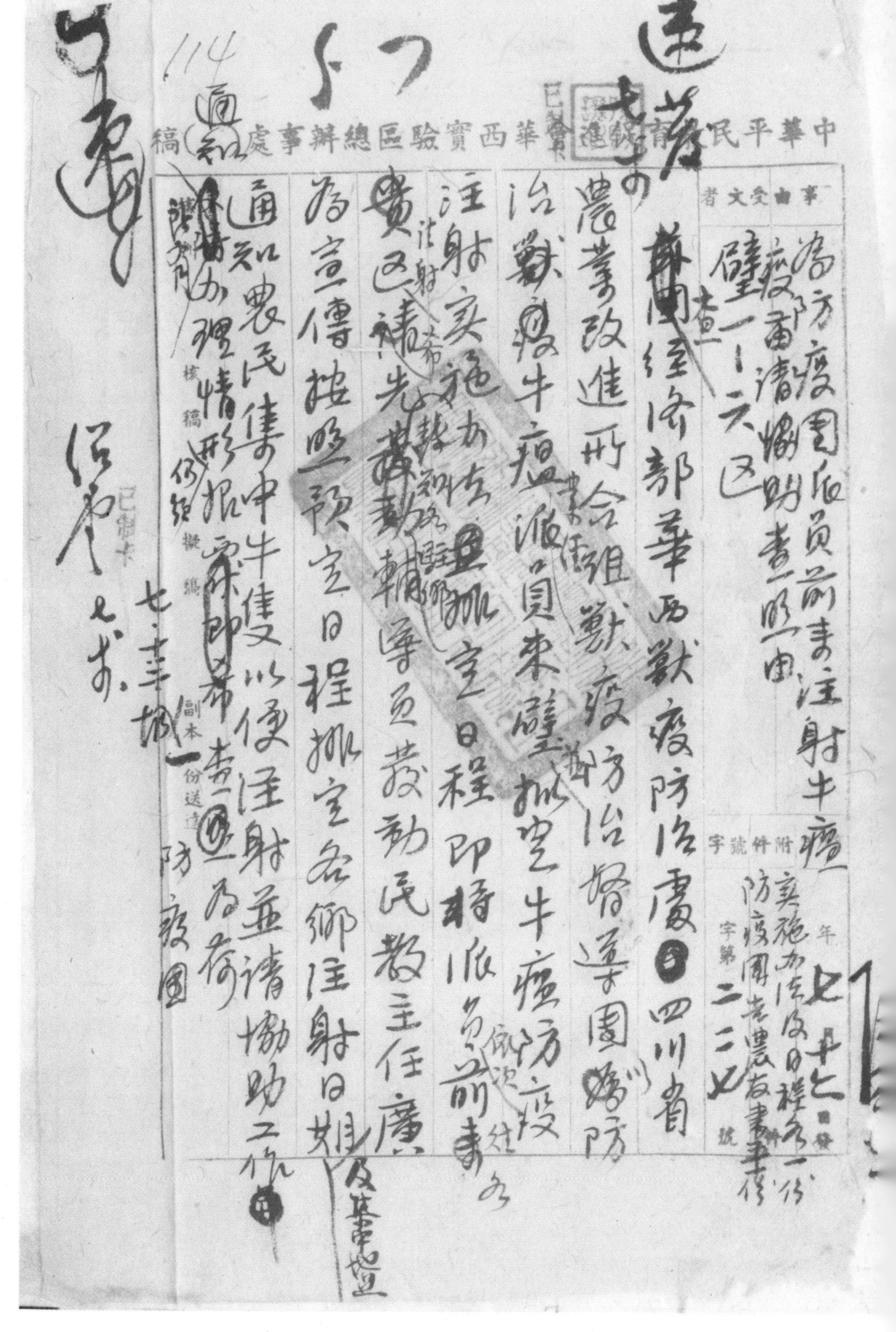

中華平民教育促進會華西實驗區總辦事處稿

事由：為牛瘟防疫團派員前來注射牛瘟疫苗，請協助由

受文者：璧山一、六區

為會同經濟部華西獸疫防治處、四川省農業改進所合組獸疫防治督導團，派員來璧擬定牛瘟防疫注射實施辦法，並擬定日程，即將派員前來貴區，請先期轉知輔導員發動民教主任廣為宣傳，按照預定日程擬定各鄉注射日期，通知農民集中牛隻，以便注射，並請協助工作，辦理情形報處為荷。

華西實驗區總辦事處，經濟部華西獸疫防治處、四川省農業改進所合組獸疫防治督導團為辦理璧山各輔導區牛瘟防治工作的相關公文
9-1-128（143）

已代達寄油印各區八份共印五十份

牛瘟防疫注射實施辦法

一、經濟部華西獸疫防治處與四川省農業改進所合組獸疫防治督導團（簡稱防疫團）為防治牛瘟注射免化牛瘟疫苗擬訂實施辦法暫在璧山各輔導區鄉鎮試辦

二、防疫團出發前先行排定日程通知各輔導區由各該鄉輔導員及民教主任負責宣傳使農民深切明瞭牛瘟防治之重要確信預防注射絕對安全

三、牛隻注射後九日內若有發生任何疾病均應隨時報告派員免費診治如有死亡即照市價如數賠償

四、未打針[illegible]發生[illegible]如有疾病死亡均須通報治辦

华西实验区总办事处，经济部华西兽疫防治处、四川省农业改进所合组兽疫防治督导团为办理璧山各辅导区牛瘟防治工作的相关公文

9-1-128（149）

华西实验区总办事处，经济部华西兽疫防治处、四川省农业改进所合组兽疫防治督导团为办理璧山各辅导区牛瘟防治工作的相关公文
9-1-128（150）

五、牛隻注射後九日內如有死亡應請當地保甲證明并由輔導員及民教主任負責調查属實再由當地保甲及公正士紳協商[illegible]決定牛價申請賠償

六、死亡牛隻之屍体由保甲及輔導員會同掩埋不得出售或自行處理

七、牛瘟注射以社學區為單位由輔導區排定日程通知農民在當日清晨將注射牛隻集中指定地点俾便派員前往注射

八、農民自有牛隻如因不願注射而有疾病死亡者以後即不得享受實驗區一切優待權利

九、牛瘟注射技術由防疫團員負責當地保甲及實驗區輔導員

璧山四寶閣文具印刷紙號印製

119

民教主任均須協助辦理

十、各輔導員及農民對牛瘟及其他獸疫如有問題均可隨時提出由防疫團負責書面答覆。有關防疫注射技術訓練各輔導員及民教主任均可於工作時向防疫團技術人員請求指導學習，[illegible]特表配發器械自行負責防疫注射工作

牛瘟防疫注射預定日程表

區別	日期
璧一區	七月十五日至廿五日
璧三區	七月廿六日至八月五日
璧四區	八月六日至十五日
璧二區	八月十六日至廿五日
璧五區	八月廿六日至九月五日
璧六區	九月六日至十五日

华西实验区总办事处，经济部华西兽疫防治处、四川省农业改进所合组兽疫防治督导团为办理璧山各辅导区牛瘟防治工作的相关公文
9-1-128（151）

华西实验区总办事处，经济部华西兽疫防治处、四川省农业改进所合组兽疫防治督导团为办理璧山各辅导区牛瘟防治工作的相关公文
9-1-128（145）

115

58

逕啓者：本隊奉派辦理璧山區牛瘟防治一切，業經洽請協助，深叨厚允。茲為增進農民信仰及和工作進展起見，特請
貴區并轉知各輔導區協辦下列各事：
（一）宣導農民注意牛瘟防治之重要，確信免化牛瘟疫苗絕對安全可靠，備經注射，良九日內若有發生任何疾病，來場即通知本隊派員免費診治，如有死亡，可照市價如數賠償。

經濟部華西獸疫防治處
四川省農業改進所
合組獸疫防治督導團用箋

华西实验区总办事处，经济部华西兽疫防治处、四川省农业改进所合组兽疫防治督导团为办理璧山各辅导区牛瘟防治工作的相关公文

9-1-128（146）

116

（二）本隊人員經費有限，兼以所用疫苗須特別保護，故無法分赴各農家個別注射，請商同有關機關團體按照各地牛隻數目、遠近程遠近，擬定適中地點，排定注射日程，通知各養牛農戶，按規定日期上午七時以前將牛隻集中指定地點，俾便派員前往實施防疫注射。

（三）本隊到各地工作時，請惠予協助衛護以[illegible]食宿處所

經濟部華西獸疫防治處
四川省農業改進所
合組獸疫防治督導團用箋

以上三項請

查照辦理為荷

此致

中華平民教育促進會華西實驗區

經濟部華西獸疫防治處
四川省農業改進所合組獸疫防治督導團第三區防疫隊

領隊 郭忠信

已制卡

五月十三日

已会商拟订实施办法
十五日开始在璧一区注射
七、十三

117

經濟部華西獸疫防治處
四川省農業改進所
合組獸疫防治督導團用箋

华西实验区总办事处，经济部华西兽疫防治处、四川省农业改进所合组兽疫防治督导团为办理璧山各辅导区牛瘟防治工作的相关公文
9-1-128（147）

华西实验区总办事处、四川省农业改进所家畜保育场为人员调派及设立璧山兽疫防治站等事的往来公函　9-1-128（163）

128
65

中华平民教育促进会华西实验区总办事处稿

事由：为函请委调田技士之信暂留璧山协助兽疫防治工作由

受文者：川农所家畜保育场

查本处近因兽疫防治工作急待推动，曾商请贵场派驻璧山第三辅导区技士田元信先生会同协助办理。兹闻贵场将调田技士前往北碚，……准予缓调暂留璧山协助兽疫防治工作，特此函达，敬希查照示复为荷。

主任孙○

核　核稿　拟稿　副本　份送达

年六月卅日发
字第一七七号

华西实验区总办事处、四川省农业改进所家畜保育场为人员调派及设立璧山兽疫防治站等事的往来公函 9-1-128（132）

四川省農業改進所家畜保育場公函

畜醫字第一〇二三三號

事由：為商寬本場前派駐璧山防疫員田光信暫時留璧協助工作由

案准

貴處本年六月三十日農字第一七七號公函屬留本場派駐璧山第三農業輔導區技士田光信暫時仍駐璧山協助

貴處防治獸疫等由准此自應照辦查本場以防治全省獸疫為職司前者派員長駐璧山亦以該縣防疫有年已得人民信仰故設員長駐以利工作俟因第三輔導區經費無着璧山縣府對於此項工作亦以預算關係無法協助不得已始將該員調駐北

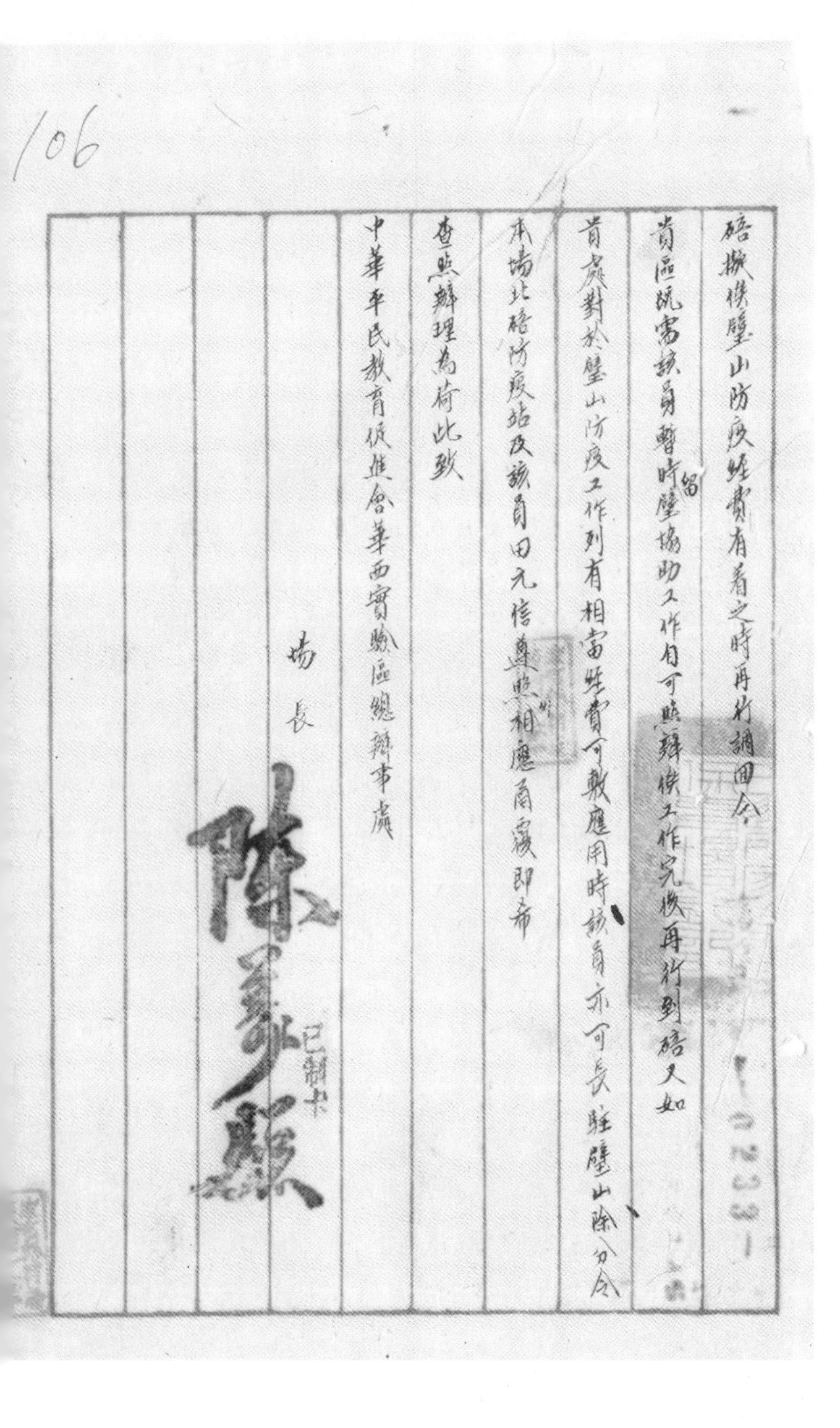
106

碚擬俟璧山防疫經費有着之時再行調回今
貴區既需該員暫時留璧協助工作自可照辦俟工作完竣再行到碚又如
貴處對於璧山防疫工作列有相當經費可敷應用時該員亦可長駐璧山除分令
本場北碚防疫站及該員田元信遵照外相應函覆即希
查照辦理為荷此致
中華平民教育促進會華西實驗區總辦事處

場長 陳[illegible]

华西实验区总办事处、四川省农业改进所家畜保育场为人员调派及设立璧山兽疫防治站等事的往来公函 9-1-128（133）

华西实验区总办事处、四川省农业改进所家畜保育场为人员调派及设立璧山兽疫防治站等事的往来公函　9-1-128（131）

中華平民教育促進會華西實驗區總辦事處（　）

事由：為防疫員田元信已調[illegible]

受文者：川農所家畜保育場

一、七月十八日畜保字二三三号函敬悉。

二、查貴場駐璧防疫員田元信已奉調赴[illegible]前往此。

三、本區十壩防疫工作現由貴所與華西獸疫防治處合組之獸疫防治督導團負責辦理，豬瘟防疫工作計劃因農復會尚未批准，僅由本區自購血清，疫苗委託該團代辦。

四、現因防疫團經常下鄉工作，留璧附[illegible]

[illegible]

未悉貴場是否同意[illegible]

查照示復為荷。

主任　孫

七廿六

字第二〇八號

华西实验区总办事处、四川省农业改进所家畜保育场为人员调派及设立璧山兽疫防治站等事的往来公函 9-1-128（94）

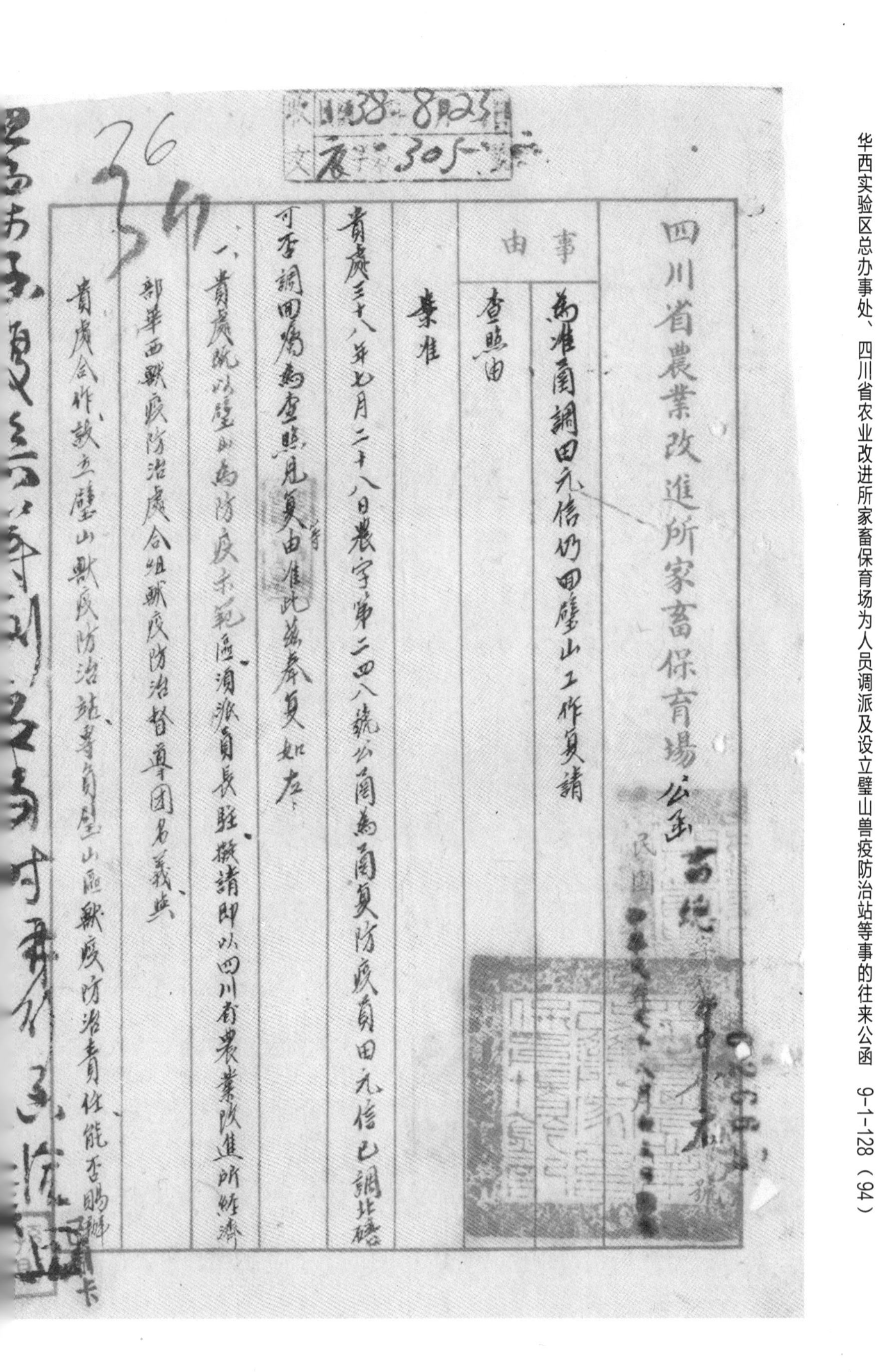

四川省農業改進所家畜保育場公函

事由：為准商調田元信仍回璧山工作覆請查照由

案准

貴處三十八年七月二十八日農字第二四八號公函為商覆防疫員田元信已調北碚可否調回為為查照見覆由准此茲奉覆如左：

一、貴處既以璧山為防疫示範區須派員長駐擬請即以四川省農業改進所經濟部華西獸疫防治處合組獸疫防治督導團名義與貴處合作設立璧山獸疫防治站專負璧山區獸疫防治責任能否賜辦

华西实验区总办事处、四川省农业改进所家畜保育场为人员调派及设立璧山兽疫防治站等事的往来公函 9-1-128（95）

希即見復

二、如允合作設立璧山獸疫防治站時，本園除供技術人員外，并將本場存

現有藥械全部撥供合作用，其餘應行補充藥械擬請由

貴區負責補充。

三、合作璧山獸疫防治站之辦公費、因防疫旅運各費及站址修建等擬請由

貴區負担

四、暫調田允信回璧山工作并商洽設立合作防疫站事宜，俟有成時即留該

員在璧山長駐。

上述四項可否照辦，相應函請

查照賜復為荷

华西实验区总办事处、四川省农业改进所家畜保育场为人员调派及设立璧山兽疫防治站等事的往来公函 9-1-128（96）

此致
中華平民教育促進會華西實驗區總辦事處
場長 陳燾
已制卡

华西实验区总办事处、四川省农业改进所家畜保育场为人员调派及设立璧山兽疫防治站等事的往来公函 9-1-128（93）

75

[illegible]局屬，係為備函[illegible]覆，若成立獸疫防治站，似與獸疫防治團不能有所重複，且經費事係亦是問題，現本[illegible]能增[illegible]梁正國及孟昭斌同志，對一般獸疫防治，亦能兼辦。調田君駐璧事，可不必積極求之。若將來事實需要，即由北碚家畜保育站擬調獸疫人員亦可。如何，敬請核示。

八、廿三

华西实验区总办事处、四川省农业改进所家畜保育场为人员调派及设立璧山兽疫防治站等事的往来公函 9-1-128（92）

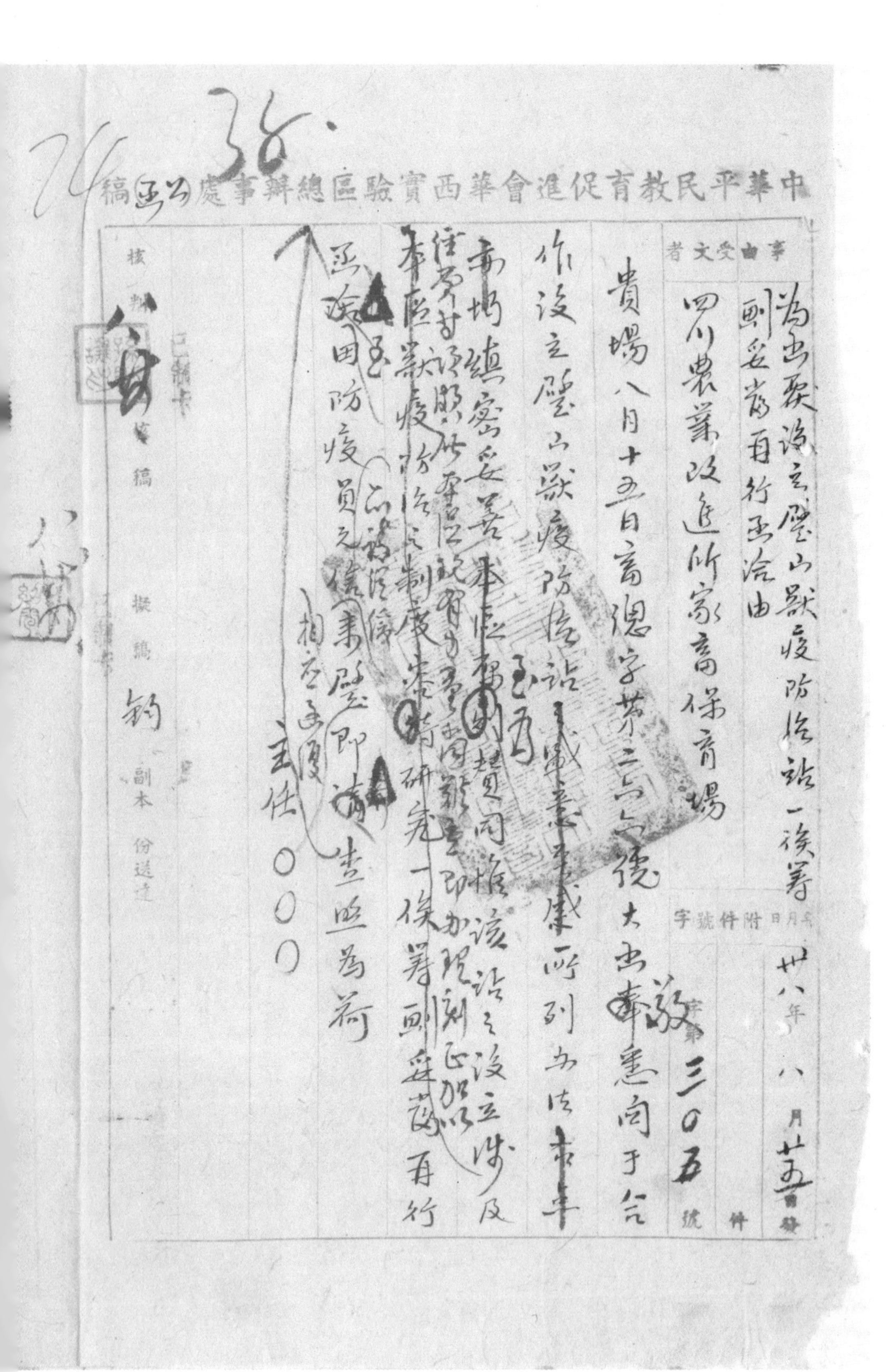

中華平民教育促進會華西實驗區總辦事處公函稿

事由：為函覆設立璧山獸疫防治站一俟籌劃妥當再行函洽由

受文者：四川農業改進所家畜保育場

貴場八月十五日畜總字第二〇二號大函奉悉，[illegible]作設立璧山獸疫防治站，[illegible]所列各項[illegible]本區[illegible]研究，一俟籌劃妥當再行[illegible]函洽，即請查照為荷。

主任 〇〇〇

卅八年八月廿五日發
字第三〇五號

核判
擬稿
副本 份送達

华西实验区总办事处为检寄《畜牧兽医问题座谈会记录》分致北碚家畜保育站、经济部华西兽疫防治队的通知、公函（附：畜牧兽医问题座谈会记录） 9-1-128（75）

中華平民教育促進會華西實驗區辦事處（通）（出）稿

事由：为检寄「畜牧獸医问题座談会記錄」有關各項希切实遵办由

受文者：北碚家畜保育站

兹检寄「畜牧獸醫問題座談会記錄」一份，其中有關該站各項為：

一、猪瘟防治由該站負北碚及巴二区防治责任，此項工作自九月十五日起限一月完成。

二、牛瘟防治仍應由该站指定專負該站工作人员一二人繼續注

射

特此通知即希切实遵办為要

主任 孙○

年 九月 十日發

附件：記錄一件

字號：三五二二號

副本一份送巴二区、北碚辅导区办事处

华西实验区总办事处为检寄《畜牧兽医问题座谈会记录》分致北碚家畜保育站、经济部华西兽疫防治队的通知、公函（附：畜牧兽医问题座谈会记录）　9-1-128（76）

平民教育促進會華西實驗區辦事處（公函）稿

受文者：经济部华西兽疫防治队彭队长忠信

一件印布查照办理由

兹检寄「畜牧兽医问题座谈会记录」一份，其中有关贵队事项为：

一、请贵队长调派人员赴璧山一区、巴一区办理牛瘟防治责任，此项工作自九月十五日起一月完成。

二、牛瘟防治仍应由贵队工作人员一二人继续注射。

相应函达，即希查照办理为荷。

主任 孙 ○○

附件：记录一件

九月十日发

字第三五二号

副本二份送达璧一区、巴一区

华西实验区总办事处为检寄《畜牧兽医问题座谈会记录》分致北碚家畜保育站、经济部华西兽疫防治队的通知、公函（附：畜牧兽医问题座谈会记录） 9-1-128（23）

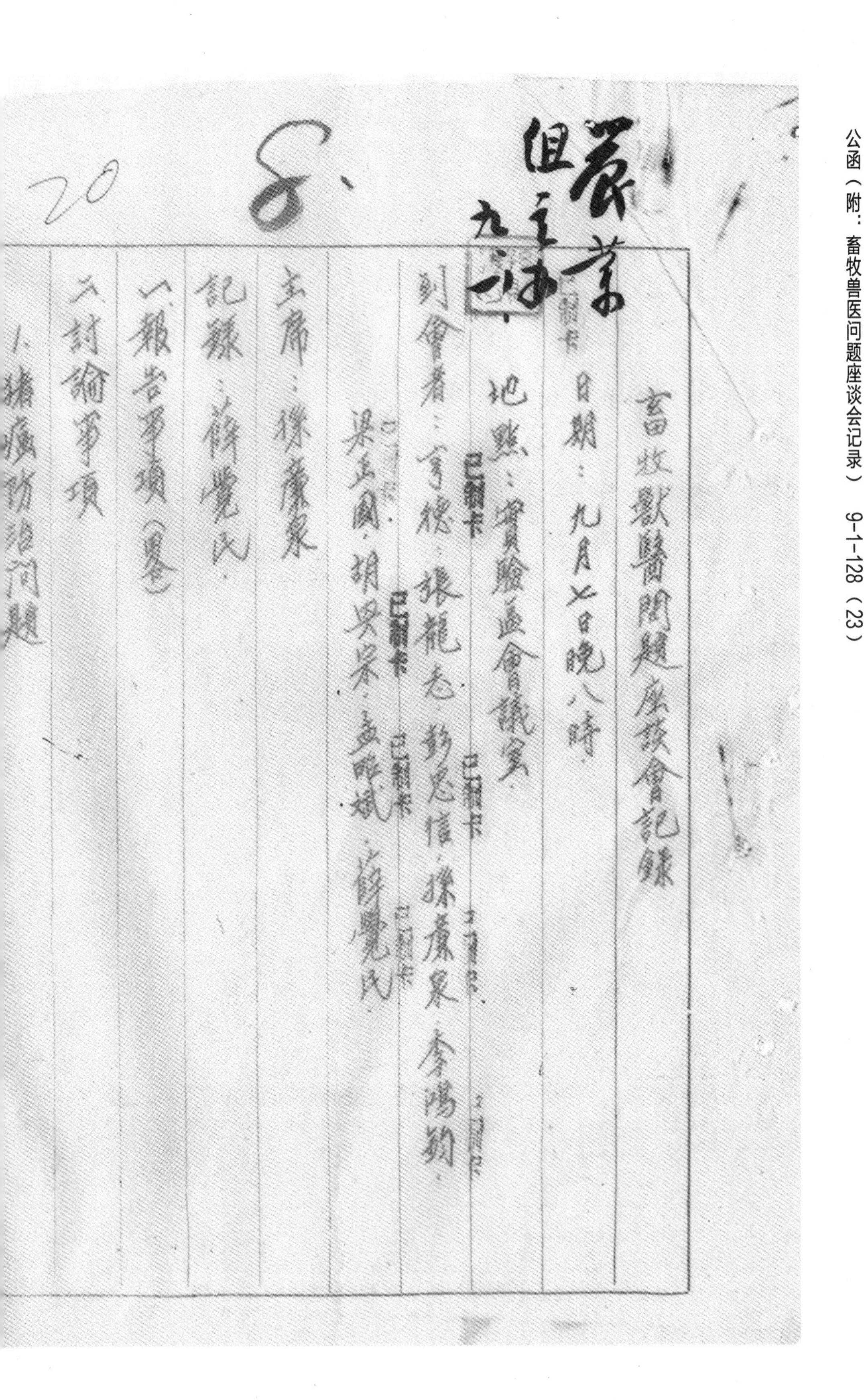

畜牧獸醫問題座談會記錄

日期：九月七日晚八時

地點：實驗區會議室

到會者：亨德、張龍志、彭思信、孫蔭泉、李鴻鈞、梁正國、胡央宋、孟昭斌、薛覺民

主席：孫蔭泉

記錄：薛覺民

一、報告事項（畧）

二、討論事項

1、豬瘟防治問題

华西实验区总办事处为检寄《畜牧兽医问题座谈会记录》分致北碚家畜保育站、经济部华西兽疫防治队的通知、公函（附：畜牧兽医问题座谈会记录）　9-1-128（23）

丁、佈已發電

乙、彭已去 加派二人通告

丙、通知程 欣川副站長 通告有關 [illegible]

丁、佈已發電

戊、知分別函達

乙、送辛 [illegible]

甲、請由亨德張龍志二先生僱蓉獸醫防治處派三人多携器械至榮昌防治（器械分璧山北碚一部）

乙、請彭隊長調四人負璧山八區巴八區防治責任

丙、請由本區北碚家畜保育站負北碚及巴二區防治責任

丁、需猪丹毒菌苗八千西西請由張龍志先生僱蓉購妥交平教會帶來 此次北帶血清疫苗分交璧山榮昌北碚使用

戊、此項防治工作由十五日起八個月完成 已辦卡

又、猪疫防治費用问題 由亨德先生另請農復會

璧山四寶閣文具印刷紙號印製

撥專款八三，三〇〇元，在專款未撥到前用費暫由

實驗區墊付，將来由專款歸墊。

3. 牛瘟繼續防治問題　仍繼續注射

4. 由實驗區函農復會請將前此撥本區七千元仍作

本區辦理家畜保育之用，並將副本分寄亨德先生及

農復會辦事處。

5. 由亨德先生及本區分別函請農復會速成立獸医巡

迴防治隊来區協助。

6. 各種注射器請由亨德先生函穆懿尔先生購十打並

購家畜用体温表十打。

（批注：先生抄送一份　不另办　3.分別通告兩個防医隊　4.会同農復会函　5.办函　由亨德先生办　已製卡）

华西实验区总办事处为检寄《畜牧兽医问题座谈会记录》分致北碚家畜保育站、经济部华西兽疫防治队的通知、公函（附：畜牧兽医问题座谈会记录）　9-1-128（24）

华西实验区总办事处为检寄《畜牧兽医问题座谈会记录》分致北碚家畜保育站、经济部华西兽疫防治队的通知、公函（附：畜牧兽医问题座谈会记录） 9-1-128（25）

7. 成立荣昌家畜保育站问题　由铭贤学院与实验区合作办理（另订合作办法）计需专家一人助手一人薪水由铭贤负责合作辅导人员一人由实验区负责公旅费用由张龙志君拨付饲养费由本区拨付。

8. 组织荣昌良种猪繁殖合作社问题　将来成立后如需贷款由实验区负责。

璧山四寶閣文具印刷紙號印製

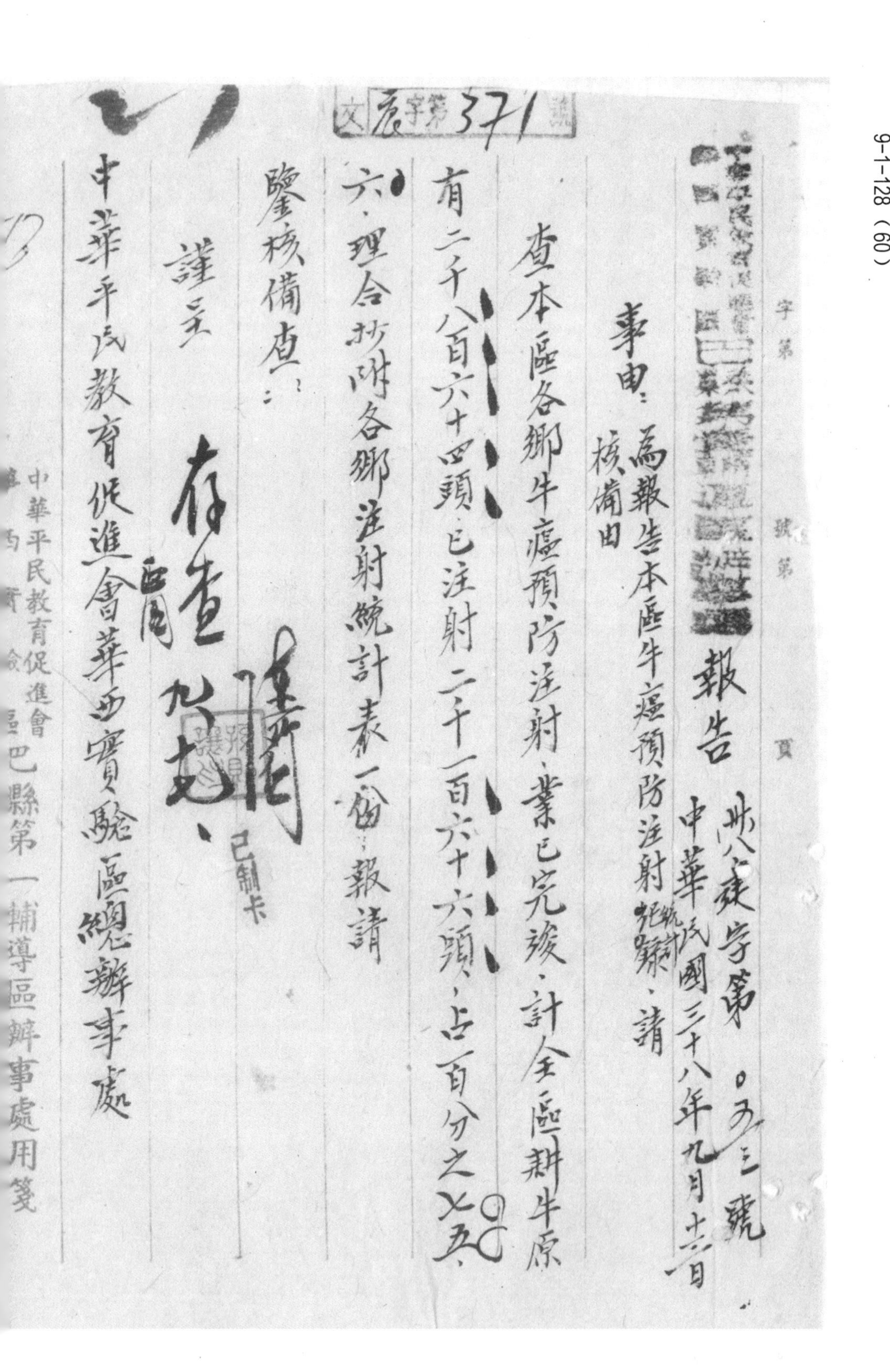

文 處字第371號

中華平民教育促進會華西實驗區巴縣第一輔導區

報告

卅八建字第〇五三號

中華民國三十八年九月十二日

事由：為報告本區牛瘟預防注射統計表，請核備由

查本區各鄉牛瘟預防注射，業已完竣，計全區耕牛原有二千八百六十四頭，已注射二千一百六十六頭，占百分之七五．六，理合抄附各鄉注射統計表一份，報請

鑒核備查。

謹呈

中華平民教育促進會華西實驗區總辦事處

存查 九月十七

已制卡

中華平民教育促進會華西實驗區巴縣第一輔導區辦事處用箋

巴县第一辅导区办事处为牛瘟预防注射统计记录一事与华西实验区总办事处的往来公函（附：本区各乡耕牛注射统计表）

9-1-128（60）

計抄附本區各鄉牛瘟預防注射統計表一份。

職　喻純望

已抄卡

中華平民教育促進會
華西實驗區　巴縣第一輔導區辦事處用箋

51

巴县第一辅导区办事处为牛瘟预防注射统计记录一事与华西实验区总办事处的往来公函（附：本区各乡耕牛注射统计表）
9-1-128（61）

巴县第一辅导区办事处为牛瘟预防注射统计记录一事与华西实验区总办事处的往来公函（附：本区各乡耕牛注射统计表）
9-1-128（62）

本區各鄉耕牛注射統計表

鄉別	原有耕牛頭數	注射頭數	百分率	備攷
青木	二九三（頭）	二八〇（頭）	九六.〇〇	二七七
鳳凰	四〇六	二七三	六七.二〇	二八〇
土主	八七三	六三二	七二.四〇	四二三
虎溪	七五一	六〇〇	八〇.〇〇	五九二
西永	三五七	二八八	八〇.六〇	二八八 ✓
新發	一八四	九三	五〇.五〇	九三 ✓
總計	二八六四	二一六六	七五.六〇	一九五三

巴县第一辅导区办事处为牛瘟预防注射统计记录一事与华西实验区总办事处的往来公函（附：本区各乡耕牛注射统计表）

9-1-128（59）

巴县第一辅导区办事处为牛瘟预防注射统计记录一事与华西实验区总办事处的往来公函（附：本区各乡耕牛注射统计表）
9-1-128（58）

48　20

中華平民教育促進會華西實驗區辦事處稿（通知）

事由：為所報牛瘟注射數目與北碚家畜保育所報告頭數不同，希查明具報由

受文者：巴一區

年月日附件字號：卅六年九月廿三日發　字第　號

卅六年九月十六日（卅六）建字第〇五三號報告悉：查所報本區各鄉牛瘟預防注射頭數一六六六頭，與北碚家畜保育所報告頭數一九五三頭相差數字太大，究竟本區牛瘟預防注射頭數以何者為準？實則依據且各場統計數字均應確實，不當有差異，特此通知，即希查明確實數字報核為要。

主任　孫〇〇

擬稿　　校稿

副本乙份送達北碚家畜保育所

巴县第一辅导区办事处为牛瘟预防注射统计记录一事与华西实验区总办事处的往来公函（附：本区各乡耕牛注射统计表）

9-1-128（56）

益宗吾兄大鑒：牛瘟注射數字，經與足下逐一查對，計漏列土主鄉第一次注射數二百零一頭，並誤列為巴二區，虎溪鄉、青木鄉少列三頭，鳳凰鄉少列七頭，歇馬鄉少列八頭，西永、新發兩鄉無誤。為關係個區之成績，除函知宗富保吉諾更正外，特請吾兄更正，以符實際。耑此即頌

仍有錯誤，待修

來區面洽

十、十二

中華平民教育促進會華西實驗區巴縣第一輔導區辦事處用箋

46

巴县第一辅导区办事处为牛瘟预防注射统计记录一事与华西实验区总办事处的往来公函（附：本区各乡耕牛注射统计表）
9-1-128（57）

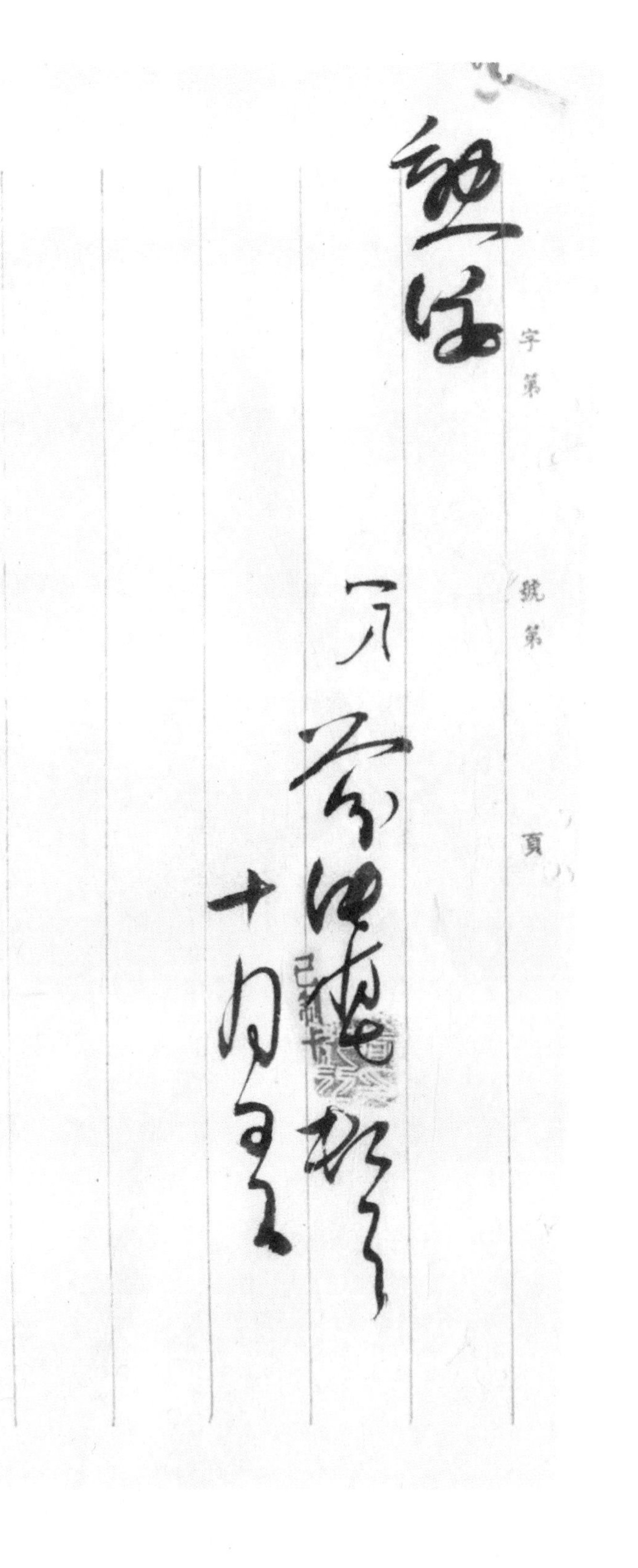

四川省农业改进所家畜保育场为函请华西实验区按前拟计划合作办理辖区各县兽疫防治一事致华西实验区总办事处的公函（附：四川省第三行政督察区各县一九四九年度兽疫防治工作计划）　9-1-128（166）

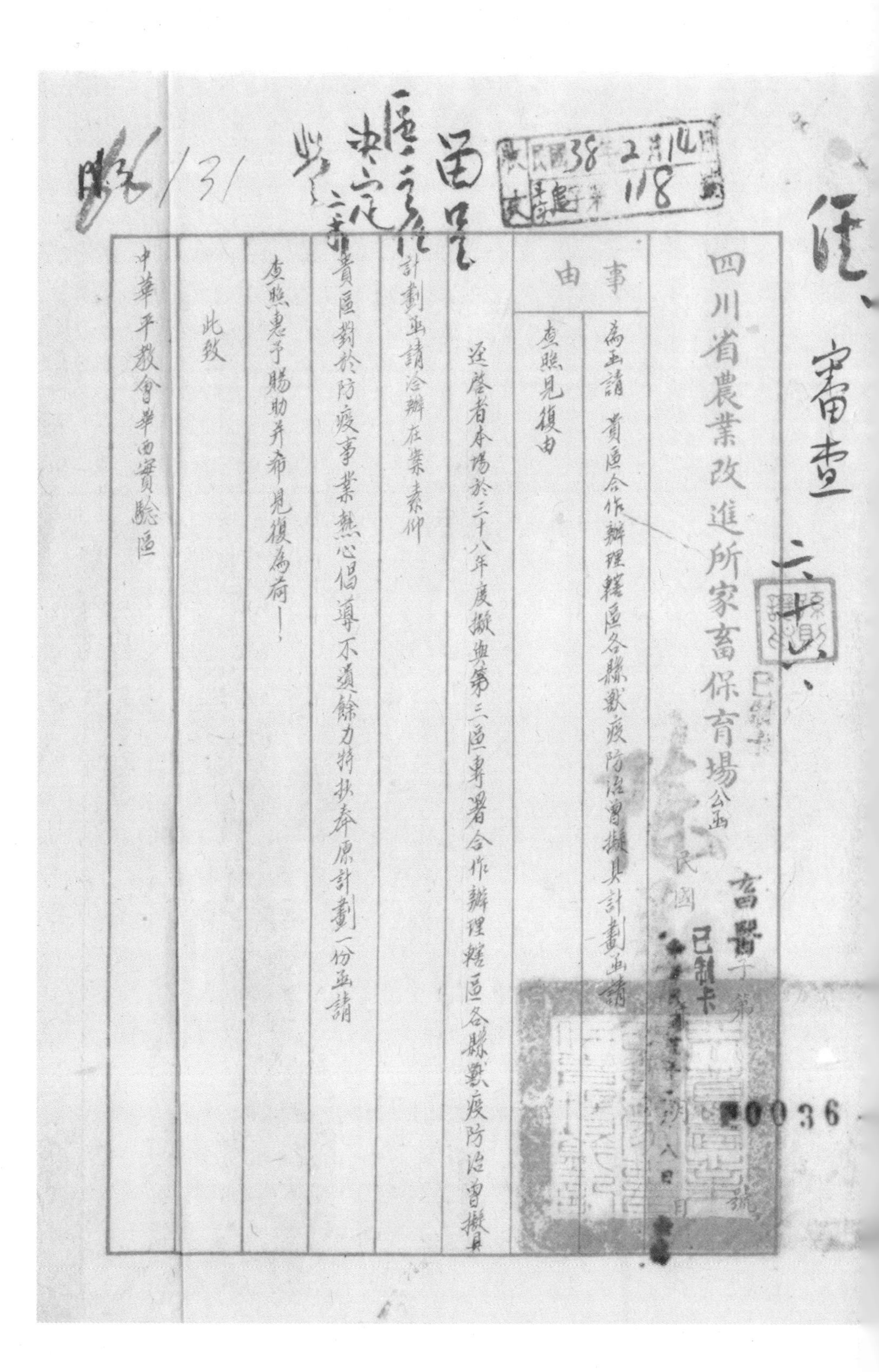

四川省農業改進所家畜保育場公函　畜醫字第　號　民國　年　月　日

事由：爲函請貴區合作辦理轄區各縣獸疫防治曾擬具計劃函請查照見復由

逕啓者本場於三十八年度擬與第三區專署合作辦理轄區各縣獸疫防治曾擬具計劃函請洽辦在案素仰貴區對於防疫事業熱心倡導不遺餘力特抄奉原計劃一份函請查照惠予賜助并希見復爲荷！

此致

中華平教會華西實驗區

四川省农业改进所家畜保育场为函请华西实验区按前拟计划合作办理辖区各县兽疫防治一事致华西实验区总办事处的公函（附：四川省第三行政督察区各县一九四九年度兽疫防治工作计划） 9-1-128（167）

132

附計劃一份

場長 陳[illegible]

已製卡

四川省农业改进所家畜保育场为函请华西实验区按前拟计划合作办理辖区各县兽疫防治一事致华西实验区总办事处的公函（附：四川省第三行政督察区各县一九四九年度兽疫防治工作计划） 9-1-128（168）

133

67

四川省第三行政督察區各縣三十八年度獸疫防治工作計劃

四川省农业改进所家畜保育场为函请华西实验区按前拟计划合作办理辖区各县兽疫防治一事致华西实验区总办事处的公函（附：四川省第三行政督察区各县一九四九年度兽疫防治工作计划） 9-1-128（169）

134

四川省第三行政督察區各縣三十八年度獸疫防治工作計劃

第三行政轄區各縣歷年獸疫防治工作成效頗著，惟以限於人力物力，未臻普及。擬自三十八年度起，由四川省農業改進所家畜保育場與第三區專署合作辦理該區各縣普通獸疫防治工作，所需經費由第三區專署籌集，技術方面由川農所家畜保育場負責，爰擬計劃如次：

一、計劃要點

普通實施第三區十一縣豬牛瘟防治，平均每縣防治豬二〇〇〇頭、牛一〇〇〇頭，十一縣共計豬二二〇〇〇頭、牛一一〇〇〇頭，為期一年。

二、實施辦法

1、組織防疫機構

四川省农业改进所家畜保育场为函请华西实验区按前拟计划合作办理辖区各县兽疫防治一事致华西实验区总办事处的公函（附：四川省第三行政督察区各县一九四九年度兽疫防治工作计划） 9-1-128（170）

甲、充實川農所家畜保育場現有之北碚防疫工作站負北碚、江北、合川、銅梁

四縣區防疫之責、

乙、璧山第三農業推廣輔導區原由本場派有獸醫一人常駐，應充實其

設備內容成立璧山防疫站負璧山、永川、榮昌、大足各縣防疫之責、

丙、另於巴縣設立一防疫站負巴縣、江津、綦江三縣防疫之責、

丁、由雙方各派一人組織巡迴防疫工作隊（員）督導各站及協助各縣防疫之責、

戊、指派各縣鄉鎮公所職員一人兼充獸疫情報員如遇獸疫發生立即報告

附近之防疫站以期立即撲滅而免滋蔓、

己、人才訓練、 徵調各縣農業推廣所指導員或農林技士每縣二人、授以簡單

獸疫防治技術訓練以便協助各該縣防疫工作、

四川省农业改进所家畜保育场为函请华西实验区按前拟计划合作办理辖区各县兽疫防治一事致华西实验区总办事处的公函
（附：四川省第三行政督察区各县一九四九年度兽疫防治工作计划） 9-1-128（171）

3.分期實施各縣猪牛瘟預防注射及緊急防治：於四、五月間普遍實施各縣猪丹毒及猪肺疫預防注射，六、七月間實施各縣牛瘟及炭疽預防注射，八、九、十各月疫病流行正盛，分別派員馳赴各縣作緊急治療工作。

4.實行檢疫　各交通要道及各縣鄉鎮牲畜集中交易場所隨時派員施行健康檢查，如遇傳染病流行時期，應斷絕牲畜往來，以遏疫病傳播。

5.辦理牲畜保險：選擇繁盛縣區或猪牛眾多之地舉辦家畜保險，凡防疫牲畜酌予保險，俾家畜防疫得收普及之效。

三、需要配備

1.血清菌苗：

需要種類及數量如后：

牛瘟臓器苗	六0,000公撮	可預防牛四000頭 於六七月間需要
炭疽芽胞苗	八,000公撮	可預防牛四000頭至六,000头 於六七月間需要
抗牛瘟血清	二00,000公撮	可治療牛隻一000頭至二000頭 於八九月間需要
抗炭疽血清	一00,000公撮	仝前
牛出血性敗血病菌苗	一五,000公撮	可預防牛一000頭至二000頭 於六七月間需要
抗出血性敗血病血清	二00,000公撮	可治療牛一000頭至二000頭 於八九月間需要
猪丹毒菌液	一0,000公撮	預防用 於四五月間需要（共可防治猪一0,000至一五,000頭）
猪丹毒血清	五00,000公撮	於四五月及七八九月各需要二五0,000公撮
猪肺疫菌苗	三0,000公撮	可預防猪六000头至七000頭 於四五月間需要
猪肺疫血清	二00,000公撮	可治療猪五000頭至八000頭 於八九月間需要

四川省农业改进所家畜保育场为函请华西实验区按前拟计划合作办理辖区各县兽疫防治一事致华西实验区总办事处的公函（附：四川省第三行政督察区各县一九四九年度兽疫防治工作计划） 9-1-128（172）

四川省农业改进所家畜保育场为函请华西实验区按前拟计划合作办理辖区各县兽疫防治一事致华西实验区总办事处的公函（附：四川省第三行政督察区各县一九四九年度兽疫防治工作计划）　9-1-128（173）

136

以上合項共血清一三〇〇〇〇〇公撮，菌苗一二〇〇〇〇撮，共可防治牛一二〇〇〇頭至一六〇〇〇頭，豬二〇〇〇頭至三〇〇〇頭。

2. 人員：

項目	職員數	工友數	附註
甲、防疫排	九	三	每排技術人員二人，由川農所派遣，三排共六人；每排事務人、工友一人，由三區專署派遣，三排共職員三人、三人。
乙、巡迴防疫隊	二	一	一隊由雙方各派一人組成，工友一人由三區專署派遣。
丙、各縣防疫員	一二—二四		每縣一—二人，十二縣共如上數，由各縣農推所指導員或農林技士負責。
丁、獸疫情報員	一〇〇—二〇〇	一	每鄉鎮一人，由各鄉鎮公所職員担任。

以上共計經常工作人員二三—三五人，協助人員一〇〇—二〇〇人，工友四人。

3. 經費預算：

四川省农业改进所家畜保育场为函请华西实验区按前拟计划合作办理辖区各县兽疫防治一事致华西实验区总办事处的公函（附：四川省第三行政督察区各县一九四九年度兽疫防治工作计划） 9-1-128（174）

项目	金额	说明
甲、設備費	一〇〇,〇〇〇.〇〇	[illegible]三非一隊共如上數
乙、經常費	一八〇,〇〇〇.〇〇	
①俸薪		右從業人員由各派遣機關支薪不列預算
②辦公費	一八〇,〇〇〇.〇〇	每非月支五,〇〇〇.〇〇 三非一隊年共如上數
丙、事業費	七七一,七五〇.〇〇	
①旅費	四四〇,〇〇〇.〇〇	每縣工作二次 為巡迴防疫隊工作二次共五次，十二縣共工作五五次，每次共通交通費平均以五〇〇元計，每次鄉鎮間交通費以三〇〇元計，共如上數
②膳費	九〇,〇〇〇.〇〇	以經常有十人在外工作六個月，每人日支五〇元，月共一五〇〇元，十人六月共如上數
③血清菌苗費	二五七,五〇〇.〇〇	各种血清每〇〇公撮以一五元計，一二〇〇〇〇公撮共一八〇,〇〇〇.〇〇，各种菌苗每〇〇公撮以三〇元計一二〇〇〇公撮共二〇七五元，共如上數
④特別費	二一六,〇〇〇.〇〇	
A、宣傳費	一二,〇〇〇.〇〇	每非支二〇〇〇元 三非一隊共如上數

四川省农业改进所家畜保育场为函请华西实验区按前拟计划合作办理辖区各县兽疫防治一事致华西实验区总办事处的公函（附：四川省第三行政督察区各县一九四九年度兽疫防治工作计划） 9-1-128（175）

137

B.撲殺津貼 一九0,000.00 以撲殺傳染病牛100頭每頭津貼1000元撲殺傳染病猪300頭每頭津貼300元二共為上數

C.其他 10,000.00

(5)保險事業費 100,000.00

(6)訓練費 100,000.00 分四次調訓各縣協助防疫從業人員每次25000元四次共為上數

以上共計金圓九九五七五0.00圓正，來源由三區專署向平教會在美援內撥款補助

四、分月進度

一、二月份 組設防疫工作隊及巡迴防疫隊並開始訓練防疫人員100人

三月份 繼續訓練工作並發動各縣防疫及保險業務

四五月份 普遍實施各縣猪丹毒及猪肺疫預防注射共猪15000至20000頭并訓練500人

四川省农业改进所家畜保育场为函请华西实验区按前拟计划合作办理辖区各县兽疫防治一事致华西实验区总办事处的公函（附：四川省第三行政督察区各县一九四九年度兽疫防治工作计划） 9-1-128（176）

六七月份 普遍实施各县牛瘟疫苗预防注射共牛八〇〇〇至一二〇〇〇頭、訓練防疫人員五〇人、

八九月份 實施各縣猪牛瘟緊急防治計牛四〇〇〇頭至六〇〇〇頭、猪五〇〇〇頭至一〇〇〇〇頭并

繼續訓練工作、实施市場檢疫、

十、十一月份 結束各項未完工作

十二月份 工作檢討、擬三十九年度事業計劃

五、預期效果

按上述計劃防治豬二〇〇〇〇頭以收效[illegible]八〇〇頭每頭以現值五〇〇元計可挽回

經濟損失九九〇〇〇〇〇元、防治牛一二〇〇〇頭以收效95%計保全牛一一四〇〇頭每頭以現值最低價六〇〇〇元

計可挽回經濟損失六八四〇〇〇〇〇元、二共可挽回七八三〇〇〇〇〇元、而獸疫防治工作普及、直接福利

農村、增加畜產、間接富裕國家財源、收益實不可以數計、

中国农村复兴联合委员会为派员协助兽疫防治工作一事与华西实验区总办事处的往来公文　9-1-128（31）

中國農村復興聯合委員會

中國農村復興聯合委員會公函　農卅八字第166號　卅八年十月十一日

接准

貴處本年九月十日平實農字三五四號函囑成立獸醫巡迴防治隊赴區協助防治獸疫一案當經本會第一組函請本會畜牧顧問韓德先生草擬一成立巡迴防治隊計劃書後茲據韓德先生復稱成都銘賢學校與本會合辦之獸醫人員訓練班將於本月十一日開學一俟訓練完竣即可派一由三人組成之小組前來

貴區協助開展獸疫防治工作等語准函前由相應函復即希

查照爲荷此致

通訊處：臺灣臺北市寶慶路一號
電報掛號：八五一一五

中国农村复兴联合委员会为派员协助兽疫防治工作一事与华西实验区总办事处的往来公文 9-1-128（32）

中國農村復興聯合委員會

27

中華平民教育促進會華南試驗區總辦事處

附本會第一組致韓德先生函及韓德先生復函

主任委員 蔣夢麟

通訊處：臺灣臺北市寶慶路一號
電報掛號：八五一五
電話：六五零一

中国农村复兴联合委员会为派员协助兽疫防治工作一事与华西实验区总办事处的往来公文 9-1-128（30）

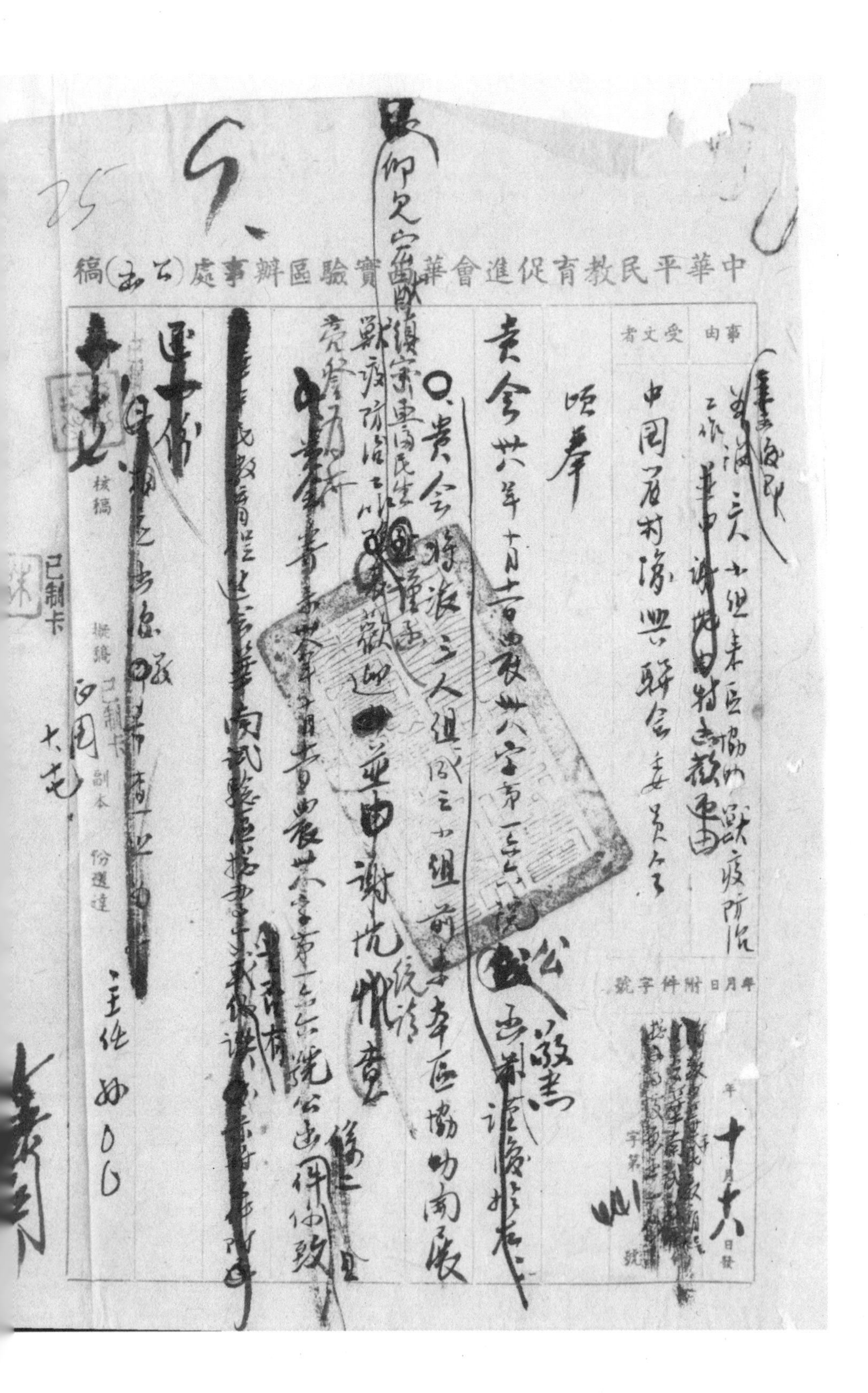

中華平民教育促進會華西實驗區辦事處（公函）稿

事由：……兽疫防治……

受文者：中国农村复兴联合委员会

迳启者

贵会卅八年十月十二日农卅八字第一五八六号公函敬悉。贵会将派二人组前来本区协助……兽疫防治工作……欢迎并申谢忱……

此致

中国农村复兴联合委员会

年　十月十八日發　字第　號

核稿　擬稿　副本　份送達　已制卡

主任

巴县鱼洞镇马龙沟合作农场、华西实验区、巴县第三区为配发优良畜种以利繁殖推广的往来公函　9-1-147（23）

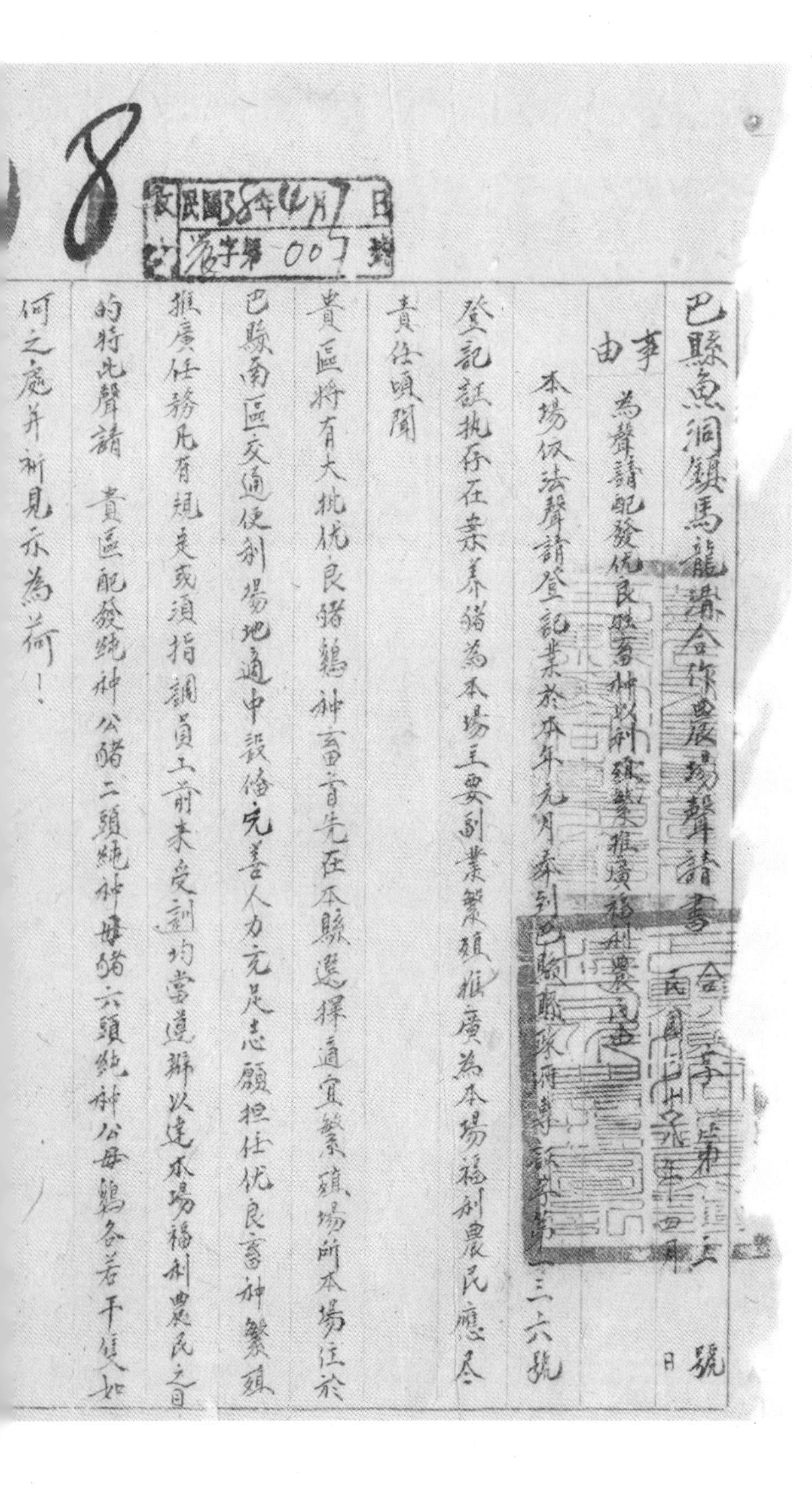

8

收　民國38年4月7日
農字第007號

巴縣魚洞鎮馬龍溝合作農場聲請書　合字第三六號

民國卅八年四月　日

事由：為聲請配發優良牲畜种以利繁殖推廣福利農民由

本場依法聲請登記，業於本年元月奉到巴縣縣政府新字第三六號登記証執存在案。養猪為本場主要副業，繁殖推廣為本場福利農民應盡責任。頃聞

貴區將有大批优良猪雞种畜，首先在本縣選擇適宜繁殖場所。本場位於巴縣南區，交通便利，場地適中，設備完善，人力充足，志願担任优良畜种繁殖推廣任務。凡有規定或須指調員工前來受訓，均當遵辦，以達本場福利農民之目的。特此聲請

貴區配發純种公猪二頭、純种母猪六頭、純种公母雞各若干隻，如何之處，并祈見示為荷！

巴县鱼洞镇马龙沟合作农场、华西实验区、巴县第三区为配发优良畜种以利繁殖推广的往来公函　9-1-147（24）

此致：

中華平民教育促進會華西實驗區

巴縣魚洞鎮馬龍溝合作農場理事主席　李厚如

通信處：巴縣魚洞鎮郵轉

巴县鱼洞镇马龙沟合作农场、华西实验区、巴县第三区为配发优良畜种以利繁殖推广的往来公函 9-1-147（21）

箋函

已繕

農〇〇二號
卅七年四月九日

逕啟者頃准

貴場四月 日合字第三號聲請書請配優良畜種以利繁殖推廣查本區畜種推廣工作正在籌辦但以各輔導區繁殖站表記農家為推廣對象請與本區屏都鎮巴縣第三輔導區辦事處就近洽辦為荷

此致

巴縣魚洞鎮馬龍溝合作農場

中華平民教育促進會華西實驗區辦事處

余 職謹啟 四月八日

巴县鱼洞镇马龙沟合作农场、华西实验区、巴县第三区为配发优良畜种以利繁殖推广的往来公函　9-1-147（22）

發

17

通知　四月八日　年農字第○○二三○号

卅八年四月九日

案准巴縣魚洞鎮馬龍溝合作農場

四月　日合字第三号声请書請配純种公猪

壹頭純种母猪六頭純种公母鷄各十隻志

願担任优良畜种繁殖推廣任務查本区純种

公猪分配工作正在籌辦每区僅能配發公猪一至

二頭交由各区繁殖站飼养推廣現已函請該

場与貴區接洽就近洽辦原函附上以供参考请

将辦理結果报处為荷　此致

巴縣第三区

附馬龍溝合作農場声请書　份

巴四区为配发约克夏种猪一对与华西实验区办事处的往来公文 9-1-147（48）

中華平民教育促進會華西實驗區巴縣第四輔導區辦事處用箋

報告 卅八年四月廿九日 於滄白鎮區辦事處

竊查本辦事處現向縣政府賃到滄白鎮場後地名團山堡田地五十餘畝，此地即作為本區示範農場及農業推廣繁殖站之用，特請配發约克斜種豬一对以作本區示範及推廣之需，如獲賜准，实有助於鄉建工作之推進。此呈

區本部

巴四區主任 李爍東

巴四区为配发约克夏种猪一对与华西实验区办事处的往来公文　9-1-147（46）

33.　8

中華平民教育促進會華西實驗區總辦事處（通知）稿

事由	請配發約克夏種猪一對
受文者	巴四区

年五月十七日發　附件　件　字第〇六九號

案准　貴區四月廿九日報告請發約克夏種猪一對，現因種猪仍在北碚飼育，六月底前始可配發，各區所請，雖已予登記，容後配發，此後　貴區繁殖班成立時農家申請書及調查表均請代填報為要

巴四区

余戳啟

核判　五.七

核稿

擬稿　五.五

副本　份送達

已領卡

璧山第一辅导区办事处为转报冉仲山所反映的养猪实际问题与华西实验区总办事处的往来公文 9-1-147（63）

中華平民教育促進會華西實驗區璧山辦事處報告 璧一農推字第八一號
三十八年六月 日

事由：轉報冉仲山同志養豬實際問題呈請鑒核由

案奉

鈞處農字第一三四號通知：「印發養豬貸款辦法請查照洽貸」等因奉此遵即轉知各輔導員遵照辦理茲據楊家祠社學區冉仲山同志六月十七日報告以各項問題及實際困難情形殊多謹將所提出各項問題轉錄於後：

「一、前往北碚運豬各項費用如何辦理究由合作社籌措或由總處核發種豬如何運法

二、豬舍修建費可否貸款由合作貸或養豬之社員承貸

三、將來交配費之收入如何規定年可收入若干能否填還貸款之

璧山第一辅导区办事处为转报冉仲山所反映的养猪实际问题与华西实验区总办事处的往来公文　9-1-147（64）

本息（交配期間因規定為每年二三月或七八月每期只配五十頭每日只配一次為限再所產純種小豬由本區照市價收購可否抵償其消耗）

四、遵照種豬飼養須知四五兩條之規定飼料大多鄉民咸稱無力飼養若貸款飼養收益可否補償其投資代價因鄉民多謂種豬飼料有勝於人之飲食

五、鄉下一般養豬多係青草菜盾拖架子待最後兩月方飼以米糧糠麩養母豬亦然平時并不餵好料待其有孕或產小豬時始給以好料

六、目前各社員雖聞而生畏嗣經農業社理監事主席承認領

45

豬飼養暫時寄養聽候解決問題

七、依照養豬法之規定則經常必須一人照料種豬時而為其灑洒時而為其洗刷時而喂食喂水喂青草喂食鹽等工作鄉下人大小皆有其田土工作無暇顧及將來恐對種豬之健康有碍

基於以上各情擬請將種豬直接由繁殖站飼養專設一個工人以資管理再以後交配情形與記載方能詳盡確實尤對種豬之健康大有關係是否有當靜候示遵

查該同志所報確係實情理合報請

鈞處鑒核示遵

謹呈

主任孫

職 傅志純

璧山第一辅导区办事处为转报冉仲山所反映的养猪实际问题与华西实验区总办事处的往来公文 9-1-147（61）

中華平民教育促進會華西實驗區總辦事處（函）稿

事由：為轉報冉仲山同志養猪實際問題

受文者：璧一區

查六月廿日璧一農推字第八一號報告（函）悉，茲將冉仲山同志提出之養猪實際問題簡覆如下：

（一）由前往北碚運猪請先擬具旅運費預算報請核發，由各區派員持據前往洽運，路近可以趕猪行路，路遠則可利用車或滑竿。

（二）猪舍無貸款，可由養猪者就原有猪舍修建，或由合作社籌劃補助。

（三）交配費由合作社商定標準收作飼料補助，但須

年月日：六月廿二日發

附件：副本送冉仲山同志

字號：第一五五號

核判：六、廿

擬稿：六、廿

副本　份送達

璧山第一辅导区办事处为转报冉仲山所反映的养猪实际问题与华西实验区总办事处的往来公文　9-1-147（62）

43

中華平民教育促進會華西實驗區總辦事處（　）稿

事由　受文者

頒及農民負担不宜过多或少，绝种小猪可作價收回稻作貸款償还。

（四）种猪飼料標準較高，可照經濟情形酌改為較次，种猪之健康宜較普通猪之飼料精佳即可。

（五）种猪在交配期間宜多喂精料，其餘時期則可稍差。

（六）如已商定飼养地点辦法，請即擬具旅運領費派員前領。

（七）养猪工人不必專雇，可由保校工友或附近農民代管，並酌給津貼。

特由水稻作工人補貼。相应簽請查照為荷。

主任

副本　份送達

附件　字號　字第　號　件

华西实验区总办事处为印发养猪贷款办法请查照洽贷给巴县第一、二区，璧山第一至六区，合川第二区的通知 9-1-147（49）

35、

中华平民教育促进会华西实验区总办事处（稿）

事由：为印发养猪贷款办法请查照洽贷由

受文者：巴1-2 璧1-6 合2区

年月日发：七月十四日

附件：附办法五份

字号：广字第一三九号

一、兹制定养猪及贷款办法一种随函附发五份即希查照办理

二、约克夏种猪配发贵区应领猪 头 亟由该区繁殖站之合作社负责饲养即希先行准备猪舍洽定饲养人及办法后填具饲养志愿书派员前往北碚种猪繁殖站洽领

三、母猪贷款请转农业生产合作社拟具计划及借款申请书依照规定手续请贷为荷

通知

主任 孙

华西实验区总办事处为印发养猪贷款办法请查照洽贷给巴县第一、二区，璧山第一至六区，合川第二区的通知　9-1-147（50）

36

華西實驗區農業生產合作社養豬及貸款辦法

一、本區為推廣優良種豬及提倡社員養豬增加生產起見特訂定本辦法

二、農業生產合作社養豬分為左列數項：

子、種豬

(一)本區以約克夏種豬分借於設有繁殖站之農業生產合作社暫以巴縣璧山合川三縣為限

(二)凡借養種豬之合作社須填具種豬飼養志願書(志願書格式附後)依照規定辦法飼養(飼養須知附後)本區必要時得隨時收回

(三)凡借養種豬之合作社應依照規定圖樣建築豬舍遇有困難

（合設計附後）

（四）凡借養種豬之合作社其飼養辦法應經由社務會議決定參照左列辦法辦理：

甲、社員或保校飼養：

（1）委託設有糟房或粉房之社員飼養

（2）委託熱心之社員或表證農家飼養

（3）委託繁殖站所在地之保校飼養

（4）凡接受委託者對於（修建）豬舍及飼料等建築費須自行負責，其與規定所收入之支配費與所產肥料均歸其所有

华西实验区总办事处为印发养猪贷款办法请查照洽贷给巴县第一、二区，璧山第一至六区，合川第二区的通知　9-1-147（52）

(4)凡接受委託飼養種豬者除遵照本辦法各項規定外並應訂立合約報請輔導區辦事處核轉本區備查

乙、合作社飼養

(1)由合作社附設糟房或粉房飼養

(2)除種豬外兼養母豬以十頭至五十頭為限

(3)合作社飼養種豬而於原有附設糟房或粉房需要資金時得擬具計劃經社員大會決議請由輔導區辦事處依照「辦理農業合作社申請借款應行注意要點」協助辦理借款手續核轉本區核辦

(4)合作社養豬業務應單獨記帳統一決算

华西实验区总办事处为印发养猪贷款办法请查照洽贷给巴县第一、二区，璧山第一至六区，合川第二区的通知　9-1-147（53）

（五）飼養種豬所產之純種小豬除留一對自養外其餘由本區
核定之價格收購以推廣其他區域

（六）各社所產（及社員自留）一代雜交豬應於一月半至二月全部去勢後分售社員飼養
不得售於非社員

（七）社員保校或合作社飼養種豬其豬舍建築修建費及飼料費須自行負責交配費之收入及所產肥料分別為社員保
校或合作社所有

丑、母豬

（一）設有繁殖站之合作社可優先請求母豬貸款

（二）購養母豬以配合种猪年龄為準

（三）每社購養母豬最多以五十頭為限

华西实验区总办事处为印发养猪贷款办法请查照洽贷给巴县第一、二区，璧山第一至六区，合川第二区的通知　9-1-147（54）

38

(四)貸款以當時肉價計算合作社自籌全部價款三成其餘由本區與農行配貸

(五)貸款方式以貸實收實為原則

(六)借款期限一年利息及手續均照農行規定辦理

三、種豬之防疫養護均應接受本區之指導

四、購養母豬應由各輔導區聯合各社集體購買

五、本辦法自公佈之日施行

华西实验区总办事处为印发养猪贷款办法请查照洽贷给巴县第一、二区，璧山第一至六区，合川第二区的通知　9-1-147（55）

38

種豬飼養志願書

具志願書人　今願飼養約克夏種豬　頭自籌飼料管理以供雜交配種合作期間自　年　月　日起至　年　月　日止一切遵照貴區之指示履行下列工作

一、合作期内一切工作悉聽指導

二、修建豬舍依照規定標準

三、遵照飼料標準配合飼養

四、保持豬身及豬舍之清潔衛生

五、種豬疾病死亡隨時報告接受指導防疫治療

华西实验区总办事处为印发养猪贷款办法请查照洽贷给巴县第一、二区，璧山第一至六区，合川第二区的通知　9-1-147（56）

六、同意貴區隨時收回種豬並盡誠協助

七、接種交配按照規定酌收費用

中華民國　　年　　月　　日

立志願書人　　　　立

华西实验区总办事处为印发养猪贷款办法请查照洽贷给巴县第一、二区，璧山第一至六区，合川第二区的通知　9-1-147（57）

240

種豬飼養須知

一、種豬之所有權仍屬實驗區，必要時可以隨時收回，純種小豬之所有權屬合作社或養猪社员，可作貸款之擔保，作價償還貸款，交回實驗區以便統籌推廣，飼養者不得自行支配處理。

二、種豬如有疾病死亡，應隨時報告，接受指導防疫治療。

三、修建豬舍必須依照規定標準，並與普通豬舍隔離，保持絕對之清潔乾燥。

四、種豬飼料應照規定標準配合，每日宜喂玉米四斤，麩皮二斤，青菜一斤半，另加食鹽骨粉各少許，豆渣，苕藤及粉糖房之副産品均可利用。

五、種豬給飼時間宜早晚各一次，每日中午喂以新鮮菜葉，飲水要多，可助消化。

六、種豬交配，公豬年齡以十個月至一年為宜，交配時間宜在每年八、九月或二、三月，每期配種以五十頭為限，母豬年齡宜在七個月左右，交配日期以在發情後第三日為宜。

七、配種時公豬須要元氣活潑，精神飽滿，每日配種宜在午前十時或午後三四時，每天交配以一次為限。

八、雜交第一代小豬在產後六至八週即須去勢，以便肥育八個月後，體重可達二百斤。

九、種豬交配應填寫交配記錄表，按月經由輔導區彙送本總處備查（附交配記錄表格式）

华西实验区总办事处为印发养猪贷款办法请查照洽贷给巴县第一、二区，璧山第一至六区，合川第二区的通知 9-1-147（59）

41

豬舍修建設計

（一）修建豬舍的地方，應南向及高燥，若有天然傾斜更好，水及糞料容易排洩，通常先掘地土五寸至一尺，然後鋪以磚石或洋灰

（二）卧地要乾燥，因為卧地[illegible]容易生病，並宜常撒石灰、細心管理。

（三）豬舍四面圍牆，宜用磚石建築，但以土築比較經濟，或以磚石為底，上層則用土築。

（四）豬舍要空氣流通，日光充足，門窗要寬大，都宜南向。

（五）糞水排洩的設備要特別注意，豬舍四周，宜開淺溝，屋外掘坑收取糞水。

华西实验区总办事处为印发养猪贷款办法请查照治贷给巴县第一、二区，璧山第一至六区，合川第二区的通知　9-1-147（60）

(六)豬舍每天要灑掃，豬體也要常刷洗，睡草每星期要更換，地上宜撒用石灰，鋸屑或乾土以吸收尿液，減少臭氣。

(七)豬舍外面要有運動場，圍建木欄，可開一門，以便進出。

(八)豬舍修建簡單的圖樣如下：

(1)豬舍前高四尺，後高六尺，佔地長寬各八尺。

(2)正面門寬四尺，側面窗高離地三尺，長二尺，寬一尺。

(3)運動場長一丈六尺，寬八尺，欄高三尺。

(4)豬舍地面土築或舖磚石，洋灰，向外斜傾，四週開成溝，糞水可流出舍外，以便掘坑收取。如地鋪木板，則掘坑要深，板上常晒石灰，以保持乾燥

(5)豬舍牆用磚石或土築，屋頂蓋草加瓦，或釘木板。

(6)門，窗，豬欄，均用木料釘牢。

江北县第一辅导区办事处为呈请指示冬季农业推广工作并请配发约克夏猪与华西实验区总办事处的往来公文 9-1-147（89）

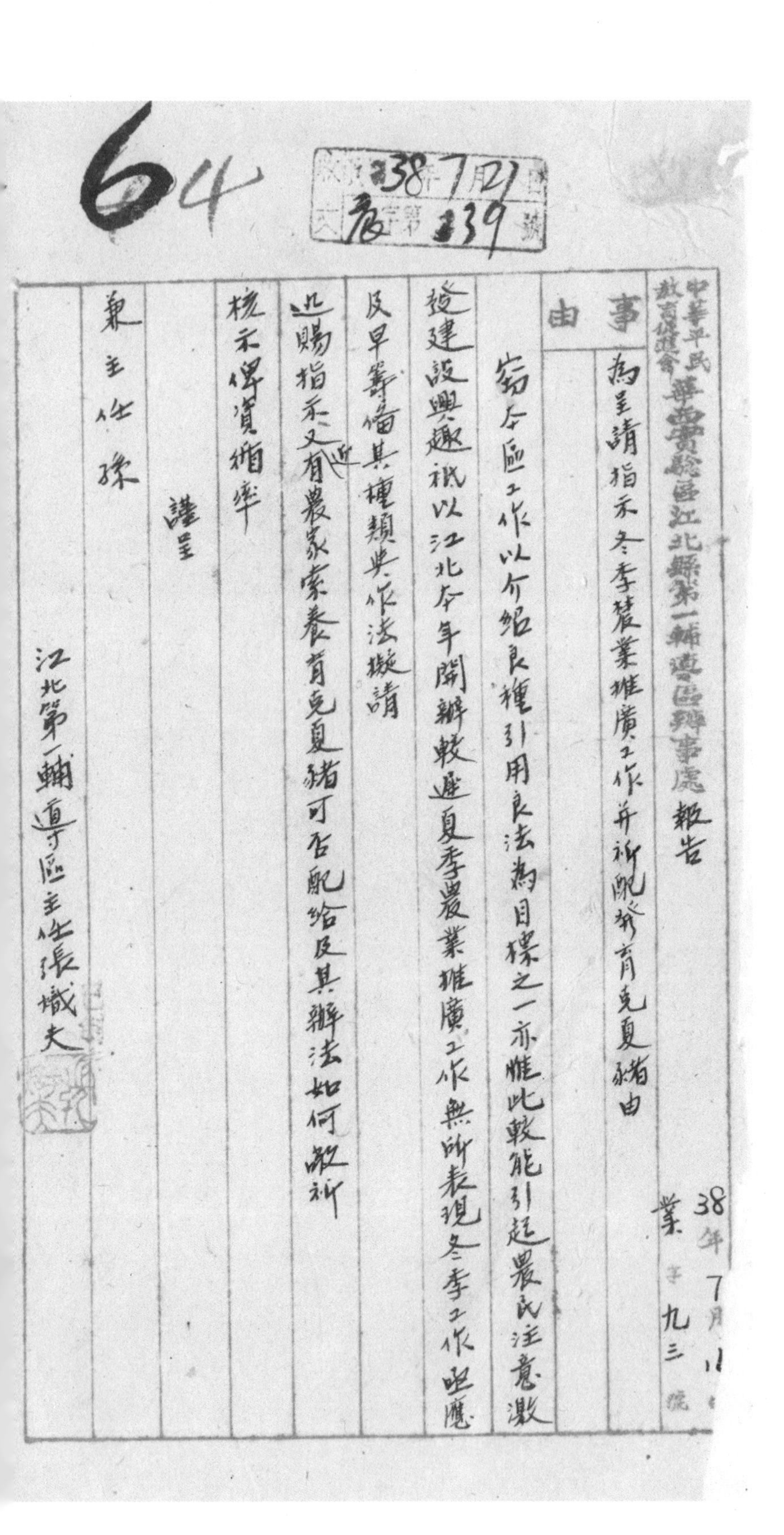
64

收文 38 7月21 农字第339号

中华平民教育促进会华西实验区江北县第一辅导区办事处 报告

事由：为呈请指示冬季农业推广工作并祈配发育克夏猪由

38年7月1[illegible] 业字九三号

窃本区工作以介绍良种引用良法为目标之一，亦惟此较能引起农民注意，激发建设兴趣。祇以江北本年开办较迟，夏季农业推广工作无所表现，冬季工作亟应及早筹备，其种类与作法拟请迅赐指示。又有农家索养育克夏猪，可否配给及其办法如何，敬祈核示俾资循率。

谨呈

兼主任孙

江北第一辅导区主任张墩夫

江北县第一辅导区办事处为呈请指示冬季农业推广工作并请配发约克夏猪与华西实验区总办事处的往来公文　9-1-147（88）

638

中華平民教育促進會華西實驗區總辦事處稿　通知

事由	為答復冬季推廣及种猪分配由
受文者	江北一區
附件	
字號	字第二二九號　七月廿七日發

一、七月十六日業字九三號报告悉。

二、冬作推廣僅有小麥一種，麥种均由中農所北碚場、川農所合川場及鄉建學院農場繁殖供給，品种有「中農廿八號」「中農六十二號」「中農四八三號」「合場五號」等，詳細办法下月即可印發，請先調查需种數量，以便準備。

三、約克夏种猪分配第一期僅有巴二區、璧五區、璧六區，餘待以後再行配發推廣。

四、相應通知，覆請查照為荷。

核判　七廿六
核稿　七廿六
擬稿　七廿六

合川第一辅导区办事处为报请配发约克夏种猪并拨给母猪贷款的往来公文 9-1-147（70）

准

會畜牧組

中華平民教育促進會華西實驗區合川第一輔導區辦事處 報告

合一字第四七

中華民國卅八年七月十六日

事由
為報請配發約克夏種猪并撥給母猪貸款由

查鄉建工作通訊第二十期載有配發約克夏種猪及同時舉辦母猪貸款一則合一區並未列入至為駭異本區自鈞處李組長煥章視察後即本其指導逐次辦理並廣為宣傳以為開發民力之藥石如防治害虫改良品種耕牛貸款等民衆聞之至感興趣尤以能得到約克夏種猪之配發及母猪貸款兩項具有殷切之希望萬望在第一

合川第一辅导区办事处为报请配发约克夏种猪并拨给母猪贷款的往来公文　9-1-147（71）

即請各發一份以便即行準備是為至荷

謹呈

華西實驗區主任孫

主任馬醒塵（馬醒塵印）

50

必須民教有成績後方能推行經濟建設，該區經濟建設不列入第一本區貸款現只限於巴璧〔〕三縣各區二期再議

請貸耕牛母豬貸款可否請示

請

示

七．廿五

呈民卅八

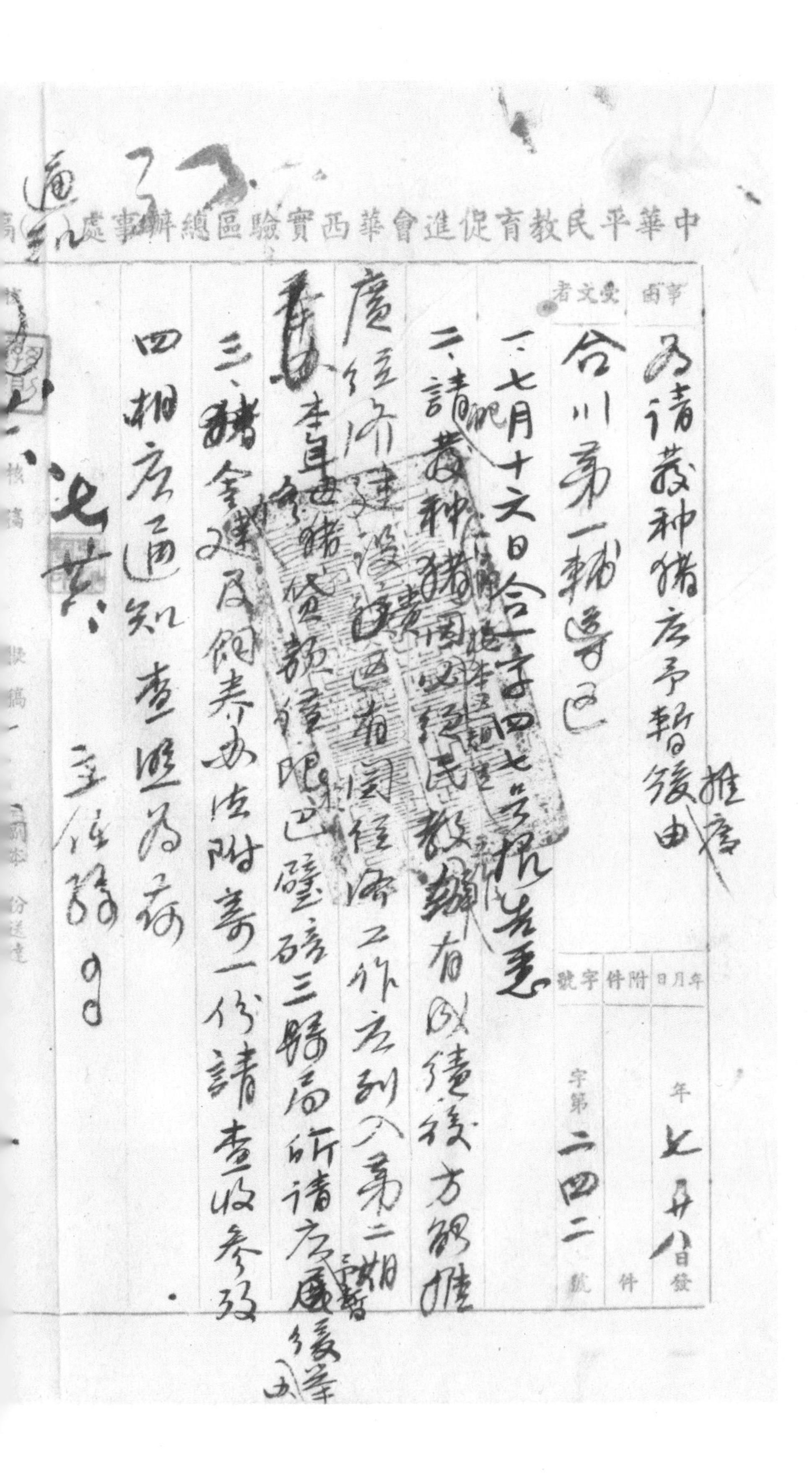
中華平民教育促進會華西實驗區總辦事處

事由：為請發種豬应予暫緩由

受文者：合川第一輔導區

一、七月十六日合字四七号代電悉

二、請發種豬因必須民教組有成績後方能推廣，經濟[illegible]

三、豬舍及飼養办法附表一份，請查收參考

四、相应函知，查照為荷

主任 [illegible]

七月廿八日發

字第二四二號

合川第一辅导区办事处为报请配发约克夏种猪并拨给母猪贷款的往来公文　9-1-147（47）

中華平民教育促進會華西實驗區總辦事處 稿

事由：為補充規定各輔導區種猪分配數量由

受文者：璧山五、六區 巴一、二區

年 七月廿 日發

附件：種猪分配表一件

農字第一一三八號

查前於六月十四日發出農字一三四號通知，劃定養猪區域及貸款辦法關於種猪分配數量，因經農復會派專家實地考察結果，劃定每區域分別推廣，茲將補充辦法規定如下：

一、各區原定約克夏種猪分配數量通知作廢，茲將決定更改分配辦法，分配詳見附表。

二、約克夏大公猪每頭規定每月補貼飼料及

核稿

擬稿

副本一份送達北碚種猪繁殖推廣站

附表存稿不繕

通知

會合作組

華西實驗區總辦事處為補充規定各輔導區種猪分配數量與璧山第五、六區，巴縣第一、二區，北碚家畜保育工作站的相關公文
9-1-147（79）

华西实验区总办事处为补充规定各辅导区种猪分配数量与璧山第五、六区，巴县第一、二区，北碚家畜保育工作站的相关公文

9-1-147（80）

58

華平民教育促進會華西實驗區總辦事處（ ）稿

管理費食米二市石，小種猪每頭每月補助食米一

市石，均由各輔導區具領轉發養猪農戶

檢據報銷

三、大种猪應在繁殖站所在地飼養，小种猪

暫以集中飼養為原則，地点可在繁殖站所在地

或此鄰近二鄉鎮，每母小猪一對因集一處飼養

四、种猪飼養及管理办法由本處農字

第一三〇號通知附件办理，所有猪頭管理責任

應由所在地民教主任負一切記錄報告，由該民教

主任办理，對於此項民教主任須審慎選擇，最好以

習農者充之。

华西实验区总办事处为补充规定各辅导区种猪分配数量与璧山第五、六区，巴县第一、二区，北碚家畜保育工作站的相关公文
9-1-147（82）

58

中華平民教育促進會華西實驗區總辦事處（ ）稿

事由	受文者

五、各區（已遵）分配種豬數量，請於本月內派員選養豬農民，填具志願書，派員領旅運費速往北碚家畜保育站洽運。

並相應通知即希查照辦理為荷

主任孫〇〇

六、璧一區城北鄉楊家祠同鄰近河邊鄉石岡子區，管理暫宜設法將種豬推廣，但並以璧山縣城及銅璧公路為界，嚴格管理各鄉種豬市場，以防雜交種豬混雜。

核判　擬稿　副本　份送達

年月日　附件　字號

字第　號　件

华西实验区总办事处为补充规定各辅导区种猪分配数量与璧山第五、六区，巴县第一、二区，北碚家畜保育工作站的相关公文
9-1-147（83）

总计 60 8 10 9 27

華平民教育促進會華西實驗區總辦事處（ ）稿

各区约克夏种猪分配表

辅导区	乡镇	大公猪	小公猪	小母猪	共计
巴一区	青木		1		1
	土主	1			1
	凤凰		1		1
	新发			1	1
	虎溪		1		1
	西永			1	1
（小计）		1	3	2	6
巴二区	歇马	4			4
	兴隆		1		1
	同兴			1	1
	蔡家		1		1
	井口			1	1
	（小计）	4	2	2	8
璧五区	接龙		1		1
	六塘			1	1
	大路		1		1
	龙[illegible]			1	1
	河边	1			1
	广元		1		1
	（小计）	1	3	2	6
璧六区	八塘		1		1
	转龙			1	1
	依凤	1			1
	七塘		1		1
	路口			1	1
	小计	1	2	2	5
璧一区	城北	1		1	2

华西实验区总办事处为补充规定各辅导区种猪分配数量与璧山第五、六区，巴县第一、二区，北碚家畜保育工作站的相关公文
9-1-147（85）

案奉

鈞區三十八年七月二十日農字第二三八號通知內開：

「為補充規定各輔導區種猪分配數量通知飭即查照辦理」

等因附各區納克縣種猪分配表二份奉此自應遵辦惟查本站種猪場場地狹小猪隻太多無法容納加以近來天氣酷熱健康堪虞曾因將苦情形先後函報在案茲擬懇

鈞區迅即分別通飭各區限於本(七)月底以前派員來站領取逾期不來領運如發生意外本站概不負責理合備文呈請

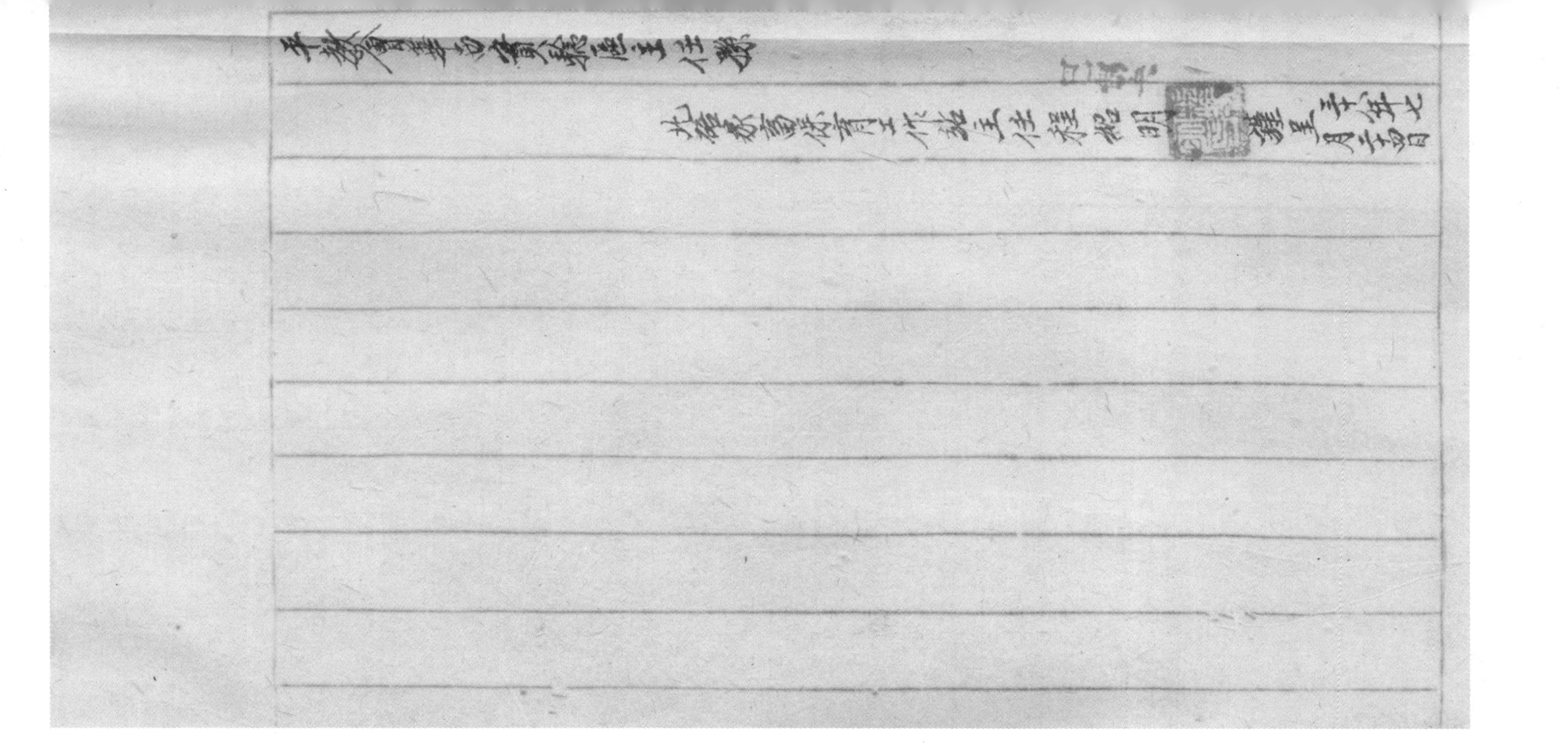

平教會華西實驗區主任孫

北碚家畜保育工作站主任程紹明 謹呈

三十八年七月二十四日

华西实验区总办事处为补充规定各辅导区种猪分配数量与璧山第五、六区，巴县第一、二区，北碚家畜保育工作站的相关公文
9-1-147（86）

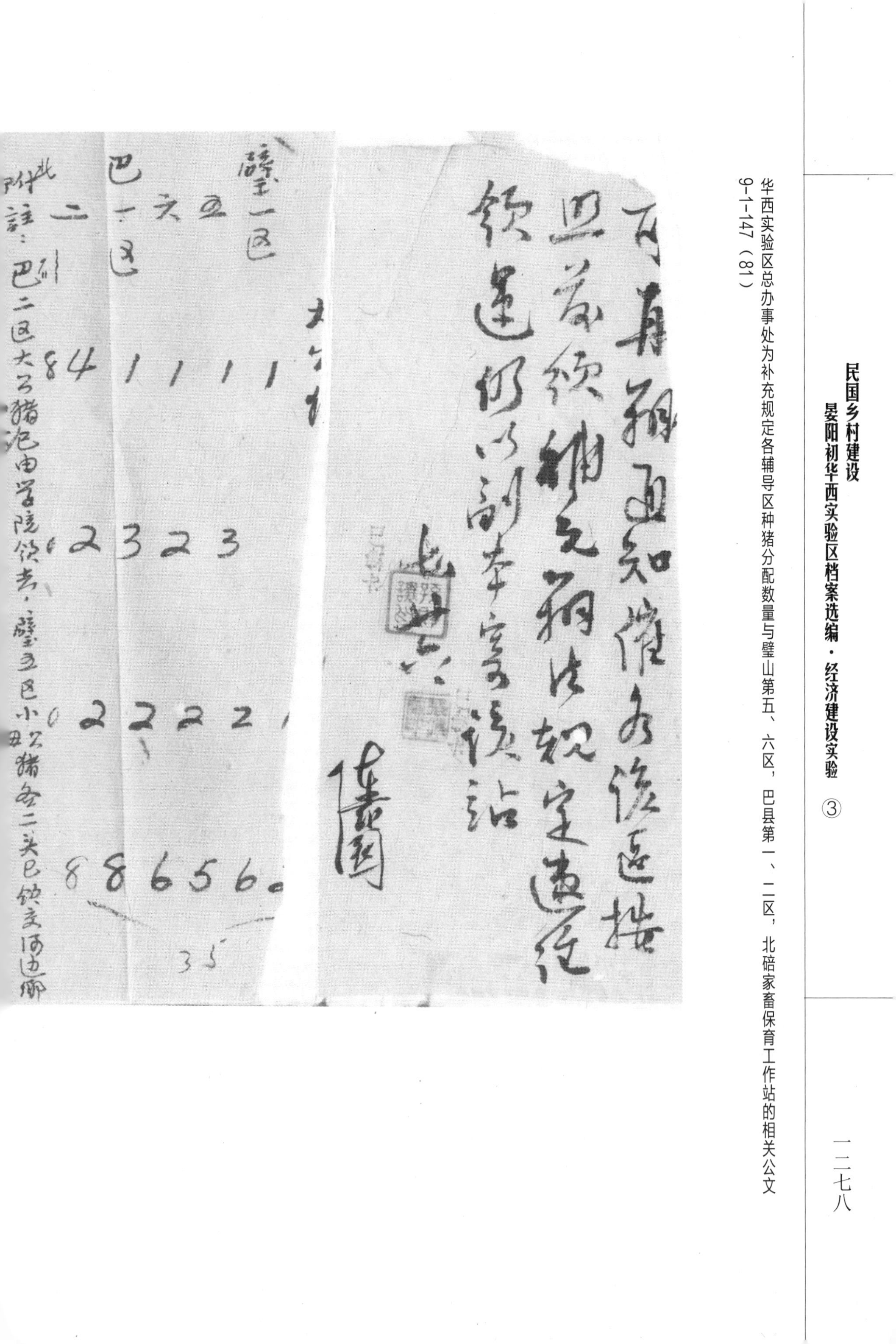

华西实验区总办事处为补充规定各辅导区种猪分配数量与璧山第五、六区，巴县第一、二区，北碚家畜保育工作站的相关公文
9-1-147（81）

华西实验区总办事处为请速派员前往北碚洽领种猪与璧山一至六辅导区，巴县一、二辅导区的往来公文　9-1-147（84）

61

8

中華平民教育促進會華西實驗區總辦事處稿

事由：為請速派員前往北碚洽領种猪由

受文者：璧山一至六区、巴县一二区

年月日：七月廿九日發

字號：字第二五二號

一、前於七月二十日發出農字二三八號通知飭發貴区约克夏种猪大公猪△頭、小母猪△頭，共計△頭。現因北碚种猪場場地狹小，猪隻太多，無法容納，且以天氣酷熱，健康堪虞，急待分領疏散。務請於本七日派員持據前往北碚洽領，所需運等費按实報銷。逾期不領，如有意外，应由貴区負責。餘詳前發通知，希查照遵办為荷。

通知

副本一份送達北碚家畜保育站

华西实验区总办事处为请速派员前往北碚洽领种猪与璧山一至六辅导区，巴县一、二辅导区的往来公文 9-1-147（97）

報告 區農字第269號
民國三十八年八月一日

事由：為奉通知飭速派員赴北碚洽領種豬由

案奉

鈞處三十八年七月二十九日農字第二五二號通知以本區配發約克夏種豬大公豬一頭小公母豬各二頭因北碚種豬場場地狹小天候酷熱健康堪虞飭速派員前往洽領等因查

職區繁殖站李輔導員棚奉調江津工作尚未返站

職區又另無熟悉管理種豬技術人員兼以豬欄尚未修理完善懇請

鈞處准予展緩領豬時間一俟李棚返區後當即派

华西实验区总办事处为请速派员前往北碚洽领种猪与璧山一至六辅导区，巴县一、二辅导区的往来公文　9-1-147（98）

往北碚洽領所請當否？理合備文報請

鈞座鑒核示遵。

謹呈

主任孫

璧山第六輔導區主任　何子清

华西实验区总办事处为请速派员前往北碚洽领种猪与璧山一至六辅导区，巴县一、二辅导区的往来公文　9-1-147（92）

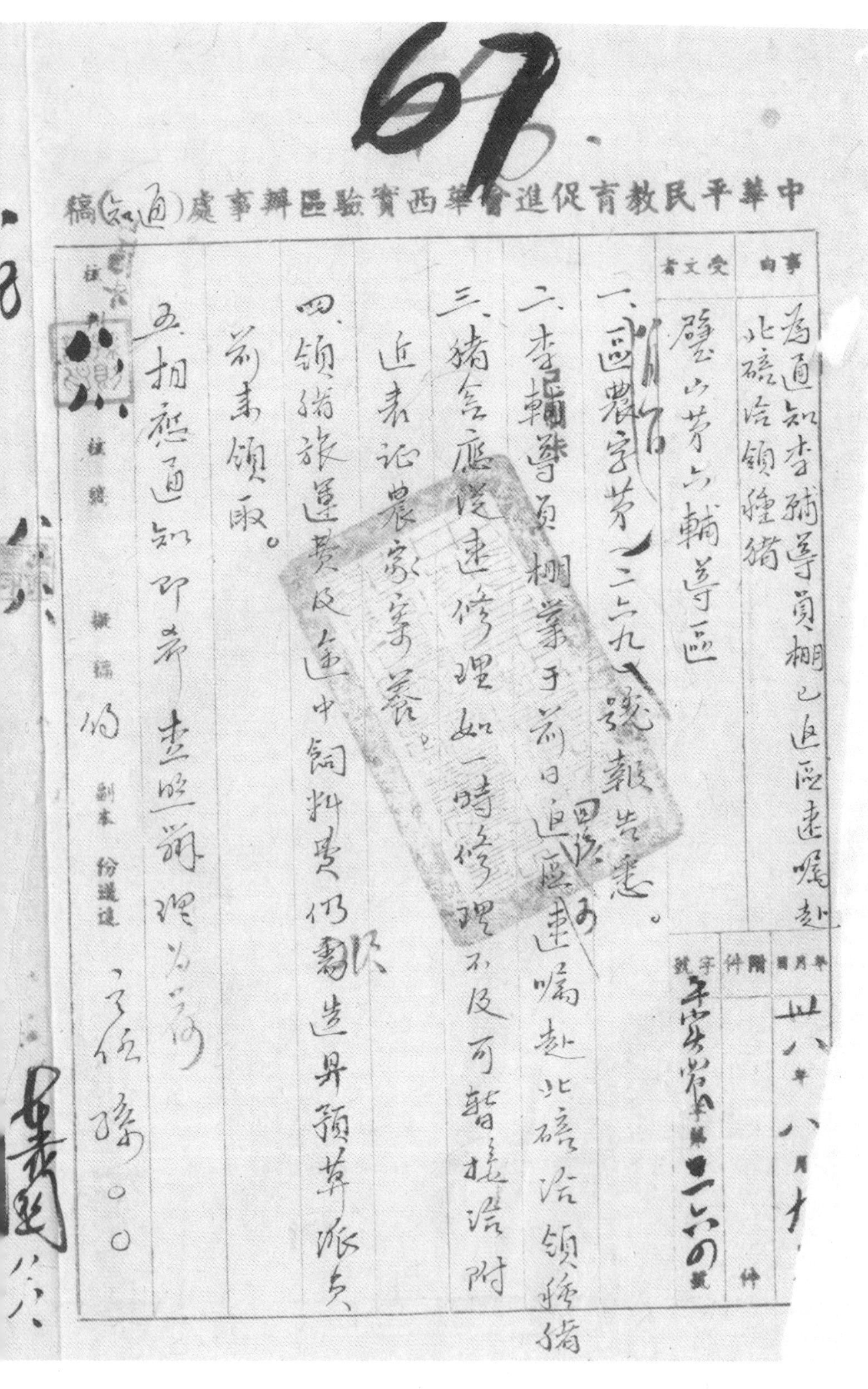

中華平民教育促進會華西實驗區辦事處（通知）稿

事由：為通知李輔導員棚已迅即速赴北碚洽領種豬

受文者：璧山第六輔導區

一、區農家第（二六九）號報告悉。
二、李輔導員棚業于前日迅即速赴北碚洽領種豬。
三、豬舍應從速修理，如一時修理不及，可暫權借附近表証農家寄養。
四、領豬旅運費及途中飼料費仍需造具預算派員前來領取。
五、相應通知即希查照辦理為荷。

年月日：卅八年八月十日
字號：第二一六四號

华西实验区总办事处为请速派员前往北碚洽领种猪与璧山一至六辅导区，巴县一、二辅导区的往来公文 9-1-147（99）

72 48

中华平民教育促进会华西实验区璧山办事处报告 璧一农推字第171号
三十八年八月二日

事由：派吴时敏前往北碚洽运种猪恳请核发旅运费由

案奉

钧处农字二五二号通知：「促速派员前往北碚洽领种猪」等因奉此，遵即选派本区辅导员吴时敏同志前往北碚洽领，並编製旅运预算一份呈请

核示，恳将预算费用早日赐拨，以利工作进行，实为公便。

谨呈

主任孙

附旅运预算表一份

职 傅志纯

华西实验区总办事处为请速派员前往北碚洽领种猪与璧山一至六辅导区，巴县一、二辅导区的往来公文　9-1-147（100）

北碚運猪旅運預算表

科目	費用（銀元）	備考
運費	四七·六	由楊家祠至北碚約一四〇華里以滑竿二乘計每華里0·一七元如上數
旅費	一六·〇	預計五日押運一人包括來回車旅食宿等費
雜費	五·〇	包括飼料及其他費用
共計	六八·六	

华西实验区总办事处、巴县第一辅导区、璧山办事处等为各地所领种猪发生病亡事件的相关公文 9-1-147（90）

中華平民教育促進會華西實驗區總辦事處

事由	為配飼約克夏小公猪一頭因病死亡
受文者	北碚家畜保育站
年月日	三十八年八月二日發
附件	件
字號	字第二一六二號

一、本區所建鄉繁殖站於六月二十四日由貴站領回約克夏小公母猪各二頭寄養於表証農家。

二、七月二十二日據報小公猪一頭罹病，二十三日隨同防疫團獸醫張春富前往診治，留藥服用。

三、七月三十日病猪未癒，由表証農家送回總處。

四、七月卅日請防疫團彭思信隊長親來診治，認為病重難癒，果應淘汰，勉為醫治，恐難保存、

华西实验区总办事处、巴县第一辅导区、璧山办事处等为各地所领种猪发生病亡事件的相关公文　9-1-147（91）

66

中華平民教育促進會華西實驗區總辦事處（　）稿

事由

受文者

五、七月卅日晚交由總處廚工夏青雲留養，曾喂中藥一劑、

六、八月一日下午五时病猪死亡，已交夏青雲掩埋、

七、[illegible] 即希　查照為荷

[illegible] 徐〇〇

核判　八二

核稿

擬稿　[illegible]

副本　份送達

附件字號

字第　號

华西实验区总办事处、巴县第一辅导区、璧山办事处等为各地所领种猪发生病亡事件的相关公文 9-1-147（106）

报告 三十八年九月九日 陈家桥繁殖站

饲养于本站的约克夏小公猪二十六号，自八月十一日运抵时就精神委靡，食欲不振，曾喂以苏打粉增进食欲，但身体弱削如旧，病况令人担心，于是隔离饲养，以杜传染，并曾多次询问牛瘟防疫队同志，惟因无显著病状征，无法诊断下药。九月二日该猪皮肤发现红色斑点，次日经牛瘟防疫队贾绪海同志诊看后，说是出血性败血病，可用该病血清注射治疗，故于五日赴青木关区办事处请示，并于六日呈文钧处请速设法医治，覆文至今尚未收到，而该猪已于本月七日气绝死了，死后将牠埋在

附近的墳地上中，並將飼養的地方用石灰水消毒以防

傳染。特此報告，謹呈

區辦事處轉

總辦事處

登記存查 並通知北碚徐廣田注意
九、十二

巴一輔導区保家橋
農業推廣繁殖站 賈厚友 呈

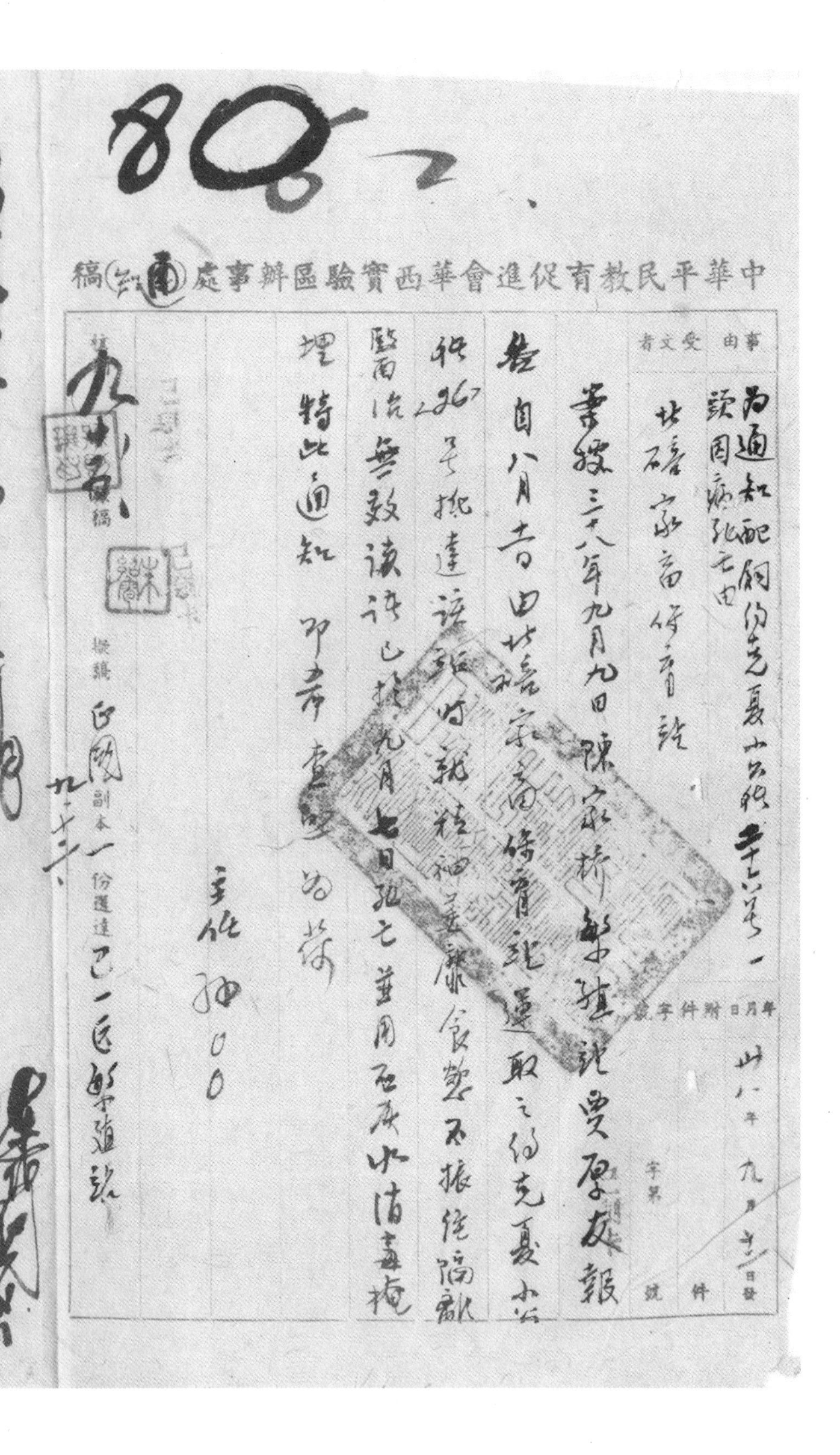
中華平民教育促進會華西實驗區辦事處（南）稿

事由：為通知配飼約克夏公豬第一二六八號一頭因病死亡由

受文者：璧山縣家畜保育站

案據三十八年九月九日陳家橋繁殖站曹厚友報告，自八月十二日由璧山家畜保育站選取之約克夏公豬一二六八號，於送達該站時就稍有胃病，食慾不振，經隔離醫治無效，該豬已於九月七日死亡，並用石灰水消毒掩埋，特此通知，即希查照為荷。

主任 孫○○

年月日：卅八年九月十二日發

副本一份送達巴一區繁殖站

华西实验区总办事处、巴县第一辅导区、璧山办事处等为各地所领种猪发生病亡事件的相关公文 9-1-147（105）

华西实验区总办事处、巴县第一辅导区、璧山办事处等为各地所领种猪发生病亡事件的相关公文 9-1-147（121）

92

收文 民國38年10月17日 字第2450號

中華平民教育促進會華西實驗區巴縣第一輔導區辦事處

報告

字第 號第 頁

巴建字第〇六七號

中華民國三十八年十月十二日

事由：為據土主青木西鄉農户報告，所領榮昌母猪業有部份死亡，經查屬實，列表報請 示遵由

查本區土主青木西鄉所領榮昌母猪，因當時氣候酷熱，兼以長途運輸，致有部份受症，各農户領養後迭有死亡，陸續據報來處，茲經調查屬實，理合列表彙報，即請

鑒核示遵。

謹呈

中華平民教育促進會華西實驗區總辦事處

應將各農户所領榮昌母猪死亡日期、數量分別取得証明文件，隨文補報。西園 十.十七

附呈：榮昌母猪死亡彙報表

職 喻純堃

中華平民教育促進會華西實驗區巴縣第一輔導區辦事處用箋

华西实验区总办事处、巴县第一辅导区、璧山办事处等为各地所领种猪发生病亡事件的相关公文 9-1-147（117）

90

收文 38年10月14日 合字第2406號

農業

中華平民教育促進會華西實驗區璧山辦事處報告 璧一合農字第334號 卅八年十月十三日

事由：轉報城北鄉温家灣農社社員陳淑華所領母豬業已死亡由。

案據城北鄉温家灣社學區民教主任兼農社理事主席龔興奉先十月八日報告稱「案據本社社員陳淑華報告稱民住城北鄉九保六甲前在鄉社領小母豬一頭自領之後概不食餵料已於八月二十二日醫治無效以致病死以報知甲長在案特再報請轉報核備」等情據此經查不虛具文報請鑒核備查」等情據此業經本區示範校長曹選卿同志查明屬寔出給証明理合檢附原證件報請

华西实验区总办事处、巴县第一辅导区、璧山办事处等为各地所领种猪发生病亡事件的相关公文　9-1-147（118）

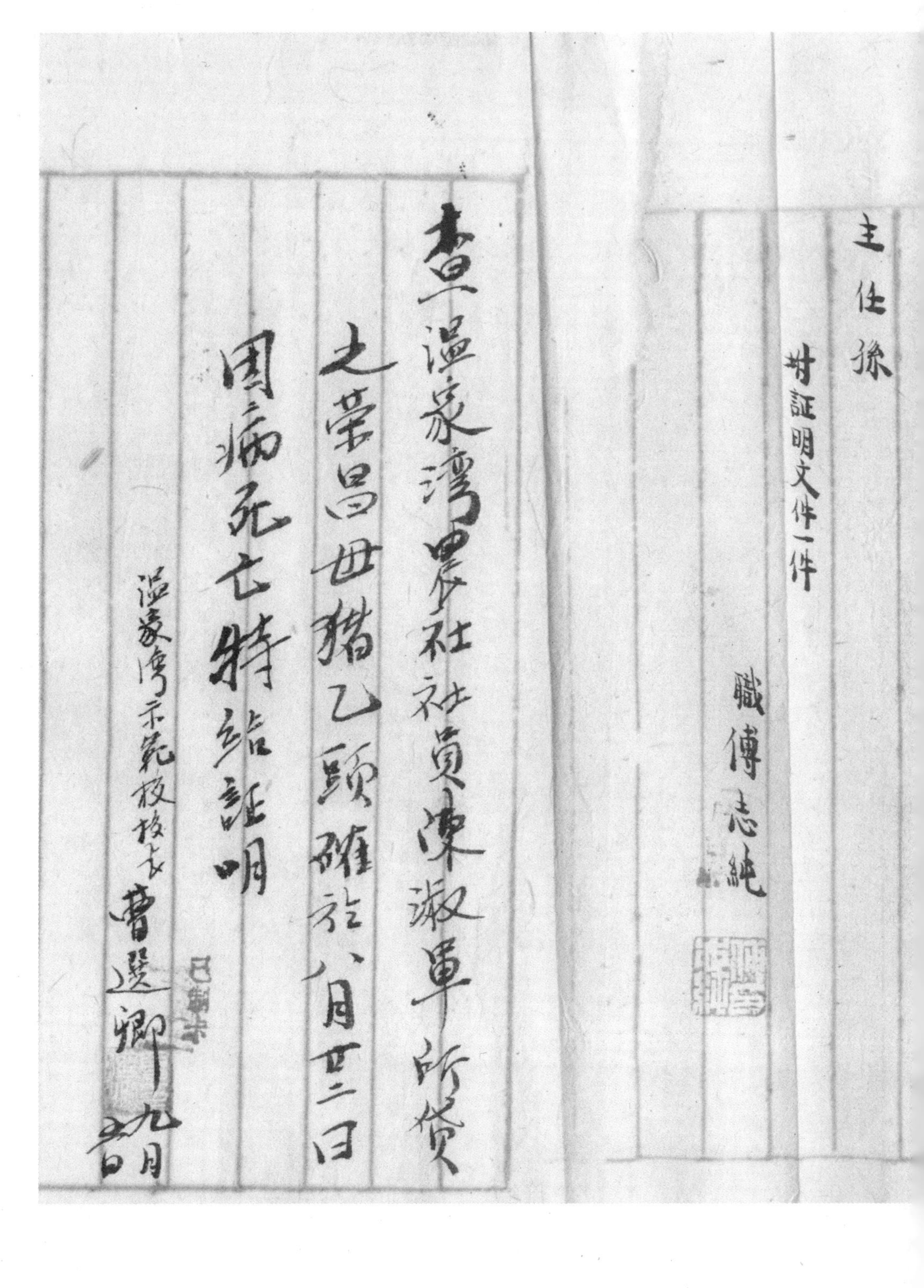

主任孙

附証明文件一件

職傅志純

查温家湾農社社員陳淑華所貸之榮昌母猪乙頭確於八月廿二日因病死亡特給証明

温家湾示範校校長　曹選卿

九月廿日

华西实验区总办事处、巴县第一辅导区、璧山办事处等为各地所领种猪发生病亡事件的相关公文 9-1-147（116）

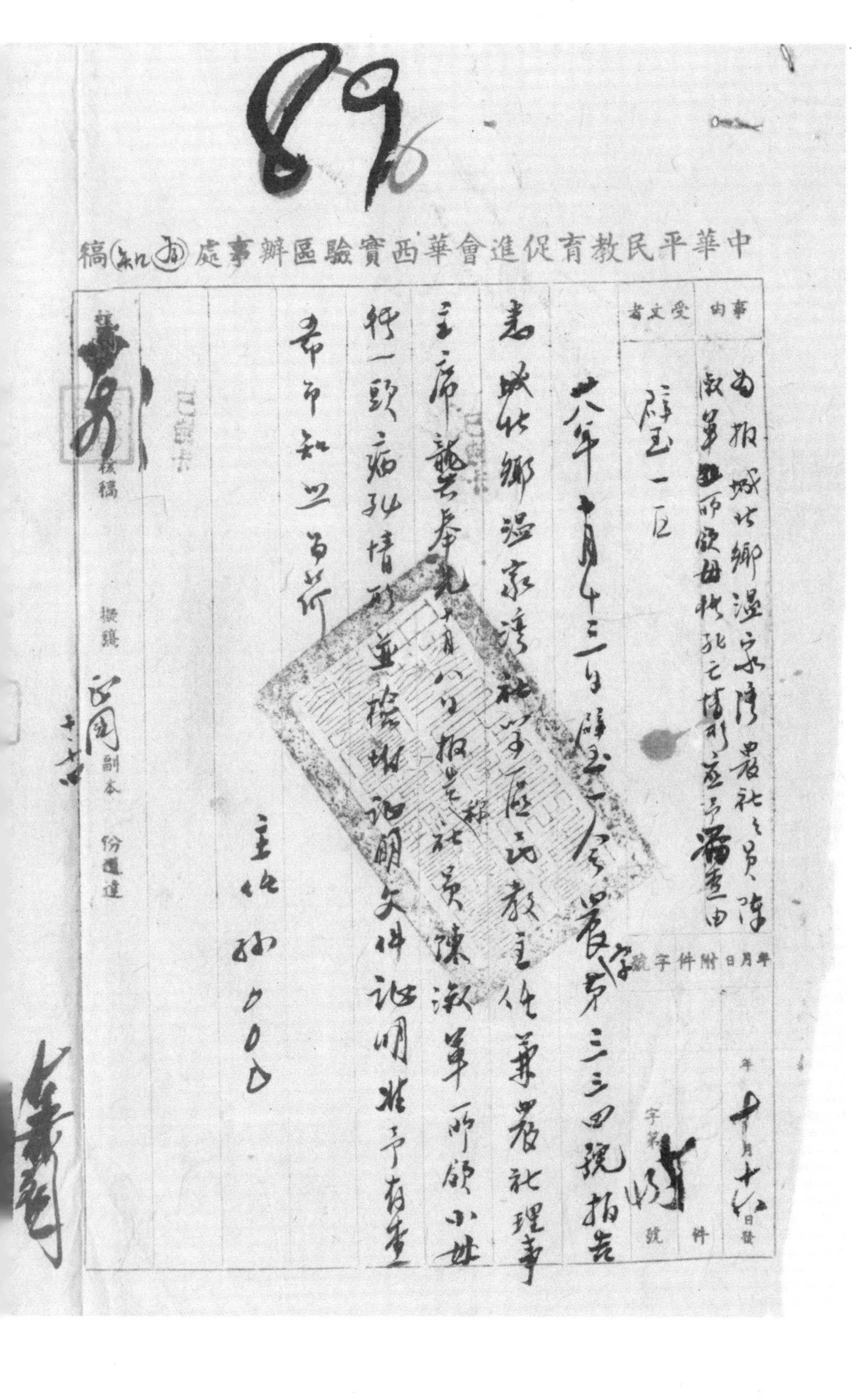

89

中華平民教育促進會華西實驗區辦事處稿（知）（字）

事由：為報城北鄉溫泉灣農社社員陳淑華所領母豬死亡情形並予備查由

受文者：璧山一區

卅八年十月十三日璧一農字第三三四號指去：
為城北鄉溫泉灣社第一區社教主任兼農社理事主席龔某奉九十月八日報告社員陳淑華所領小母豬一頭病死情形並檢據證明文件證明准予存查，
希即知照為荷。

主任 孫○○

年月日附件字號

十月十八日發

字第 號

件

核稿

擬稿

副本 份遞達

华西实验区总办事处、巴县第一辅导区、璧山办事处等为各地所领种猪发生病亡事件的相关公文　9-1-147（119）

91

中華平民教育促進會華西實驗區辦事處 通 稿

事由：據報農戶所領榮昌母猪死亡[illegible]

受文者：巴縣第一輔導區

十月十三日（卅八）建字第○六○號報告悉 查所貸領之榮昌母猪死亡該農戶應[illegible]

主任 孫○○

年月日附件字號：38年10月18日

华西实验区总办事处、巴县第一辅导区、璧山办事处等为各地所领种猪发生病亡事件的相关公文 9-1-147（123）

94

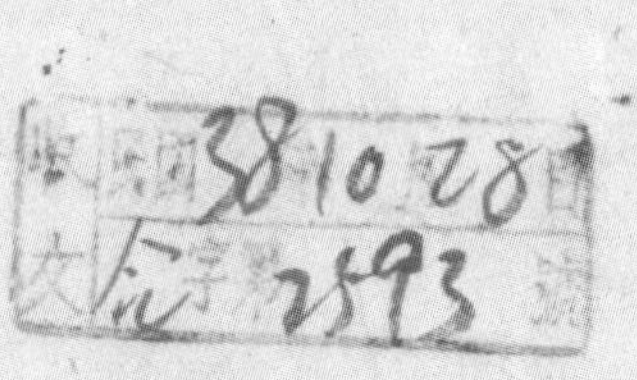

中華平民教育促進會華西實驗區璧山辦事處 報告

璧一合農字第365號
三十八年十月廿八日

事由：轉報獅子鄉熊家壩農業社母猪死亡數目由

案據本區獅子鄉熊家壩農業社監事主席陳厚德十月十七日呈稱：「本社前貸與社員張子君朱玉林王清云之母猪均因病死亡理合呈請鑒核備查」等情據此業經本區徐偉夫同志調查屬實並出據證明請予註銷理合檢附原證明文件報請

核辦示遵

謹呈

主任孫

华西实验区总办事处、巴县第一辅导区、璧山办事处等为各地所领种猪发生病亡事件的相关公文　9-1-147（124）

附：徐伟夫証明文件一件

職傅志純

华西实验区总办事处、巴县第一辅导区、璧山办事处等为各地所领种猪发生病亡事件的相关公文 9-1-147（125）

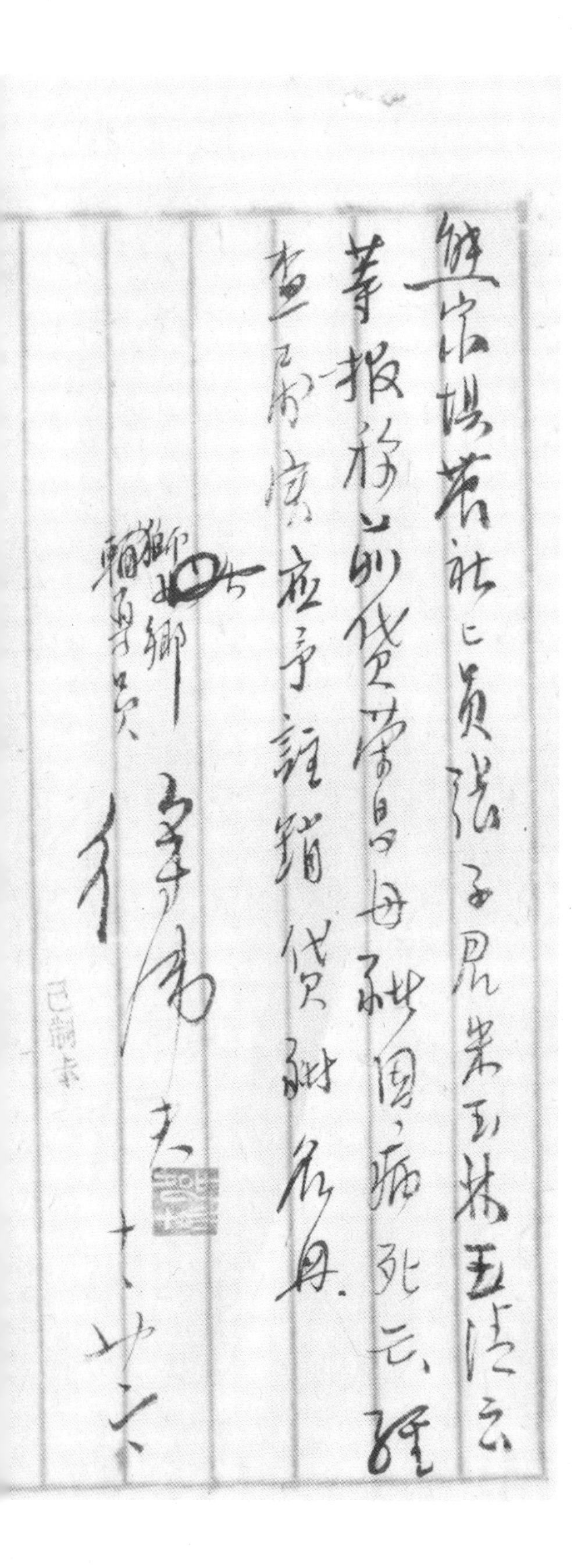

鲜家塘农社社员张子昆、朱玉林、王洪云等报称，前所借贷之种母猪因病死亡，经查已属实，应予注销借贷种母猪。

狮子乡辅导员 [illegible] 十一、廿六

已制卡

华西实验区总办事处、巴县第一辅导区、璧山办事处等为各地所领种猪发生病亡事件的相关公文　9-1-147（126）

95

該社社員戴[illegible]唐、沈海清報稱前此貸之母豬于本月死亡，經查屬實。

徐偉[illegible]

十一，廿二

华西实验区总办事处、巴县第一辅导区、璧山办事处等为各地所领种猪发生病亡事件的相关公文 9-1-147（127）

96

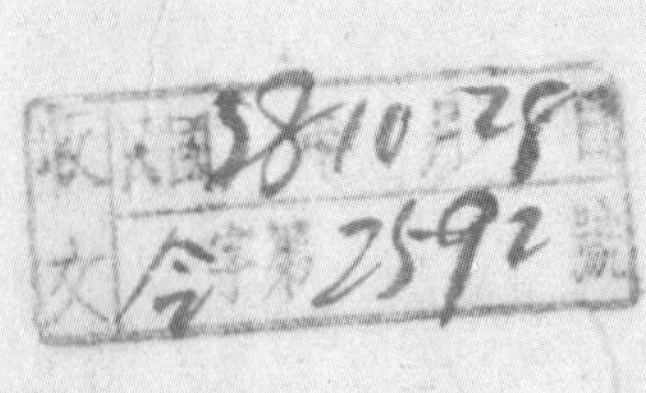

中華平民教育促進會華西實驗區璧山辦事處報告

璧一合農字第360號
三十八年十月廿八日

事由：轉報獅子鄉雙龍橋農業社母猪死亡情形由

案據本區獅子鄉雙龍橋農業社理事主席陳之屏十月十日呈稱：「職社前領之母猪十頭早經分發各社員飼養在案茲據社員趙河清沈海清報稱：『前貸領之母猪近患猪瘟業已死亡請予查驗』等情前來經查不虛理合報請鈞處鑒核」等情據此查該社所報業經本區徐偉夫同志調查屬實並出據證明在案理合檢附原據報請

鈞處核辦示遵

謹呈

主任孫

附：徐偉夫證明文件一件

職傅志純

华西实验区总办事处、巴县第一辅导区、璧山办事处等为各地所领种猪发生病亡事件的相关公文 9-1-147（122）

93

中華平民教育促進會華西實驗區辦事處稿（通知稿）

事由	為指拂子鄉熊家堪及獲款移農業社所貸母豬已死請予註銷一案礙難照准由
受文者	璧一區
年月日	38年11月5日發
附件	件
字號	華實合字第93號

卅八年十月廿八日璧丁農字第三六五號報告及附件均悉。查該區獅子鄉熊家堪及獲款移農業社營員母豬係於八月十七日所領，迄今為時已久，按規定殊[illegible]飼養不善所致，該項[illegible]所請註銷一節礙難照准，仰即轉飭該社負責照價賠償為要。此令。

主任 孫

擬稿　核稿　副本　份　送達

巴县第一辅导区为请按月预发约克夏种猪饲养管理费并新建猪舍以便集中饲养给华西实验区总办事处的报告 9-1-147（95）

68

字第 號第 頁

鈞處自本（八）月九日起依照規定數額按月預發，以便辦理。又，是項種猪應備之猪舍，經在本區內多處尋覓，均不合用。現已通知各合作社及聯社辦事處設法修建。並擬自行在繁殖站擇地先建一所，經常飼養公母猪各一頭，以為各鄉示範。除飭繁殖站負責人賈輔導員學友招工估計建造費用另行專案報核外，關於是項建造費用，擬並懇鈞處先在原則上准予撥給，以便轉知繁殖站按照規定標準辦理。至各合作社如有申借是項修建費時，亦已

已制表

巴县第一辅导区为请按月预发约克夏种猪饲养管理费并新建猪舍以便集中饲养给华西实验区总办事处的报告　9-1-147（96）

70

字第　号第　页

准予核发为祷！

谨呈

中华平民教育促进会华西实验区总办事处

职喻纯望

中华平民教育促进会华西实验区巴县第一辅导区办事处用笺

巴县第一辅导区为请按月预发约克夏种猪饲养管理费并新建猪舍以便集中饲养给华西实验区总办事处的报告 9-1-147（93）

報告　卅八建字第〇四五號
中華民國卅八年八月廿日

事由：為請自本年八月廿日起按月預發約克夏種猪飼養管理費並先在原則上准予新建猪舍以便集中飼養由

查本區應領之約克夏大公猪壹頭、小公猪叁頭、小母猪貳頭業於本（八）月九日派員赴北碚家畜保育工作站領到。除以小公猪壹頭交虎溪鄉特約農家飼養外，其餘各……

巴县第一辅导区为请按月预发约克夏种猪饲养管理费并新建猪舍以便集中饲养给华西实验区总办事处的报告　9-1-147（94）

68

殖並集中飼養，以便於合理之管理與飼養，並無名額一百

範，關於是項種猪大小共計六頭之飼養管理費，擬請

准予月廿六

已付六至八月份伍元正

孫□　出字　八、卅

中華平民教育促進會華西實驗區巴縣第一輔導區辦事處用箋

関于猪舍問題已面告賈學友同志以覓適當猪舍加以修理，如另行建築以預算問係，似可不必。

農業組　八、卅

如擬

八、卅

巴县第二辅导区为预发种猪饲养费、繁殖站猪舍修建费与华西实验区办事处的往来公文 9-1-147（131）

收文 辰字第315号 38年8月29日

报告

發文实字第一〇七號

附件 飼料費預算表一

中華民國卅八年八月廿四日發

中華民國 年 月 日收

事由：為請預發一月种豬飼料費由

頃據負責繁殖站輔導員王承灌報稱所領約克夏小种豬四隻（計公二母二）照鈞處所發飼料標準按以本地市價計算每月約需飼料費廿八元（茲附上預算表一份）擬請預先發給一月以便開支月後再行報銷當否乞示謹呈

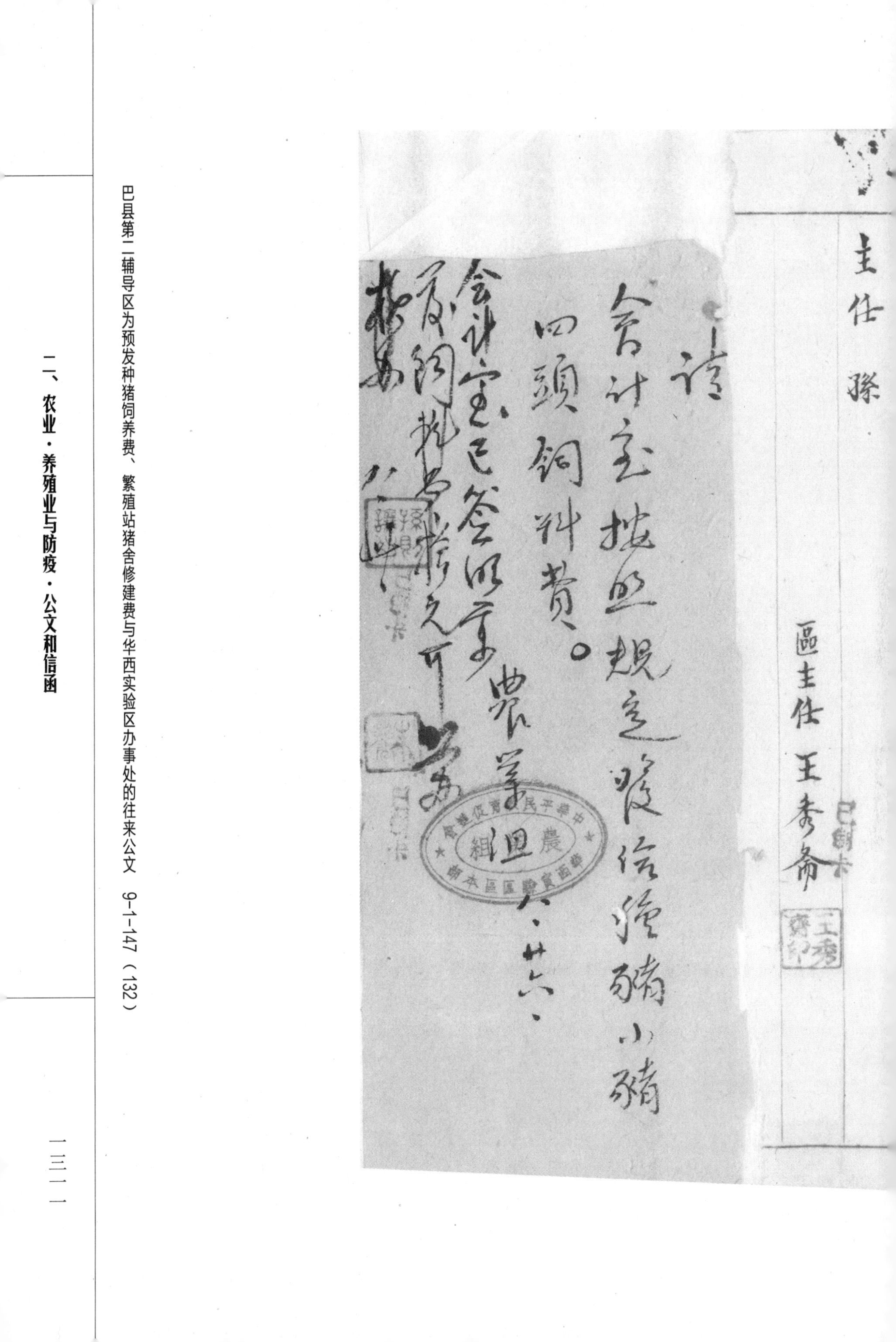

巴县第二辅导区为预发种猪饲养费、繁殖站猪舍修建费与华西实验区办事处的往来公文 9-1-147（132）

主任孫

請

會計室撥照規定繁殖豬小豬

四頭飼料費。

區主任 王秀齋 [王秀齋印]

會計室已簽照手續

費飼撥出……

[illegible]

中華平民教育促進會華西實驗區本部 農組

六、廿六

巴县第二辅导区为预发种猪饲养费、繁殖站猪舍修建费与华西实验区办事处的往来公文 9-1-147（104）

巴縣第二輔導區約充夏种猪（小公二 母二）飼料預（費）算表

飼料名稱	需要數量	折合現價數	備註
玉米	三百六十斤	十三元五角	
麩皮	一百八十斤	三元	
黃豆粉	九十斤	四元五角	
糠	六十斤	二元	
其他（菜叶食塩）		五元	
合計		二十八元	

巴县第二辅导区为预发种猪饲养费、繁殖站猪舍修建费与华西实验区办事处的往来公文 9-1-147（102）

74

中華平民教育促進會華西實驗區辦事處稿（通知）

事由：為發該區八月份種猪飼料費已交專人吳領由

受文者：巴二區

一、該區八月廿四日來字第一〇七號報告請領種猪飼料費悉、

二、種猪夏種猪之飼料及管理費據七月廿日第二三八號通知已有規定每月補助食米大猪二市石小猪一市石均由各輔導區向本處按月具領轉發檢據報銷、

三、該區小種猪四頭係于八月廿三日領到飼料及管理費八月份以十日計應發食米四市石之三分

九月五日發　字第三一五號

巴县第二辅导区为预发种猪饲养费、繁殖站猪舍修建费与华西实验区办事处的往来公文　9-1-147（103）

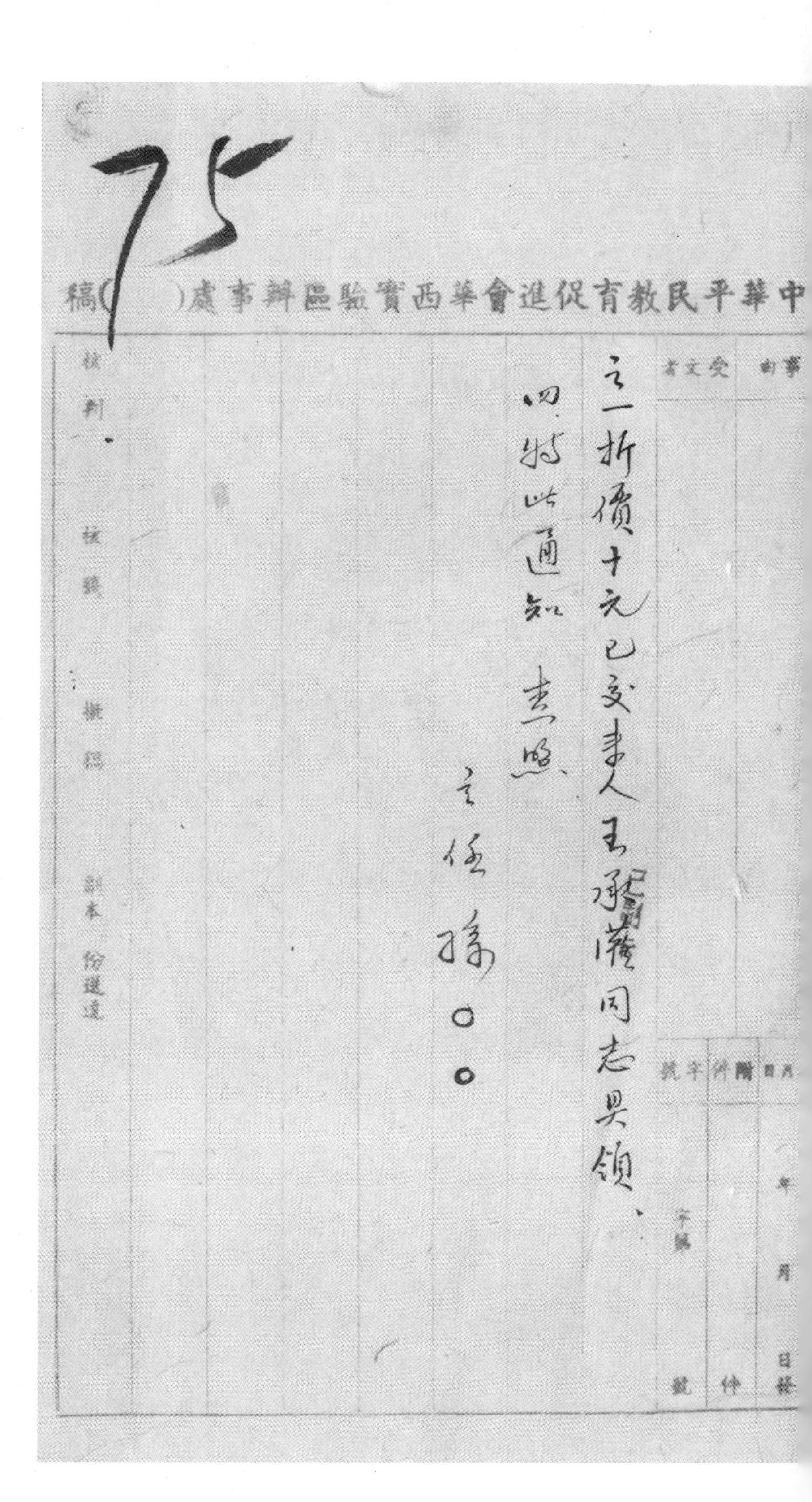
75

中華平民教育促進會華西實驗區辦事處（　）稿

事由

受文者

之一折價十元已交來人王承藩同志具領、

四、特此通知

查照

主任　孫〇〇

核判

核稿

擬稿

副本　份送達

附件

字號

年　月　日發　件　字第　號

83

38.9.27
398 393

中華平民教育促進會華西實驗區巴縣第二輔導區辦事處

報告

發文 字第 一三六 號

附件

中華民國 卅八 年 九 月 廿 日發

中華民國 年 月 日收

事由：為請發給九月份約克夏種猪飼料費以資歸墊由

查九月份即將終了本區繁殖站應領約克夏小种猪四隻飼料費迄未領到請即撥（規）定撥發以資歸墊

謹呈

主任 孫

區主任 王秀[illegible]

應照規定發給小猪四頭飼料費

收文 字第 號

巴县第二辅导区为预发种猪饲养费、繁殖站猪舍修建费与华西实验区办事处的往来公文 9-1-147（111）

85

收文 38.9.28 農 39七

中華平民教育促進會華西實驗區巴縣第二輔導區辦事處

報告

發文 實字第7三七號

附 整修猪舍費用預算書一件

中華民國卅八年九月廿五日發

中華民國 年 月 日收

事由 為請先照預算發給繁殖站整修猪舍費以期開工事併具報由

本區繁殖站須洽妥借用歇馬鄉合作養猪場猪舍一間，擬即開工整修，茲造具整修費用預算書，敬乞鑒核，先照預算撥款開工，事後仍按規定具報。

謹呈

主任 孫

語俊 試臣岡 九.廿五

收文 字第 號

區主任王秀斋

附預算書

86

巴縣第二輔導區繁殖站整修豬舍預算書

品類	數量	預算費用
樹材	兩根	弍元
石板	八塊	弍元四角
石炭	十斤	五角
木工	二工	弌元
石工	六工	叁元
力工	六工	弍元四角
總計		壹拾壹元叁角

巴县第二辅导区为预发种猪饲养费、繁殖站猪舍修建费与华西实验区办事处的往来公文　9-1-147（113）

巴县第二辅导区为预发种猪饲养费、繁殖站猪舍修建费与华西实验区办事处的往来公文　9-1-147（108）

82

中華平民教育促進會華西實驗區辦事處通知稿

事由：照規定發給小種猪實飼料費由

受文者：巴县第二辅導區办事處

附件：

字號：字第393號

年月日：三十八年九月廿九日發

九月廿三日賓字第一三六號報告達。查該區繁殖站所須約克夏小种猪四隻飼料費為食米肆市石，每石以伍元叁角計（折合銀元），合計應發給貳拾壹元貳角正，准予照數發給，報銷為荷。

主任　孫〇〇

校判　九、廿八

校稿　九、廿八

擬稿　王照斌

副本　份送達

巴县第二辅导区为预发种猪饲养费、繁殖站猪舍修建费与华西实验区办事处的往来公文　9-1-147（110）

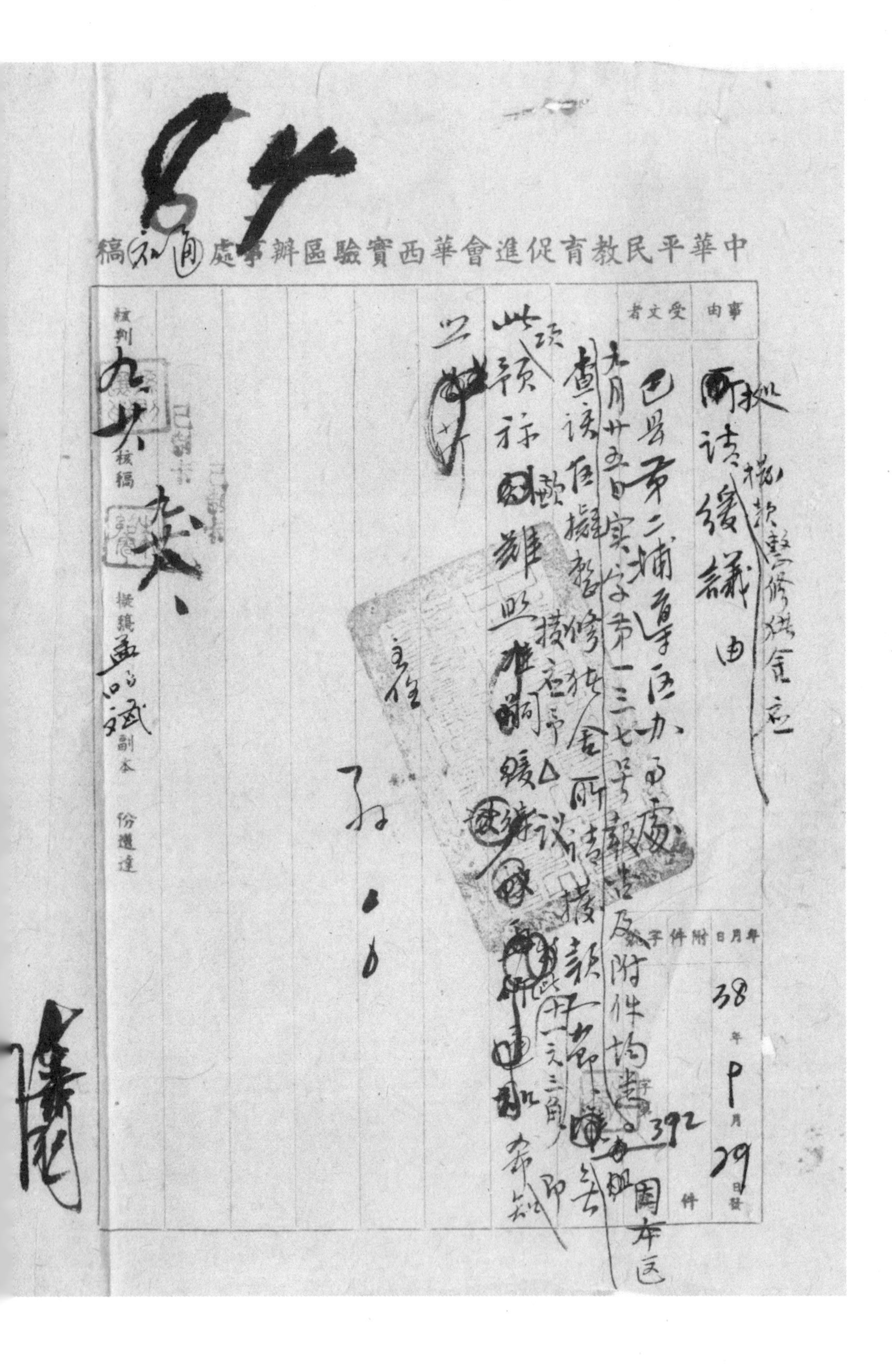

中華平民教育促進會華西實驗區辦事處稿

事由	受文者
為擬請發給撥款整修猪舍由	

巴县第二輔導區办事處
九月廿五日農字第一三七号報告及附件均悉
查該區擬整修猪舍所請撥款……
……准予照發……
此令

年月日	附件	字
38年9月29日發	件	392

核判　核稿　擬稿　副本　份遞達

华西实验区总办事处为填报种猪饲料月报表及种猪体重月报表致巴县第一、二区，璧山县第一、五、六区的通知 9-1-147（114）

87

中華平民教育促進會華西實驗區辦事處（通公）稿

事由：為通知填送「種猪飼料月報表」及種猪体重月報表由

受文者：巴一、二区 璧一、五、六区

年月日發：十月七日

附件：兩種各卅份

字號：116

一、查本處对于推廣各区之约克夏种猪飼料之補助飼料配合標準及飼喂时间業已規定通知在卷，惟本處对於各区種猪飼喂实际状况亟須明瞭，茲擬就「種猪飼料月報表」，檢寄，務於每月终填由該区工作月报寄處，以憑核办。

二、约克夏种猪自[illegible]該区飼養後，[illegible]之生長發育情形亟应随时明瞭，以觀其優劣及算劃猪种改進事業之依據，茲製定「种猪体重月報表」，檢寄，請在每月十五日[illegible]各猪[illegible]

核行 十八
核稿
擬稿 正國 十五
副本 份送達

华西实验区总办事处为填报种猪饲料月报表及种猪体重月报表致巴县第一、二区，璧山县第一、五、六区的通知　9-1-147（115）

88

中華平民教育促進會華西實驗區辦事處（　　）稿

事由：接上頁

受文者：

稱填入表內空表
體重次月應隨各區工作月報寄處以憑核辦
三、相應通知即希查照辦理為盼

主任 孫○

核判

核稿

擬稿

副本　份送達

年月日附件字號

字第　號

年　月　日發

件

径启者：关于四川第三专员区所属北碚种猪繁殖站创办
补助创业经费预算兹已收到，本会经联席委员会通过，其总数
为五百五十六元美金，惟上月沈委员出差渝时已付二百十四元三角美金。
又购诸梁君事因时局关系现已作罢，原预算内所列梁君五
六两月薪俸共美金六十元一项应予取消，惟梁君及其眷属之一百五十
元美金旅费仍予照付，作为特别津贴，已于六月二日派程绍迥君带去
付梁君一百五十元（作美金一百五十元算）。因此除去已付之款项及应
予取消之六十元薪俸外，贵处可得应付之款额只有美金一百三
十壹元七角，此次请主任秘书罗君由渝回时面呈。
又将该款汇付清尚有余；又所付之款不超过一百卅一元七角美金，是否
又前次沈委员出差渝时所付款额除交予该人及其附属圆专项若干均请
费神查示为荷。兹附上四川第三专员区原预算一份，即希
台洽为荷。专此顺颂
大安

弟 钱天鹤 启

卅八年六月廿四日

中国农村复兴联合委员会第一组组长钱天鹤、委员晏阳初、驻重庆办事处主任陈开泗，民生公司卢子英，四川省第三专员区专员孙则让，北碚种猪繁殖站主任程绍明，农林部中央畜牧实验所程绍迥及其所在机构为北碚种猪繁殖站经费问题的相关信函、公文

9-1-147（69）

中国农村复兴联合委员会第一组组长钱天鹤、委员晏阳初、驻重庆办事处主任陈开泗，民生公司卢子英，四川省第三专员区专员孙则让，北碚种猪繁殖站主任程绍明，农林部中央畜牧实验所程绍迴及其所在机构为北碚种猪繁殖站经费问题的相关信函、公文

9-1-147（13）

抄附件八、

致本會重慶辦事處陳代表函稿　卅八、三、十四日稿

開泗兄台鑒：啓者關於四川省第三專員區與中畜所合作北碚種豬之推廣繁殖所需之種豬飼料費及指導育豬工作人員之薪水及旅費等業經委員會決定辦法其内容已由第一組錢天鶴先生專函奉告計已邀

鑒該兩款行此案將應請吾

兄辦理之事條列如左

一、北碚種豬出每月飼料費自種豬到北碚之日起至本年六月底止應由本會負担此後由當地養豬合作社自行担任此項應由本會墊付之飼料費共需若干請

轉商第三專員區孫專員速即依據實際需要擬一準確預算並注明現已由

專署墊用款項若干尚需本會續撥款項若干

9

養之指導及推廣工作其月薪擬按所長待遇擬定為金圓叁佰陸
拾元但此項薪額界因與第三專員區職員薪額一般標準相
符弟無法照撥請
轉請該專員核定並自本月份起至六月底止擬一薪水預算
三、該君及其眷屬四人共計五人自湖南洪江啟程至北碚之旅費應
由本會補助該君等擬自洪江乘公路車至長沙轉鐵路至漢口
然後乘輪赴重慶此項旅費應共需若干請
兄轉商該專員擬一旅費預算
以上三項經費估計請編列一總預算表用中英文繕寫各七份
速寄本會第一組錢天鶴先生轉呈本會核定
又宿舍及職員人辦公室及宿舍應由第三專員區供給不知第
三專員區有否照辦請
查明見覆

中国农村复兴联合委员会第一组组长钱天鹤、委员晏阳初、驻重庆办事处主任陈开泗，民生公司卢子英，四川省第三专员区专员孙则让，北碚种猪繁殖站主任程绍明，农林部中央畜牧实验所程绍迥及其所在机构为北碚种猪繁殖站经费问题的相关信函、公文
9-1-147（14）

10

除将本件分别抄送孙专员及中畜所程所长外，用特函请
查照，盼覆为荷。耑此顺颂
公绥
弟晏阳初谨启
卅八年三月十四日

中国农村复兴联合委员会第一组组长钱天鹤、委员晏阳初、驻重庆办事处主任陈开泗，民生公司卢子英，四川省第三专员区专员孙则让，北碚种猪繁殖站主任程绍明，农林部中央畜牧实验所程绍迥及其所在机构为北碚种猪繁殖站经费问题的相关信函、公文
9-1-147（15）

一、北碚種豬之每月飼料費自種豬到北碚之日起至本年六月底止应由本會負担此後由当地養豬合作社自行担任此項应由本會担任之飼料費共需若干請轉商第三專員區孫專員迅即依據實際需要拟一準確預算並註明現已由尊處墊用款項若干尚需本會續撥款項若干

二、項據中畜所程所長函稱拟聘梁君正國赴四川參加種豬飼養之指導及推廣工作其月薪據程所長提議拟定為金圓叁

中国农村复兴联合委员会第一组组长钱天鹤、委员晏阳初、驻重庆办事处主任陈开泗，民生公司卢子英，四川省第三专员区专员孙则让，北碚种猪繁殖站主任程绍明，农林部中央畜牧实验所程绍迥及其所在机构为北碚种猪繁殖站经费问题的相关信函、公文

9-1-147（7）

之……

底已拟一薪水预算。

三、梁君及其眷属四人共计五人自湖南洪江县至北碚之旅费应由本会担任。梁君等拟自洪江乘公路车至长沙转铁路至汉口，然后乘轮赴重庆，此项旅费应共需若干（美金一千五十元），请兄转商孙专员拟一旅费预算。

以上三项经费估计，请编列一总预算表，用中英文缮写各七份，速寄本会第一组钱天鹤先生转呈本会核定。

中国农村复兴联合委员会第一组组长钱天鹤、委员晏阳初、驻重庆办事处主任陈开泗，民生公司卢子英，四川省第三专员区专员孙则让，北碚种猪繁殖站主任程绍明，农林部中央畜牧实验所程绍迥及其所在机构为北碚种猪繁殖站经费问题的相关信函、公文

9-1-147（8）

中国农村复兴联合委员会第一组组长钱天鹤、委员晏阳初、驻重庆办事处主任陈开泗，民生公司卢子英，四川省第三专员区专员孙则让，北碚种猪繁殖站主任程绍明，农林部中央畜牧实验所程绍迥及其所在机构为北碚种猪繁殖站经费问题的相关信函、公文

9-1-147（6）

农存

三廿六

38年3月31日

農字479號

民生實業股份有限公司抄電用箋

No.

發來地 石门　3月16日22時20

北碚盧作孚先生子英兄鑒：前夢麟、陽初、景瀚種繁殖場建立費可從其他預算挪用，惟情良種苗係由農復會委託中畜所製造，費由中畜所免費供應，北碚必須就地製造者，所有經費準備製造，農復會無就地製造惟情良種苗預算，其由必須就地製造者經費須自籌等則

請

楊委員長以轉

10.00

中国农村复兴联合委员会第一组组长钱天鹤、委员晏阳初、驻重庆办事处主任陈开泗，民生公司卢子英，四川省第三专员区专员孙则让，北碚种猪繁殖站主任程绍明，农林部中央畜牧实验所程绍迥及其所在机构为北碚种猪繁殖站经费问题的相关信函、公文
9-1-147（3）

民國38年3月26日
字第434

中國農村復興聯合委員會重慶區辦事處用箋

發渝字第〇七七號第一頁

康錄奉先勉鑒、專函者關於北碚種豬繁殖推廣事業之管理，業經本會總會函予詳細辦法，并於本月七日以發渝字051號函通知在案。其中規定種豬飼料費及新增人員之薪俸應由本會擔負，至餘豬舍辦公室宿舍等均應由貴處指導負責，該站所有應由本會撥發款項，應先編製預算，送總會審核後，將

地址：北碚路徵收局巷九號　電話：四一九一三轉　電報掛號：九八七〇

中国农村复兴联合委员会第一组组长钱天鹤、委员晏阳初、驻重庆办事处主任陈开泗，民生公司卢子英，四川省第三专员区专员孙则让，北碚种猪繁殖站主任程绍明，农林部中央畜牧实验所程绍迥及其所在机构为北碚种猪繁殖站经费问题的相关信函、公文

9-1-147（5）

3

中國農村復興聯合委員會重慶區辦事處用

經濟字第〇七七號 第二頁

牧區寄本處轉交

貴區而由程紹明君向

貴區領取，不應由程紹明君逕向本處領

取，縱請轉知程紹明君，以免多勞往返。

又該站飼料藥費等費，本處已先後撥

給程紹明君金圓式拾萬元，種豬飼料已

由總會決定撥美國玉米種四百六十五袋，

請即通知呈[illegible]君，并[illegible]運費、[illegible]

地址：林森路徵收局巷九號 電話：四一九一三轉 電報掛號：九八七

中国农村复兴联合委员会第一组组长钱天鹤、委员晏阳初、驻重庆办事处主任陈开泗，民生公司卢子英，四川省第三专员区专员孙则让，北碚种猪繁殖站主任程绍明，农林部中央畜牧实验所程绍迥及其所在机构为北碚种猪繁殖站经费问题的相关信函、公文

9-1-147（4）

中國農村復興聯合委員會重慶區辦事處用箋

[illegible]字第〇七七號 第三頁

提取、又該站新增人员一即第三專员區所用

職员之薪俸及職员二人之旅費、応編一詳

細預算送會審核、請轉囑程紹明君、

循請中畜所方面早日撥出、為荷。專此、

順祝

勛祺

弟 陳開泗 拜啟 二月廿二日

地址：林森路徵收局巷九號 電話：四一九一三轉 電報掛號：九八七〇

中国农村复兴联合委员会第一组组长钱天鹤、委员晏阳初、驻重庆办事处主任陈开泗，民生公司卢子英，四川省第三专员区专员孙则让，北碚种猪繁殖站主任程绍明，农林部中央畜牧实验所程绍迥及其所在机构为北碚种猪繁殖站经费问题的相关信函、公文

9-1-147（26）

三科

中國農村復興聯合委員會重慶區辦事處用箋

發渝字第〇八八號第一頁

案准

貴區三月二十三日實農字第三一五號函囑發給中畜所北碚種豬繁殖站四月份飼料費叁拾柒萬捌仟圓等由查中畜所北碚種豬繁殖站經費本處收到總會款共為伍拾萬圓除計前後付給該站程紹明領用已達式拾萬圓其餘叁拾萬圓即於此次付給程紹明先

22

中國農村復興聯合委員會重慶區辦事處用箋

發渝字第〇八八號 第二頁

生本會總會指示前撥之飼料費即告完罄該站以後如再需飼料費應由中畜所出具預算經本會總會核准數目後寄交本處始能轉交

貴區亦除如囑付給程紹明先生飼料費叁拾萬圓外相應函復即請

查照爲荷 此致

四川省第三專員區專員孫

中華民國三十八年三月廿六日

中国农村复兴联合委员会第一组组长钱天鹤、委员晏阳初、驻重庆办事处主任陈开泗，民生公司卢子英，四川省第三专员区专员孙则让，北碚种猪繁殖站主任程绍明，农林部中央畜牧实验所程绍迥及其所在机构为北碚种猪繁殖站经费问题的相关信函、公文

9-1-147（27）

中国农村复兴联合委员会第一组组长钱天鹤、委员晏阳初、驻重庆办事处主任陈开泗，民生公司卢子英，四川省第三专员区专员孙则让，北碚种猪繁殖站主任程绍明，农林部中央畜牧实验所程绍迥及其所在机构为北碚种猪繁殖站经费问题的相关信函、公文

9-1-147（28）

23

中國農村復興聯合委員會重慶區辦事處用箋

發渝字第〇八八號 第三頁

中國農村復興聯合委員會
駐重慶代表 陳開泗

地址：林森路徵收局巷 電報掛號：九八〇

中国农村复兴联合委员会第一组组长钱天鹤、委员晏阳初、驻重庆办事处主任陈开泗，民生公司卢子英，四川省第三专员区专员孙则让，北碚种猪繁殖站主任程绍明，农林部中央畜牧实验所程绍迥及其所在机构为北碚种猪繁殖站经费问题的相关信函、公文 9-1-147（2）

地址在北碚

逕启者 顷得农复会渝区办事处陈开泗先生

孙主任笺函一件 兹特抄附 即希

查照是荷 此致

种猪繁殖站程主任

附抄陈开泗函一件

农复组 钱启

三月廿八

中国农村复兴联合委员会第一组组长钱天鹤、委员晏阳初、驻重庆办事处主任陈开泗，民生公司卢子英，四川省第三专员区专员孙则让，北碚种猪繁殖站主任程绍明，农林部中央畜牧实验所程绍迴及其所在机构为北碚种猪繁殖站经费问题的相关信函、公文

9-1-147（10）

6.

中國農村復興聯合委員會重慶區辦事處用箋

渝字第390號 第一頁

亮康泉兄勋右：頃接本會委員晏陽初先生
三月十五日自穗來函，承及關於四川省第三專員區
與中畜所合作北碚種豬之推廣繁殖所需之
種豬飼料費及指導育豬工作人員之薪水
及旅費等項，並望該項函件已抄有副本送
達至
兄，想已達
覽，茲將有關事項，分陳如后，

地址：林森路徵收局巷九號　電話：四一九一三一轉　電報掛號：九八七〇

中国农村复兴联合委员会第一组组长钱天鹤、委员晏阳初、驻重庆办事处主任陈开泗，民生公司卢子英，四川省第三专员区专员孙则让，北碚种猪繁殖站主任程绍明，农林部中央畜牧实验所程绍迥及其所在机构为北碚种猪繁殖站经费问题的相关信函、公文
9-1-147（11）

7

中國農村復興聯合委員會重慶區辦事處用箋

一、北碚種豬繁殖站經費，本處收到總會撥共
為任務完，業已付清，交程紹明先生。
二、關於飼料費、購買藥品、旅費，應編製一總
預算，用中英文繕寫各七份，請早日編送本
處，以憑轉報。
三、本會農業組負責人錢天鶴先生，附囑稱，已
決定撥
貴處北碚種豬繁殖站玉米種四百六十袋，

中国农村复兴联合委员会第一组组长钱天鹤、委员晏阳初、驻重庆办事处主任陈开泗，民生公司卢子英，四川省第三专员区专员孙则让，北碚种猪繁殖站主任程绍明，农林部中央畜牧实验所程绍迥及其所在机构为北碚种猪繁殖站经费问题的相关信函、公文
9-1-147（12）

中國農村復興聯合委員會重慶區辦事處用

發字第〇九〇號第三頁

（第四百六十五號有誤）請

兄根據其種豬飼料費預算時，將該項玉

米種作價列收，以減少飼料費之支出，

望洽陳轉請

察照見覆為荷，專此順頌

勛祺

弟陳開泗拜啟　三月廿六

地址：林森路徵收局巷九號　電話：四一九一三轉　電報掛號：九八七

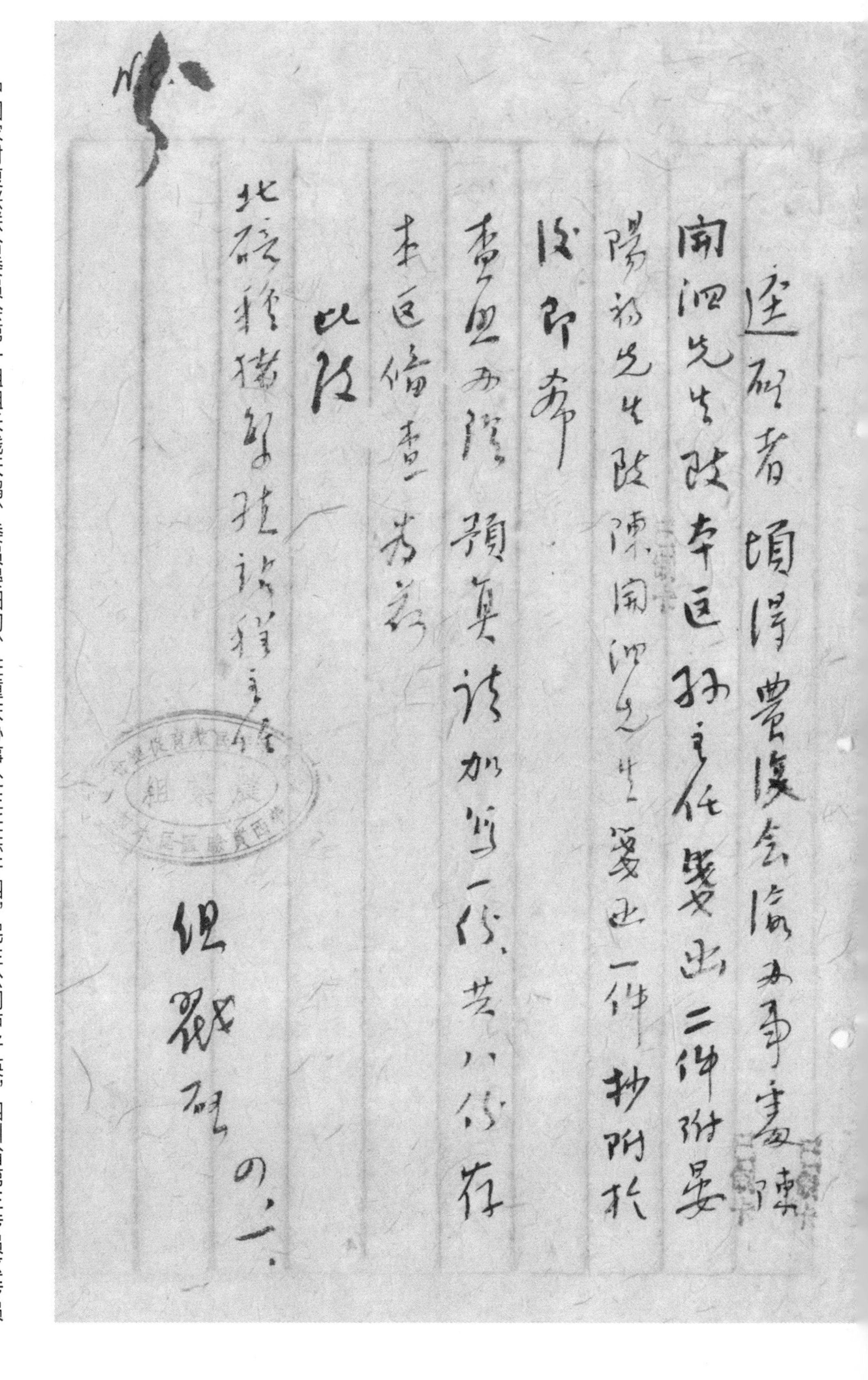

逕啟者 頃得
農復會渝辦事處陳
開泗先生致本區孫專員晏函二件附晏
陽初先生致陳開泗先生箋函一件抄附於
後即希
查照辦理 預算請加寫一份共八份存
本區備查為荷
此致
北碚種豬繁殖站程主任
組聯啟 四、一

中国农村复兴联合委员会第一组组长钱天鹤、委员晏阳初、驻重庆办事处主任陈开泗，民生公司卢子英，四川省第三专员区专员孙则让，北碚种猪繁殖站主任程绍明，农林部中央畜牧实验所程绍迥及其所在机构为北碚种猪繁殖站经费问题的相关信函、公文

9-1-147（9）

中國農村復興聯合委員會重慶區辦事處用箋

農、速

办の三

11

發渝字第一〇五號第一頁

康泉吾兄勛右：專啟者，関於北碚種豬繁殖推廣所需飼料費及指導育豬工作人員之薪水及旅費等項開法，前奉本會晏委員陽初函示，請於三月廿八日以發渝字〇九號函達，諒荷計達左右。頃接本會第一組組長錢天鶴兄來函，略以

前所需之預算用中英文繕寫各七份，速

地址：林森路徵收局巷九號　電話：四一九一三轉　電報掛號：九八七〇

中国农村复兴联合委员会第一组组长钱天鹤、委员晏阳初、驻重庆办事处主任陈开泗，民生公司卢子英，四川省第三专员区专员孙则让，北碚种猪繁殖站主任程绍明，农林部中央畜牧实验所程绍迥及其所在机构为北碚种猪繁殖站经费问题的相关信函、公文

9-1-147（16）

中国农村复兴联合委员会第一组组长钱天鹤、委员晏阳初、驻重庆办事处主任陈开泗，民生公司卢子英，四川省第三专员区专员孙则让，北碚种猪繁殖站主任程绍明，农林部中央畜牧实验所程绍迥及其所在机构为北碚种猪繁殖站经费问题的相关信函、公文

9-1-147（17）

12

中國農村復興聯合委員會重慶區辦事處用箋

渝總字第一〇五號第二頁

送本處轉報總會，特函奉肯，敬希早日編

送為荷。專此，順頌

勛綏

弟 陳開泗 拜啟 四月 日

地址：林森路徵收局巷九號　電話：四一九一三一轉　電報掛號：九八七〇

改送农复会陈专任委员

良东拟稿

开泗吾兄大鉴：顷奉三月廿八日

大札，诵悉种切。种猪繁殖站已请预算，猪舍经先生编

拟，惟梁正国君来川旅费因物价跳动太剧，无法预

算，拟先垫借，实到后实报实销，即请转陈

贵会备存。专复，即颂

公祺

弟林〇〇拜启

四月　日

此复表

候预算编就，仍用本函名义函送陈代表开泗，同时将梁正国旅费在该函内叙明。巴

中国农村复兴联合委员会第一组组长钱天鹤、委员晏阳初、驻重庆办事处主任陈开泗，民生公司卢子英，四川省第三专员区专员孙则让，北碚种猪繁殖站主任程绍明，农林部中央畜牧实验所程绍迥及其所在机构为北碚种猪繁殖站经费问题的相关信函、公文

9-1-147（20）

中国农村复兴联合委员会第一组组长钱天鹤、委员晏阳初、驻重庆办事处主任陈开泗，民生公司卢子英，四川省第三专员区专员孙则让，北碚种猪繁殖站主任程绍明，农林部中央畜牧实验所程绍迥及其所在机构为北碚种猪繁殖站经费问题的相关信函、公文

9-1-147（33）

26

敬啟者現擬即辦理事項請予批示

一、前因職員宿舍不敷分配現已與盧局長商定佃租街房一所（兩樓兩底）其期間為半年合食米貳老石擬請准予撥付

二、關於種猪建築事務煩瑣擬請添聘事務人員一名

三、關於家畜保健就疫防治工作即待

中国农村复兴联合委员会第一组组长钱天鹤、委员晏阳初、驻重庆办事处主任陈开泗，民生公司卢子英，四川省第三专员区专员孙则让，北碚种猪繁殖站主任程绍明，农林部中央畜牧实验所程绍迥及其所在机构为北碚种猪繁殖站经费问题的相关信函、公文

9-1-147（34）

民國38年4月8日
農字第008

農林部中央畜牧實驗所用牋

京文字第0365號 第 頁

閩四專員勛鑒：查本所前應農復會之約運川大約克縣种猪卅頭，與貴區合作，於北碚設立种猪繁殖場，藉以洋猪與土猪什交，大量推廣第一代什交种以增肉產而利農民。此案刻猪隻早經運達，該項籌設正積極進行，惟是本所存往主持其事之梁國君現仍在湘，經商准農復會電稱該員赴川旅費美金(150)元

中華民國 年 月 日

地址：南京中華門外小行鎮 電報掛號：三九六四 電話：二二三〇三

中国农村复兴联合委员会第一组组长钱天鹤、委员晏阳初、驻重庆办事处主任陈开泗，民生公司卢子英，四川省第三专员区专员孙则让，北碚种猪繁殖站主任程绍明，农林部中央畜牧实验所程绍迥及其所在机构为北碚种猪繁殖站经费问题的相关信函、公文 9-1-147（18）

中国农村复兴联合委员会第一组组长钱天鹤、委员晏阳初、驻重庆办事处主任陈开泗，民生公司卢子英，四川省第三专员区专员孙则让，北碚种猪繁殖站主任程绍明，农林部中央畜牧实验所程绍迥及其所在机构为北碚种猪繁殖站经费问题的相关信函、公文
9-1-147（19）

14

農林部中央畜牧實驗所用牋

應由貴區於該會撥助之款項內支付用特專函奉達請急速匯往湖南洪江交聯勤總部湖南榮譽軍人生產事務處梁正國君收俾該員能及早來川主持站務而利事業進行為荷專此敬請

勛安

弟 程紹迥 拜啓

中華民國 年 月 日

中華民國卅八年二月廿一日發出

地址：南京中華門外小行鎮　電報掛號：三九六四　電話：二二三〇三

速

笺函

农〇〇一号

卅八年四月九日

迳启者 案准

农复会重庆办事处三月二十六日发渝

字第〇八八号笺函，以拨种猪饲料费银

拾万元均已用罄，以后如再需要饲料费

应由中畜所造具预算经该处核准后始

能寄发转领，并将原函抄附上，请即

查照示复为荷 此致

中畜所北碚种猪繁殖站

附农复会原函 乙份

职 谨启 四、八

中国农村复兴联合委员会第一组组长钱天鹤、委员晏阳初、驻重庆办事处主任陈开泗，民生公司卢子英，四川省第三专员区专员孙则让，北碚种猪繁殖站主任程绍明，农林部中央畜牧实验所程绍迥及其所在机构为北碚种猪繁殖站经费问题的相关信函、公文

9-1-147（25）

中国农村复兴联合委员会第一组组长钱天鹤、委员晏阳初、驻重庆办事处主任陈开泗，民生公司卢子英，四川省第三专员区专员孙则让，北碚种猪繁殖站主任程绍明，农林部中央畜牧实验所程绍迥及其所在机构为北碚种猪繁殖站经费问题的相关信函、公文

9-1-147（31）

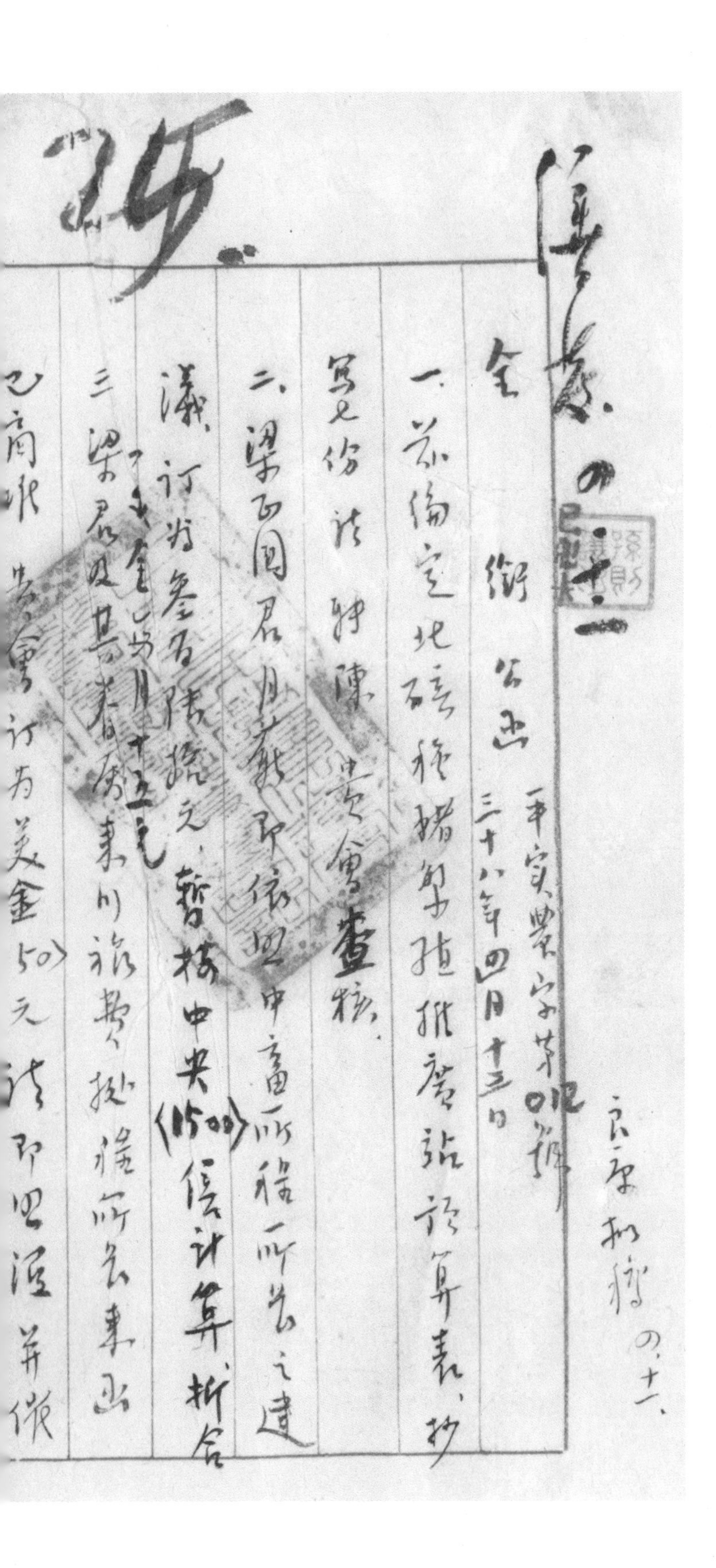

N.1.

……

四、美援玉米640袋（由渝南岸运至北碚）运费已列入预算，请照拨。

五、饲料预算只列至六月，其中玉米一项已删去。

六、故呈英文打字机，敬请补表，俾中英文合书。

七、你如需要英文草拟信稿，烦请　黄雪代办为感。

七、相应函复，即请　查照是荷。

此致

中国农村复兴联合委员会　重庆办事处

附北碚种猪场经费预算表五份

中国农村复兴联合委员会第一组组长钱天鹤、委员晏阳初、驻重庆办事处主任陈开泗，民生公司卢子英，四川省第三专员区专员孙则让，北碚种猪繁殖站主任程绍明，农林部中央畜牧实验所程绍迥及其所在机构为北碚种猪繁殖站经费问题的相关信函、公文
9-1-147（32）

中国农村复兴联合委员会第一组组长钱天鹤、委员晏阳初、驻重庆办事处主任陈开泗，民生公司卢子英，四川省第三专员区专员孙则让，北碚种猪繁殖站主任程绍明，农林部中央畜牧实验所程绍迥及其所在机构为北碚种猪繁殖站经费问题的相关信函、公文

9-1-147（67）

47

速轉程紹明

中國農村復興聯合委員會重慶區辦事處用箋

字號第頁

廉泉吾兄勛座：專啓者，關於貴區所需北碚種豬繁殖計劃及預算，業得本會第一組組長錢天鶴兄覆函詳述一切，特將原函抄附，敬請惠鑒。前主任委員前次莅渝時曾面囑撥給程紹明籌辦種豬飼料費，業於日前撥給銀元壹佰元，故種豬方面預算大致已撥完，所餘尾數請通知程紹明

已製卡

地址：中華路一六八號　電報掛號：九八七〇　電話：四一三二一

48

中國農村復興聯合委員會重慶區辦事處用箋

君來處請函沈宗瀚先生前去商洽所付款額至予何人亦祈續核查明見示以便轉覆為禱專此順頌

勛祺

附折件

弟陳開泗拜啓

十月卅日

中華民國三十八年　月　日

地址：中華路一六八號　電報掛號：九八七〇　電話：四一三二一

中国农村复兴联合委员会第一组组长钱天鹤、委员晏阳初、驻重庆办事处主任陈开泗，民生公司卢子英，四川省第三专员区专员孙则让，北碚种猪繁殖站主任程绍明，农林部中央畜牧实验所程绍迥及其所在机构为北碚种猪繁殖站经费问题的相关信函、公文

9-1-147（68）

46

中華平民教育促進會華西實驗區總辦事處通知稿

事由：為（撥農復會補助）種猪飼養費請派員洽領由

受文者：北碚家畜保育站

附件：農復會來函副本

字第二二二號　七月十日發

頃接農復會重慶區辦事處七月九日來函，以該會撥付錢組長原函開北碚種猪繁殖計劃補助飼養費除日前已領一百銀元外，尚餘尾數擬請速派員前往重慶洽領，又前此錢組長實係偏先生在渝所付之款若干，是否由貴站具領，亦請查明見復為荷。

主任孫

核判　七.十三

擬稿　七.十三

陳開泗　七.十三

中国农村复兴联合委员会第一组组长钱天鹤、委员晏阳初、驻重庆办事处主任陈开泗，民生公司卢子英，四川省第三专员区专员孙则让，北碚种猪繁殖站主任程绍明，农林部中央畜牧实验所程绍迥及其所在机构为北碚种猪繁殖站经费问题的相关信函、公文
9-1-147（66）

中国农村复兴联合委员会第一组组长钱天鹤、委员晏阳初、驻重庆办事处主任陈开泗，民生公司卢子英，四川省第三专员区专员孙则让，北碚种猪繁殖站主任程绍明，农林部中央畜牧实验所程绍迥及其所在机构为北碚种猪繁殖站经费问题的相关信函、公文

9-1-147（77）

副本已寄信給備查、本件存查

查本站前分配

鈞區之種猪二十三頭除月前領去四頭外尚有十九頭存站未來領取惟以本站猪舍原屬過少實無法容納加以近來氣候炎熱猪隻擁擠情形勢不堪設想茲為種猪安全免生意外計謹特備文呈請

鑒核賜予迅即派員來站領取實為公便謹呈

華西實驗區主任孫

北碚家畜保育工作站主任程紹明 謹呈 七月十九日

邱达夫陪同亨德、张龙志赴荣昌县调查种猪繁育情况并举行座谈会的情况报告　9-1-147（73）

会

合作組 签

報告 七月十日於丁家鄉區辦事處

竊職廿九日奉派陪同亨德先生及張技龍志前往榮昌調查豬種繁育情形，午後三時到達，劉縣長即妥為接待，並定於卅日視察養豬場，計於晨八時舉行座談會，地方人士俱踴躍參加，極表歡迎，謹將會談結果分呈於次：

（一）選定第一區安富鎮（交通便利，市場繁榮）、第六區盤龍鎮（產豬較多地點）為工作地點

（二）工作步驟：1.調查　2.紀錄　3.選種

邱达夫陪同亨德、张龙志赴荣昌县调查种猪繁育情况并举行座谈会的情况报告　9-1-147（74）

4.注射血清　5.组织养猪合作社

（三）实施时间　1.阴历六七两月份开始办理调查纪录选种等工作　2.阴历七月下半月注射血清　3.阴历十月份组织养猪合作社

地方意见　1.推行业务时请由荣县府供给宣传品函县府布示全县　2.选种及繁育技术请公开传给老百姓

右呈

主任　孙

副主任　邱达夫　呈

亨德、张龙志为荣昌县设立家畜保育站一事与孙则让的往来信函 9-1-147（75）

54

私立鄉村建設學院公用箋

則讓專員道席：此次來璧，躬聆
教言，獲益孔多，而嗣後工作有所遵循，更所欣幸。臨行承
派郎視察偕赴榮昌，與劉縣長、參議長會商該縣設
立家畜保育站，詳情郎視察諒已面陳經過矣。該縣人士
盼於縣屬安富、龍盤兩鎮同時開始斯項工作，進而組
織小規模之養猪合作社，未識
尊意如何，尚祈
見示。鄙意將來保育站可設於安富鎮，而工作則可就

亨德、张龙志为荣昌县设立家畜保育站一事与孙则让的往来信函　9-1-147（76）

55

私立銘賢學院公用箋

人力物力兩地先後進行茲奉 蔣夢麟先生來電云已請陳開泗先生撥付美金二千元作為貴區防治牛瘟費用一千元付程紹迥先生一千元付楊興業先生楊先生約於旬餘後即以璧山為中心展開工作一切至希就近指示為禱專此奉陳敬頌

勛安

弟 亨德

職 張龍志

上 七月五日

亨德、张龙志为荣昌县设立家畜保育站一事与孙则让的往来信函 9-1-147（72）

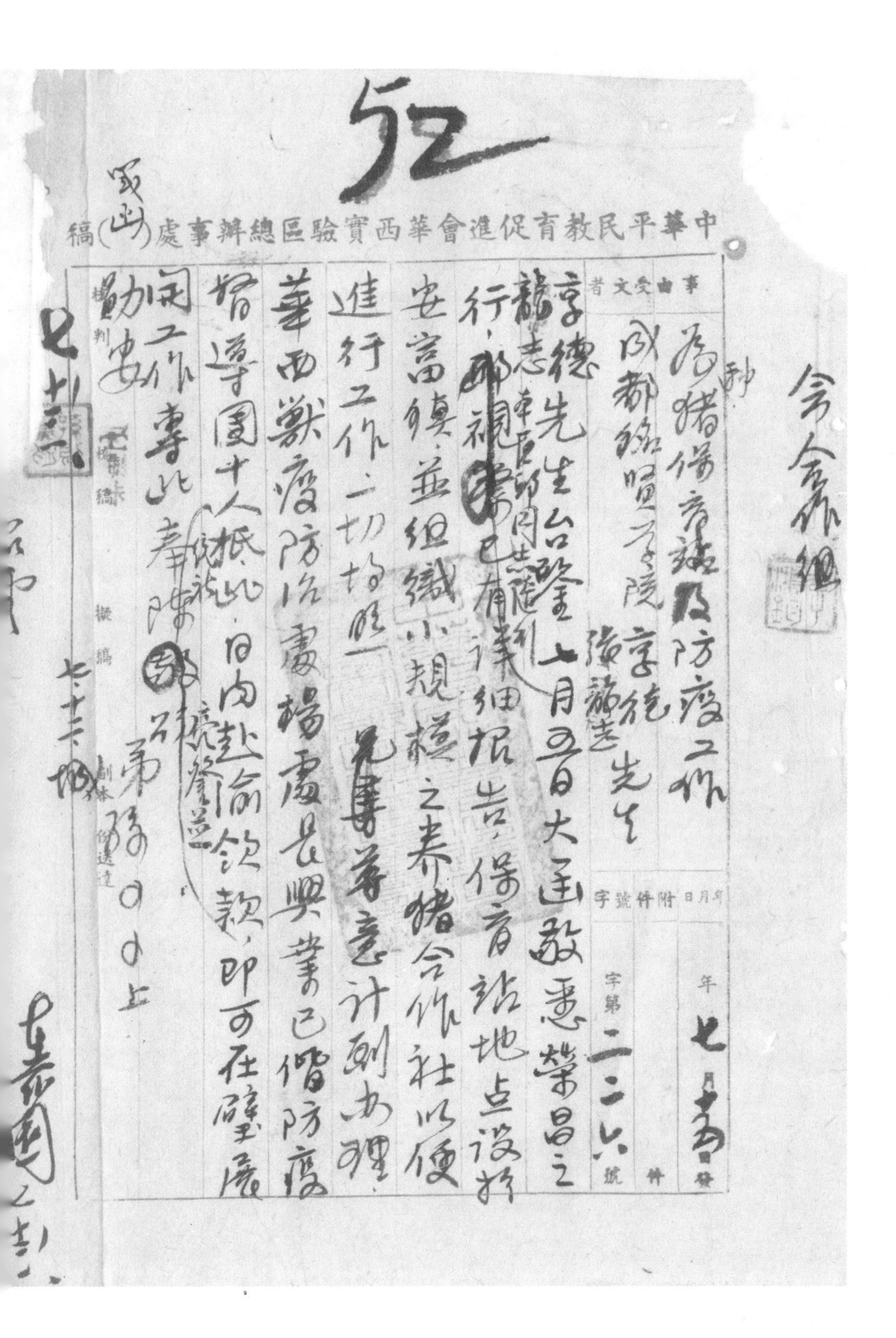

中華平民教育促進會華西實驗區總辦事處稿（發出）

事由：為豬保育站及防疫工作

受文者：成都總會 亨德先生 張龍志先生

年 七 月 十[illegible] 日發
附件
字第 一二六 號

亨德、龍志先生台鑒：七月五日大函敬悉。榮昌之行，[illegible]已有詳細報告，保育站地點設於安富鎮，並組織小規模之養豬合作社，以便進行工作，一切均照尊意計劃辦理。華西獸疫防治處楊處長與業已偕防疫督導團十人抵此，日內赴渝領款，即可在璧歲開工作。專此奉復，順頌
勛安

二、农业·养殖业与防疫·公文和信函

华西实验区家畜保育工作站为呈送工作报告及财务报告致华西实验区总办事处签呈　9-1-148（269）

中華平民教育促進會華西實驗區家畜保育工作站用箋

33

簽呈　三十八年八月廿五日

謹簽呈者查本站七月十五日至七月卅一日和八月一日至八月十五日工作半月報告及七月十五日至七月卅一日財務報告業經編造完竣理合檢附上項報告表各一份簽請

鑒核備查謹呈

主任孫

職程紹明

地址：北碚北泉馬路劉家院子

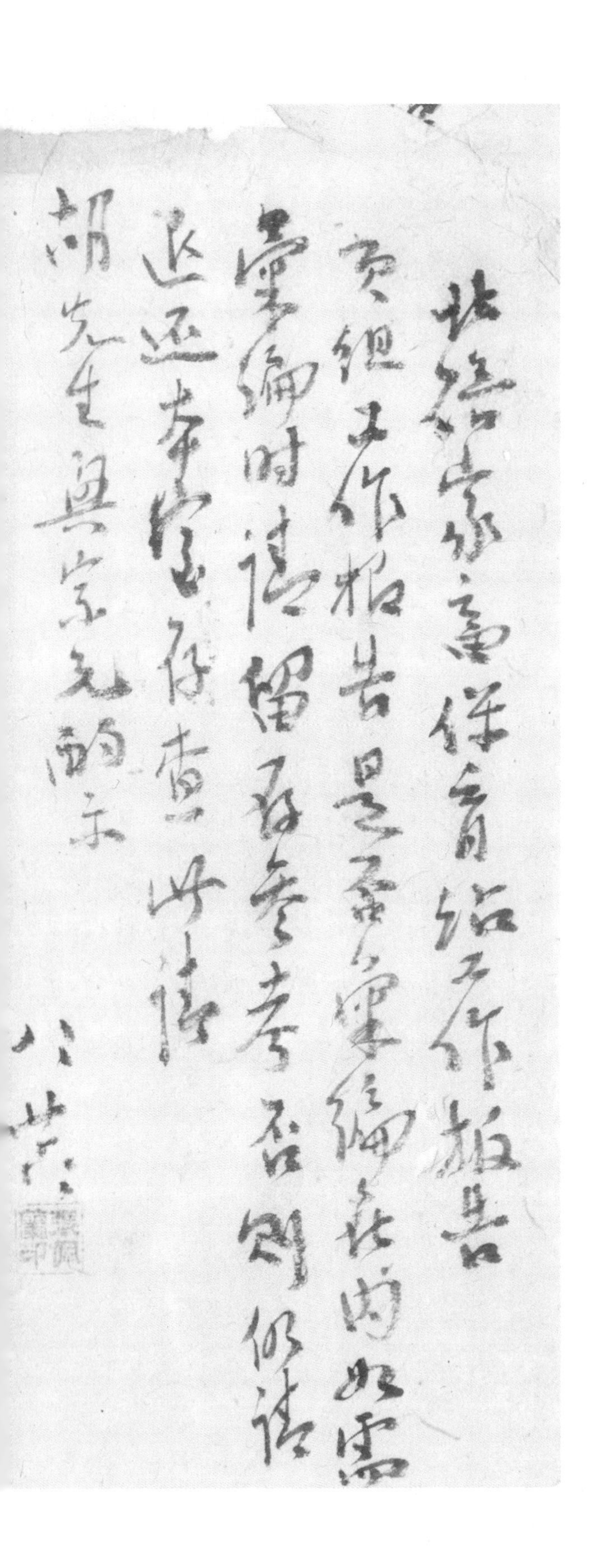

兹将家畜保育站工作报告
负组工作报告是否需要编入如需
要编时请留存参考否则仍请
退还本站存查此请
胡先生[illegible]
八 廿[illegible]

华西实验区家畜保育工作站为呈送工作报告及财务报告致华西实验区总办事处签呈　9-1-148（267）

华西实验区家畜保育工作站为呈送工作报告及财务报告致华西实验区总办事处签呈　9-1-148（268）

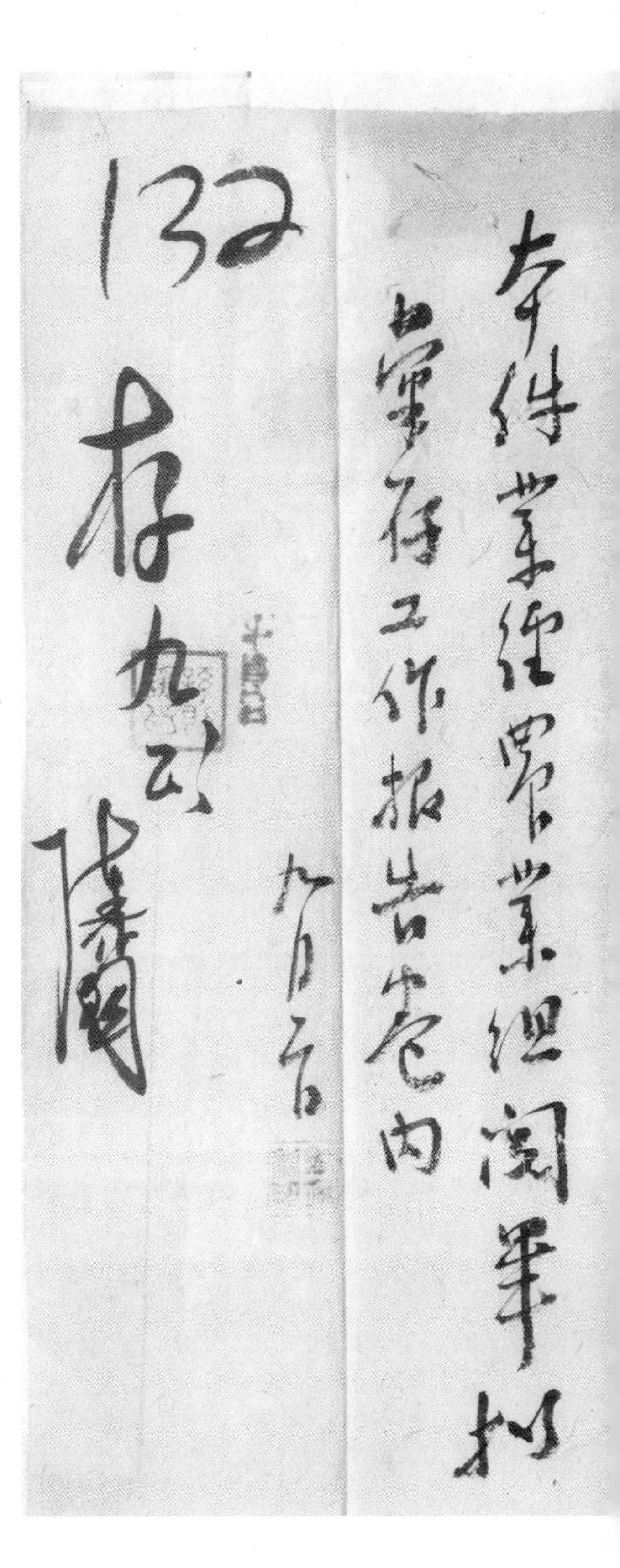

132

本件业经营业组阅毕拟

呈送工作报告在内

九月　日

存　九廿　陈

璧山县农业推广所为呈报购买耕牛饲料支付数字呈璧山县政府函 9-1-157（89）

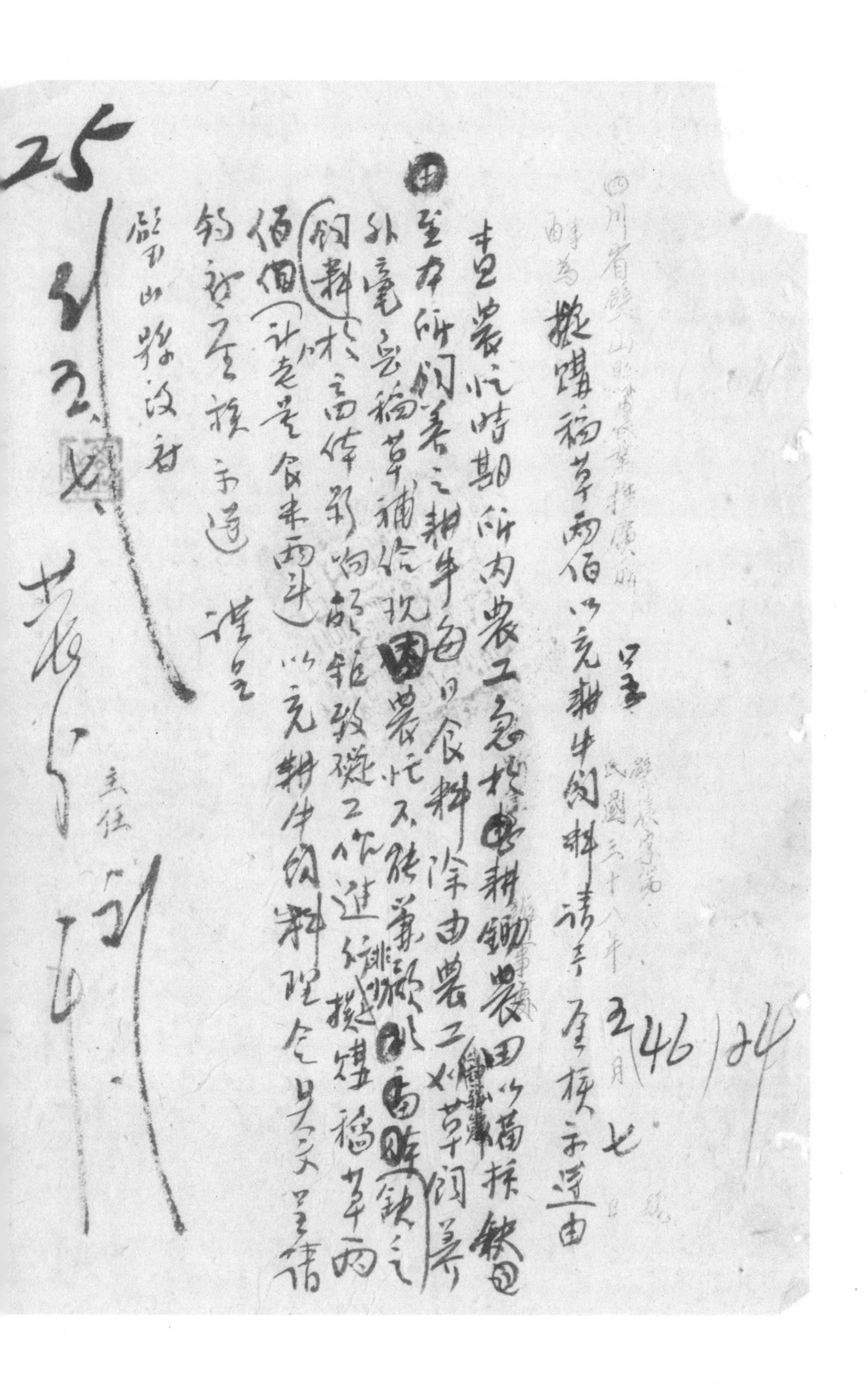

四川省璧山县农业推广所 呈 民国三十八年五月七日

事由：为拟购稻草两佰斤以充耕牛饲料请予备核示遵由

查农忙时期所内农工急於耕锄农田以备栽秧，由至本所饲养之耕牛每日食料除由农工以草饲养外，毫无稻草补给，现因农忙不能兼顾，此时缺乏之饲料，於高价[illegible]购，能致碍工作进行，拟购稻草两佰斤（计老食米两斗）以充耕牛饲料，理合具文呈请

钧府鉴核示遵

谨呈

璧山县政府

主任 [illegible]

璧山县农业推广所为呈报购买耕牛饲料支付数字呈璧山县政府函　9-1-157（73）

13

全衔

御　呈　璧农字第　号

民国三十八年八月十七日

为送呈报购买耕牛饲料支付数字恳请　鉴核备查示遵由

案奉

钧府卅八建三字第八三一号指令云云

等因奉此查本所于本年五月八日购买谭炳煌稻草[illegible]价款

[illegible]

[illegible]

钧府鉴核备查示遵

谨呈

璧山县政府

璧山县政府为呈报购买耕牛饲料支付数字给农业推广所的指令　9-1-157（91）

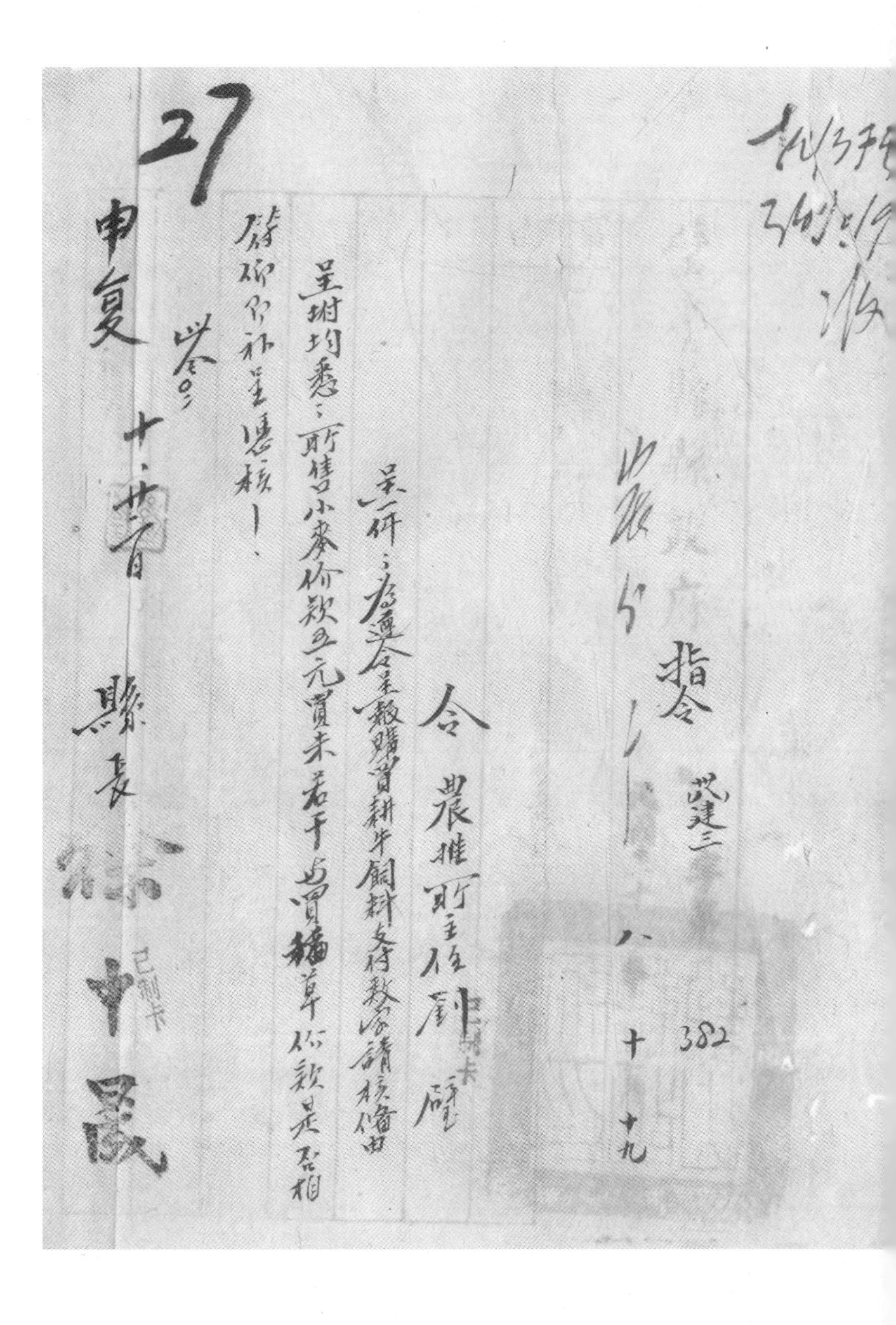
27

璧山縣政府指令

農字第　號

武建三

八　十　十九

令農推所主任劉璧

呈一件：為遵令呈報購買耕牛飼料支付數字請核備由

呈暨均悉。所售小麥價款五元買米若干，出賣稻草價款是否相符，仰即補呈憑核！

此令。

中復　十．廿日

縣長　徐中齊

已制卡

农林部华西兽疫防治处、四川省农业改进所合组兽疫血清制造厂就委托该厂代制各种血清菌苗价格表致璧山农业推广所的函（附委托代制血清菌苗价格表）　9-1-157（125）

机2号
36.4.22.

收

51

逕啓者　查本年夏季將屆，正值獸疫流行之時，本廠爲避免各縣農村豬牛以罹瘟疫病患及減少死亡損失起見，特擬就本年度委託本廠代製各種血清菌苗價格表，以期便利各縣獸疫防治工作之進行，除分函外，相應檢同委託代製價格表函請

貴所煩爲查照，並賜酌定見覆，俾便籌備爲荷。此致

璧山農業推廣所

附本廠卅六年委託代製血清菌苗價格表一份

啓　四月十二日

本所經費困難出

农林部華西獸疫防治處
四川省農業改進所 合組獸疫血清製造廠

三十八年血清菌苗委託代製價格一覽表

類別	名稱	單位	每單位依照食米折合收款 市石	市斗	裝瓶量	備註
血清類	抗牛瘟血清	500cc	5	00	500cc	
	抗出血性敗血病血清	〃	5	00	500cc	
	抗豬丹毒血清	〃	5	00	500cc	
	抗炭疽血清	〃	5	00	500cc	
			1			
菌液類	牛瘟臟器苗	300cc	2	50	100cc	
	豬肺疫菌苗	〃	1	00	100cc	
	黄牛出血性敗血症菌苗	〃	1	00	100cc	
	炭疽芽胞苗	100cc		40	10cc	
	豬丹毒菌液	〃		40	10cc	
	兔化牛瘟疫苗	每100劑量	1	70		

1. 血清菌苗價目中未列包裝費，除照本廠付款交貨辦法付款外，仍須於交貨時照價目加付十分之一包裝費。
2. 請向本廠取貨者則免收包裝費，但本廠不負包裝之責。
3. 顧客購買各貨於交付或寄出後概不作退。
4. 已經顧客啟封後之血清菌苗，顧客必須購買，否則照價賠償。
5. 上項委託代製藥品交款時依照上列食米數，是以成都中熟米當日市價（以商業銀行列價格）折合收款。

农林部华西兽疫防治处、四川省农业改进所合组兽疫血清制造厂就委托该厂代制各种血清菌苗价格表致璧山农业推广所的函
（附委托代制血清菌苗价格表） 9-1-157（126）（127）

顾治华为农改所第三辅导区派员前来河边乡注射猪牛防疫针苗一事的签呈　9-1-157（140）

60

签呈　卅八年六月廿八日于第三办事处

查本月廿四日农改所第三辅导区派员前来河边乡注射猪牛防疫针苗，职当即会同乡农会常务理事顾贤宇一道，邀约各组长转知会员登记注射，计登记会员卅五人，注射有牛九头、猪七十二条。又注射经过及结果情形尚属良好。理合具文签请

鉴核备查，指令祗遵！

谨呈

顾治华为农改所第三辅导区派员前来河边乡注射猪牛防疫针苗一事的签呈　9-1-157（141）

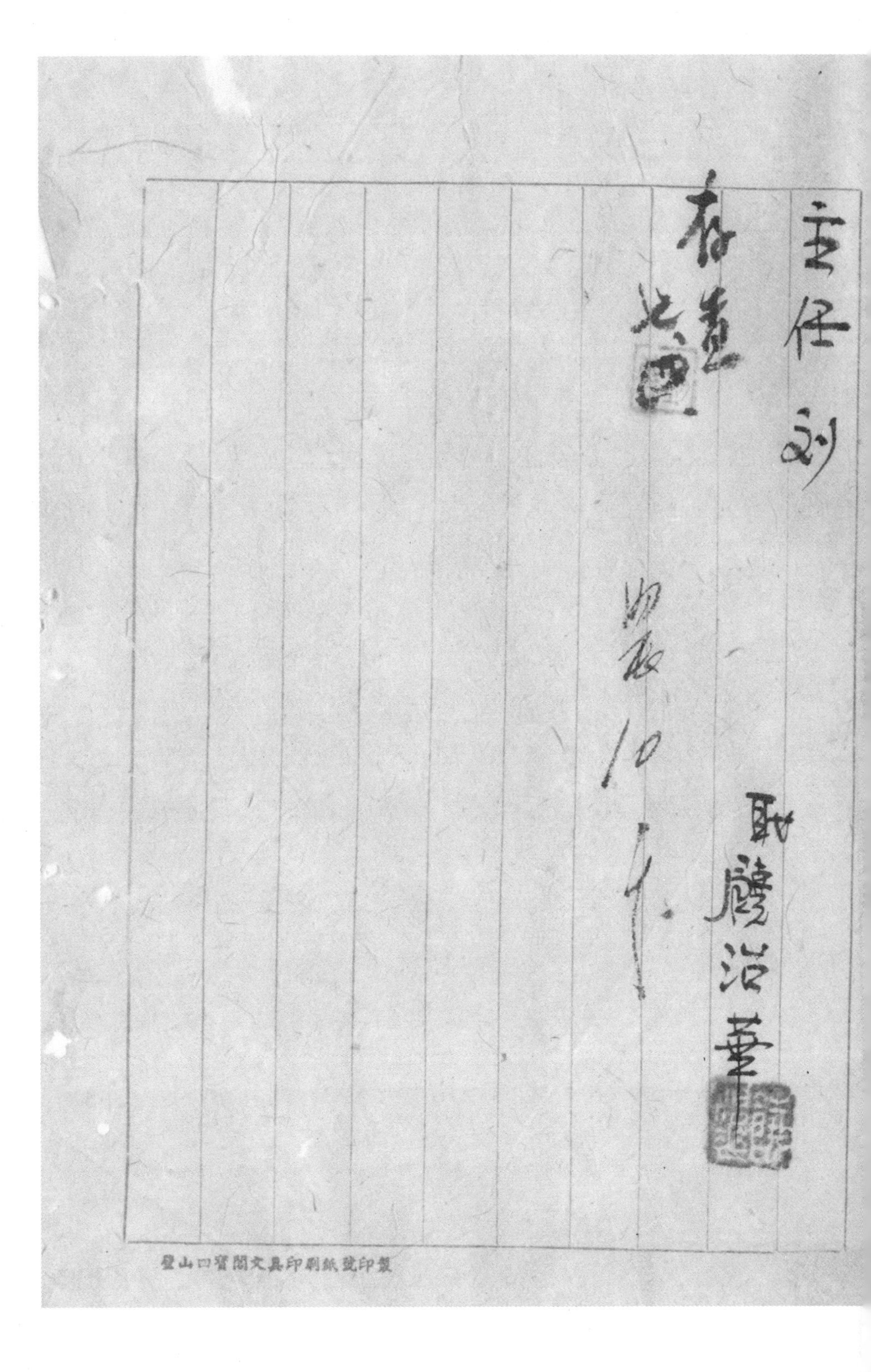

主任刘

职顾治华

璧山四寳閣文具印刷紙號印製

璧山县政府为农林部华西兽疫防治处来璧山防治牛疫一事的训令　9-1-157（132）

璧山縣縣政府訓令　卅建三 197

民國三十八年七月四日

事由：為農林部華西獸疫防治處來璧防治牛疫仰即切取連繫并協助由

令農推所

茲查農林部華西獸疫防治處楊興業率獸醫七人攜帶大批血清疫苗來璧防治牛疫，現住璧中校女生部，不日即赴各鄉工作，仰即切取連繫，以便推進工作，多予協助為要！

此令

縣長

璧山县政府为准兽疫防治督导团函请协助牛瘟防治工作转饬相关书表的训令（附：璧山县各乡注射牛瘟疫苗工作日程表、兽疫防治统计册） 9-1-157（133）

璧山縣政府訓令 卅八建二字第　　號
三十八年七月十　日

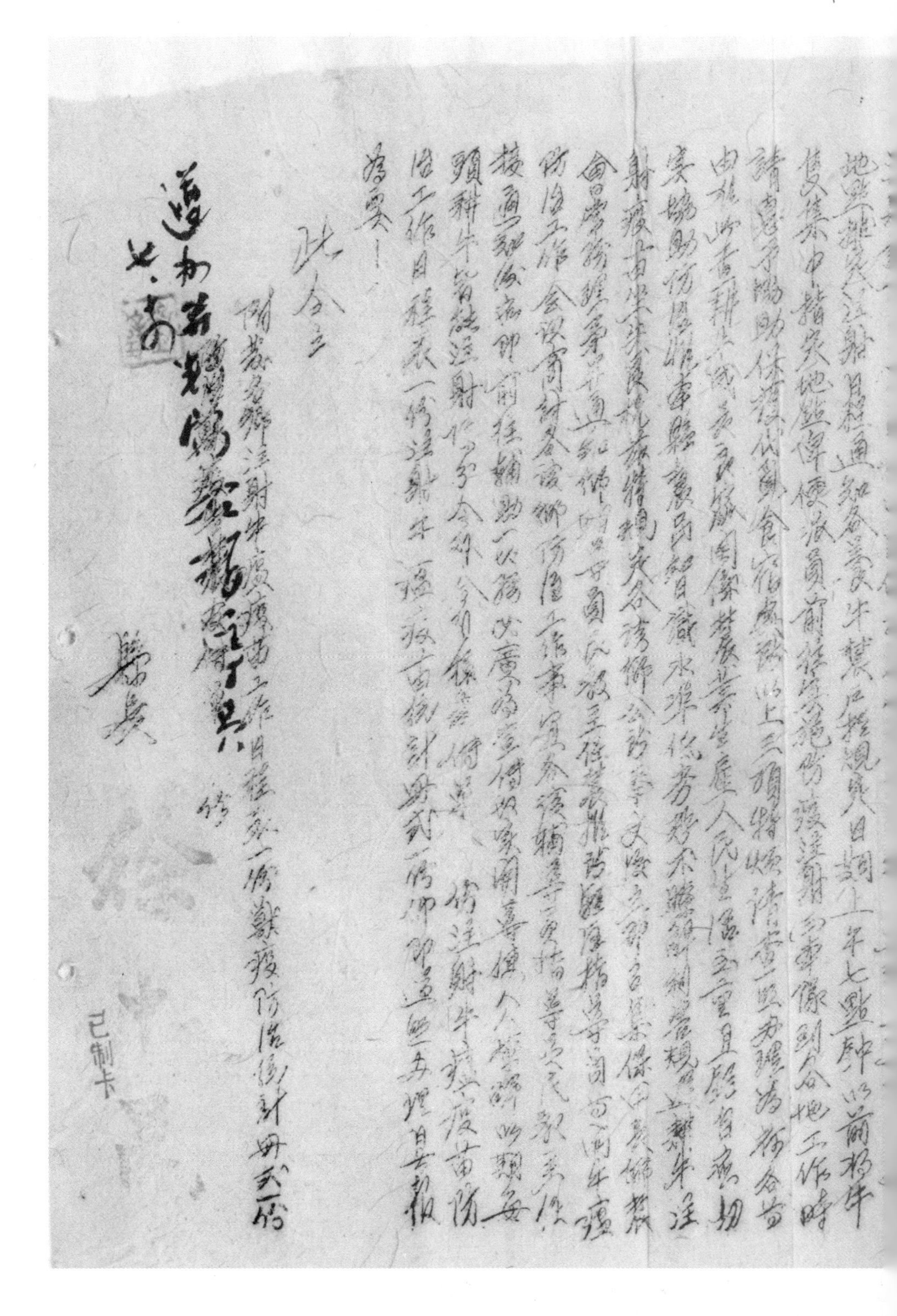

璧山县政府为准兽疫防治督导团函请协助牛瘟防治工作转饬相关书表的训令（附：璧山县各乡注射牛瘟疫苗工作日程表、兽疫防治统计册）　9-1-157（134）

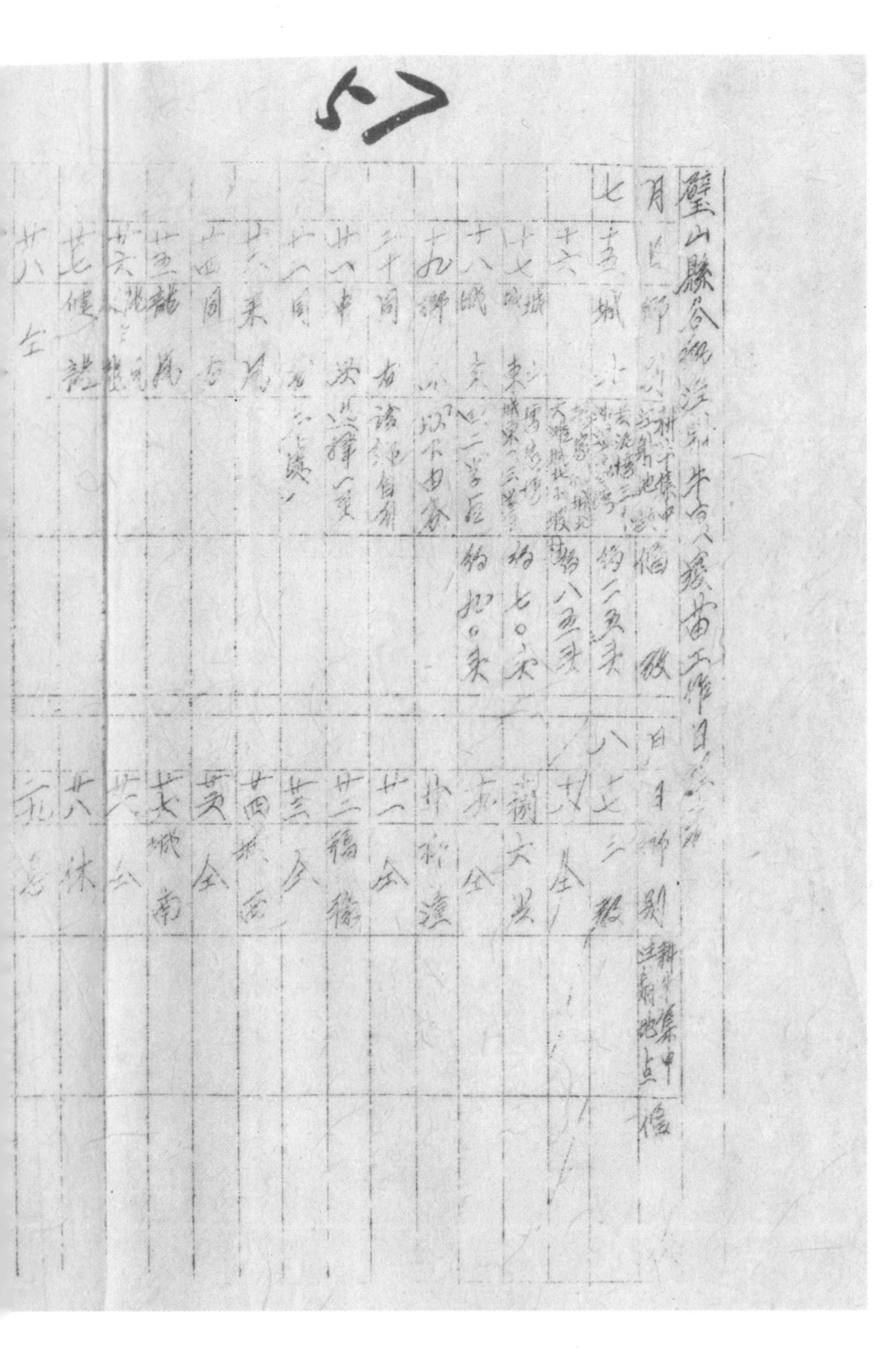

璧山縣各鄉注射牛瘟疫苗工作日程表

月 日	鄉別	耕牛集中地點	備攷	月 日	鄉別	耕牛集中地點	備攷

璧山县政府为准兽疫防治督导团函请协助牛瘟防治工作转饬相关书表的训令（附：璧山县各乡注射牛瘟疫苗工作日程表、兽疫防治统计册） 9-1-157（135）

璧山县政府为准兽疫防治督导团函请协助牛瘟防治工作转饬相关书表的训令（附：璧山县各乡注射牛瘟疫苗工作日程表、兽疫防治统计册）　9-1-157（136）

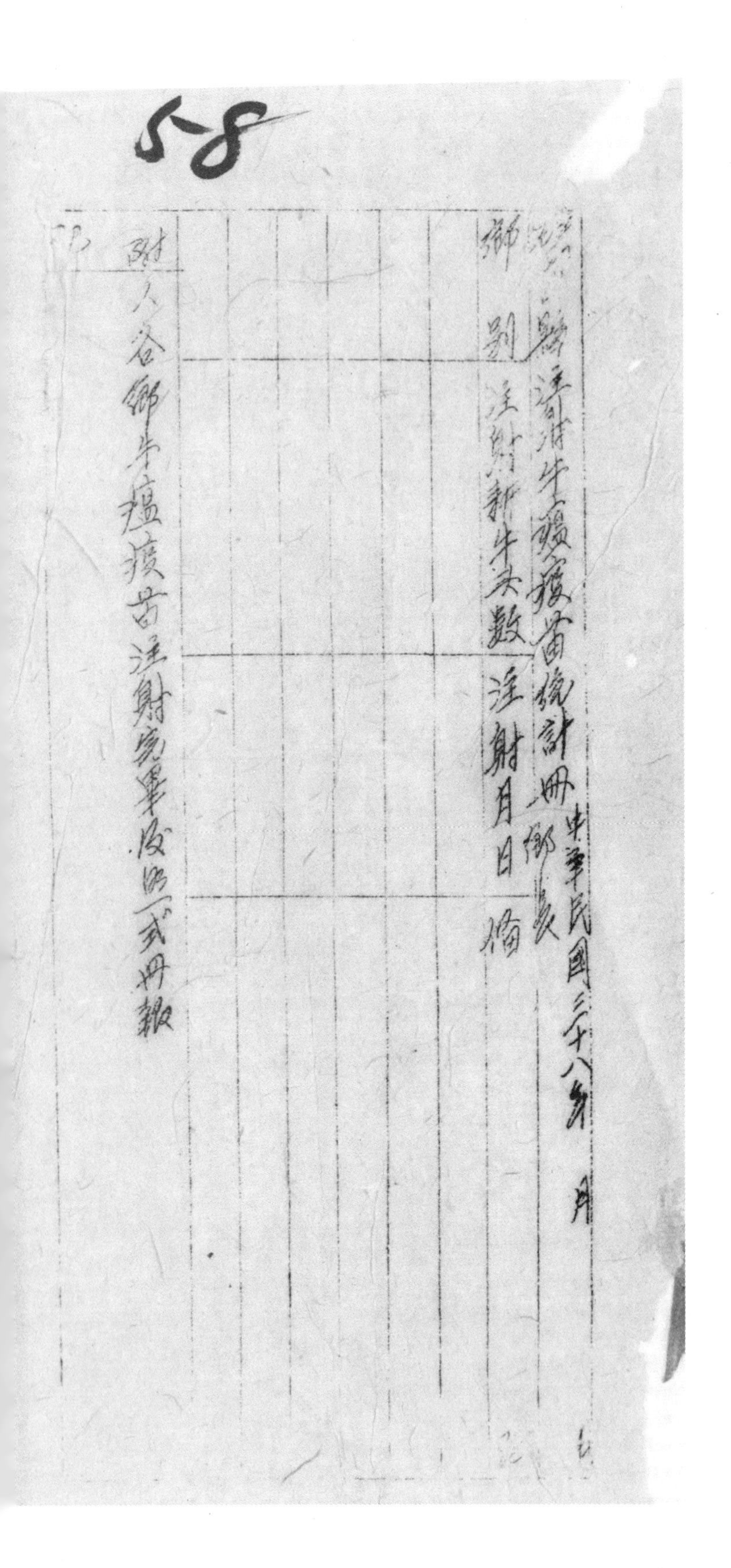
58

璧山縣注射牛瘟疫苗統計冊　　鄉長　　中華民國三十八年　月　日

鄉別	注射新牛头數	注射月日	備考

附：各鄉牛瘟疫苗注射完畢後照式冊報

璧山县政府为准兽疫防治督导团函请协助牛瘟防治工作转饬相关书表的训令（附：璧山县各乡注射牛瘟疫苗工作日程表、兽疫防治统计册）　9-1-157（137）

璧山县政府为重行提示防治牛瘟工作日程并检发布告的训令 9-1-157（130）

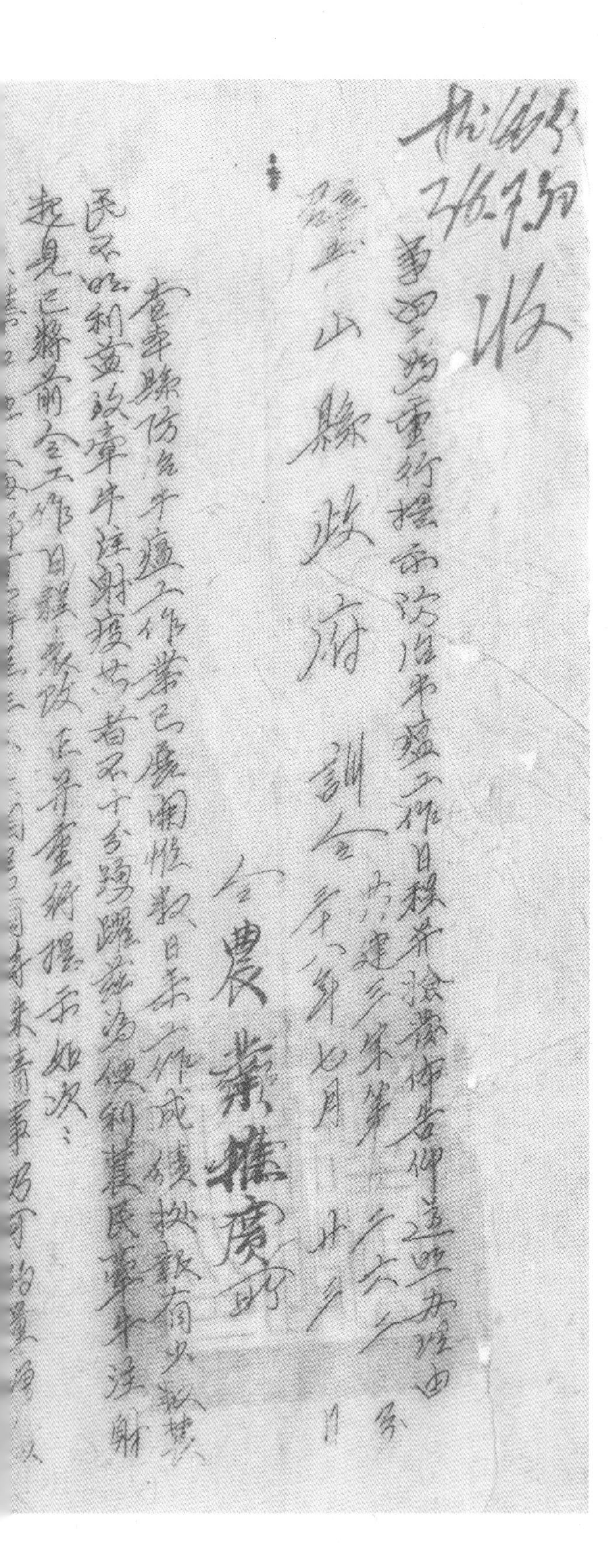

事由：為重行提示防治牛瘟工作日程并檢發佈告仰遵照辦理由

璧山縣政府訓令 三十八年七月 日 建三字第二六二 號

令農業推廣所

查本縣防治牛瘟工作業已展開，惟數日來工作成績殊微，推究原因，少數農民不明利益，致牽牛注射疫苗者不十分踴躍。茲為便利農民牽牛注射起見，已將前定工作日程表改正，并重行提示如次：

[illegible]

璧山县政府为重行提示防治牛瘟工作日程并检发布告的训令　9-1-157（131）

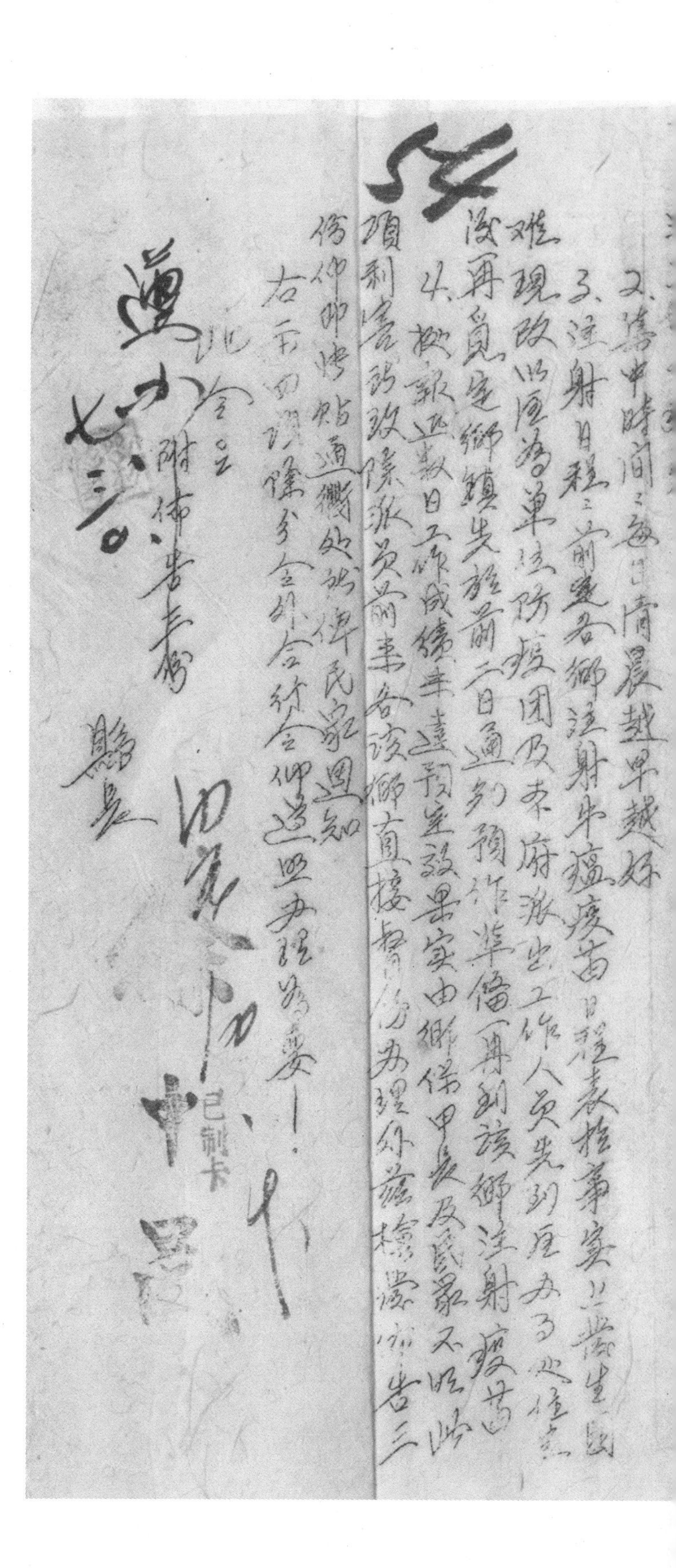

又、集中時間：每日清晨趁早趁好

3、注射日程：前發各鄉注射牛瘟疫苗日程表推算實以[illegible]生困

難，現改以區為單位防疫团及本府派出工作人员先到區公所召集[illegible]

後再員送鄉鎮先經前二日通知預作準備，再到該鄉注射疫苗

4、撥款以數日工作成績未達預定效果，實由鄉保甲長及民衆不照此

項制度所致，除派员前來各該鄉直接督促办理外，並檢發布告三

份，仰即將貼通衢，俾民眾周遍知

右令四區區署全体合行令仰遵照办理為要！

此令　附布告三份

縣長　田[illegible]

已制卡

遵办　七、三、

璧山县政府为检附注射猪瘟防疫针工作实施办法等文件令切实协助工作的训令（附注射猪瘟防治针工作实施办法） 9-1-157（121）

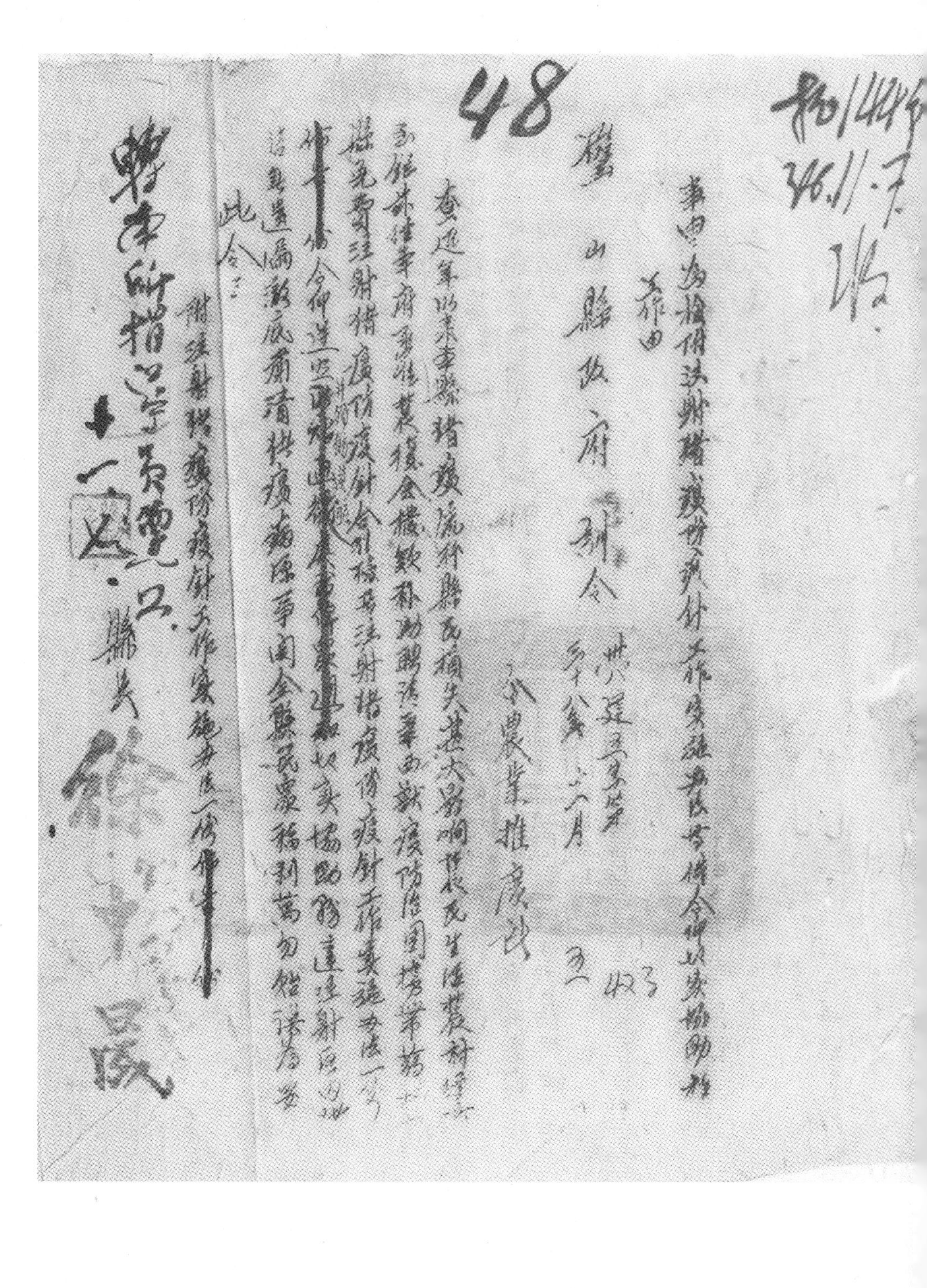

48

事由：为检附注射猪瘟防疫针工作实施办法等件令仰切实协助推行由

璧山县政府训令 卅八建三字第 [illegible] 号

三十八年六月 日

令农业推广所

查近年以来本县猪瘟流行，县民损失甚大，影响农民生活、农村经济至钜，兹经本府会同县农会、农业推广所[illegible]华西兽疫防治团携带药品来县免费注射猪瘟防疫针，合行检发注射猪瘟防疫针工作实施办法一份，令仰[illegible]切实协助，务达注射目的，以[illegible]普遍[illegible]肃清猪瘟病源，事关全县民众福利，万勿[illegible]为要。

此令。

附注射猪瘟防疫针工作实施办法一份

县长 徐[illegible]

璧山县三十八年度注射猪瘟防疫针工作实施办法

一、本县注射猪瘟防疫针纯为民众谋福利，不收取任何费用。注射次序以去年度注射牛瘟防疫针成绩之优劣而决定先后。各户猪只一经注射防疫针后若生病，应即报请诊治，若经九日内发生死亡，当即照当时市价赔偿，但生病后故意不报请诊治而致死亡者，不予赔偿。

二、本府指导员及农村指导员接到防疫团工作人员到区工作通知时，应即会同指导往区内各乡镇指导乡镇长、辅导员、农会常务理事，召集各级学校校长、民教主任、保长、农会组长等开联席会议商讨有关宣传等具体实施办法。

三、乡公所、保办公处、甲长、乡村农会及各组长应派员一人偕同工作人员将各该乡保甲区内各民众之猪只不分大小全部注射完毕后始得离开工作人员。

四、协助工作人员若指导有方成绩优良者，由本府[illegible]即予奖励；协助工作人员若有玩忽民众福利推诿不力者，由本府分别惩处。

璧山县政府为检附注射猪瘟防疫针工作实施办法等文件令切实协助工作的训令（附注射猪瘟防治针工作实施办法） 9-1-157（122）

璧山县政府为检附注射猪瘟防疫针工作实施办法等文件令切实协助工作的训令（附注射猪瘟防治针工作实施办法） 9-1-157（120）

璧山农业推广所训令

璧农 字第 号

中华民国卅八年十一月九日

为遵令检发注射猪瘟防疫针工作实施办法一份令仰遵照协助由

案奉

璧山县政府卅八年十一月 日建字第 号训令

开：「[illegible]」等因奉此，除分令外

合行检发注射猪瘟防疫针工作实施办法一份，令仰遵照切实协助为要。

此令

所长 刘[illegible]

璧山县河边乡农会、璧山县农业推广所第三中心推广区、璧山县政府、中国农民银行青木关办事处为猪牛贷款事宜的相关公文
9-1-183（67）

璧山縣河邊鄉農會呈　農貸字第2號

事由　為呈報本會收回豬牛貸款數量及情形報祈鑒核備查由

附　備用　1件

民國卅一年十月二十日

案奉

鈞所技農字第三二四號訓令內開：

「查本縣河邊鄉獅子鄉于卅年十月辦理豬牛繁殖貸款迄今已屆週年依章養豬貸款本利即應歸數還清養牛貸款本利原分兩年攤還藉為便利結算本利又以養牛貸款為數甚少即應一次還清為原則以便結束過去之貸款而利本年繼續辦理貸款仰即轉飭各貸款會員保守良好信用遵守規定辦法如期歸還清楚凡逾期歸還者除加重利息一倍外並予以相當處分事關貸款信譽切勿得忽視除分令外仰即知照為要此令」

璧山县河边乡农会、璧山县农业推广所第三中心推广区、璧山县政府、中国农民银行青木关办事处为猪牛贷款事宜的相关公文
9-1-183（68）

等因，奉此，即遵令召集組監理聯席會議，除轉飭各該組負責人員外，並分別發出嚴令通知各借款農民，頗為踴躍歸還，業已于十月十六日彙集繳庫，完清手續，計所繳庫之本利和是二九六八八·三九元，而農會所盈餘者計一〇〇六·六九元，理合具呈，敬祈

鈞所鑒核示遵！

謹呈

主任倪

附呈貸款歸還清冊一份。

璧山縣河邊鄉農會常務理事 胡濟青

常務監事 賀燦崖

存查 十七

璧山縣河邊鄉農會豬牛貸款送還清册 三十八年十月份

璧山县河边乡农会、璧山县农业推广所第三中心推广区、璧山县政府、中国农民银行青木关办事处为猪牛贷款事宜的相关公文
9-1-183（69）

59

壁山縣河邊鄉農會豬牛貸款還還清册

姓名	貸款金額	貸款日期	應該利率	本利合計	猪牛類別	備考
范長典	25	10/4/31	1.8元	26.8元	豬款	
劉東海	50	〃	3.6元	53.6元	〃	
胡孟修	90	〃	6.48元	96.48元	〃	
楊維新	90	〃	6.48元	96.48元	〃	
楊靖世	60	〃	4.32元	64.32元	〃	
胡紹徒	75	〃	5.4元	80.4元	〃	
鄧木青	75	〃	5.4元	80.4元	〃	
雷澤沛	75	〃	5.4元	80.4元	〃	

璧山县河边乡农会、璧山县农业推广所第三中心推广区、璧山县政府、中国农民银行青木关办事处为猪牛贷款事宜的相关公文
9-1-183（70）

璧山县河边乡农会、璧山县农业推广所第三中心推广区、璧山县政府、中国农民银行青木关办事处为猪牛贷款事宜的相关公文
9-1-183（71）

張正才	75		5.4元	80.4元	〃
盧炳臣	60		4.32元	64.32元	〃
戴炳文	40		2.88元	42.88元	〃
戴海東	75	〃	5.4元	80.4元	〃
鍾清雲	60	〃	4.32元	64.32元	〃
胡洪春	90	〃	6.48元	96.48元	〃
朱銀清	75	〃	5.4元	80.4元	〃
徐義馀	60	〃	4.32元	64.32元	〃
陳海雲	90	〃	6.48元	96.48元	〃
雷臣之	90	10/4/37	6.48元	96.48元	〃

60

Name	Amount	Date	Column 4	Column 5	Purpose
吴敬之	200	〃	144元	2144元	〃
胡仲钊	600	30/10/10	864元	6864元	牛款
范合清	400	〃	576元	4576元	〃
范紹臣	500	〃	72元	572元	〃
胡威侯	600	〃	864元	6864元	〃
范長清	300	〃	432元	3432元	〃
賀成全	500	〃	72元	572元	〃
周澤之	500	〃	72元	592元	〃
范錫章	500	〃	72元	572元	〃
龔巡軒	500	〃	72元	592元	〃

璧山县河边乡农会、璧山县农业推广所第三中心推广区、璧山县政府、中国农民银行青木关办事处为猪牛贷款事宜的相关公文
9-1-183（72）

羅懷洲	600	10/10/30	86.4元	686.4元	〃
[illegible]述白	500	〃	72元	572元	〃
义雲清	600	〃	86.4元	686.4元	〃
胡崇青	600	〃	86.4元	686.4元	〃
胡德純	600	〃	86.4元	686.4元	〃
刘绍清	600	〃	86.4元	686.4元	〃
刘倬元	90	〃	12.96元	102.96元	〃
周國富	600	〃	86.4元	686.4元	〃
刘華光	600	〃	86.4元	686.4元	〃
陈壽安	600	〃	86.4元	686.4元	〃

璧山县河边乡农会、璧山县农业推广所第三中心推广区、璧山县政府、中国农民银行青木关办事处为猪牛贷款事宜的相关公文
9-1-183（73）

61

楊雲林	600	〃	86.4元	686.4元	〃
雷在相	600	〃	86.4元	686.4元	〃
劉卓臣	800	〃	115.2元	915.2元	〃
周雲靖	600	〃	86.4元	686.4元	〃
錢述光	600	〃	86.4元	686.4元	〃
羅玉合	600	〃	86.4元	686.4元	〃
羅長清	800	〃	115.2元	915.2元	〃
徐懷靖	900	〃	129.6元	1029.6元	〃
申德臣	700	〃	100.8元	800.8元	〃
鄧金城	700	〃	100.8元	800.8元	〃

璧山县河边乡农会、璧山县农业推广所第三中心推广区、璧山县政府、中国农民银行青木关办事处为猪牛贷款事宜的相关公文
9-1-183（74）

璧山县河边乡农会、璧山县农业推广所第三中心推广区、璧山县政府、中国农民银行青木关办事处为猪牛贷款事宜的相关公文
9-1-183（75）

邓金林	800	10/10/30	115.2元	915.2元	半数
柴海洲	700	〃	100.8元	800.8元	〃
吴遠法	800	〃	115.2元	915.2元	〃
徐永合	700	〃	100.8元	800.8元	〃
張炳輝	400	〃	50.4元	450.4元	〃
胡鉴城	300	〃	86.4元	386.4元	〃
楊保全	300	〃	86.4元	386.4元	〃
戴合三	400	〃	50.4元	450.4元	〃
楊銀洲	400	〃	50.4元	450.4元	〃
刘银三	300	〃	86.4元	386.4元	〃

62

姓名						备注
張远臣	700	〃	86.4元	686.4元	〃	
吴子含	400	〃	50.4元	450.4元	〃	
廖雲清	500	〃	54元	554元	〃	此款買牛已死呈报農所在案以九璧農卅四字第
吴清昌	700	〃	86.4元	686.4元	〃	
合計	2705元		3344.3元	3079.8元		

璧山县河边乡农会、璧山县农业推广所第三中心推广区、璧山县政府、中国农民银行青木关办事处为猪牛贷款事宜的相关公文

9-1-183（76）

璧山县河边乡农会、璧山县农业推广所第三中心推广区、璧山县政府、中国农民银行青木关办事处为猪牛贷款事宜的相关公文
9-1-183（65）

十一廿四 收

呈縣府

璧山縣農業推廣所第三中心推廣區呈　區字第159號

事由：為呈報本處輔導河邊鄉牲畜猪牛貸款數量及情形敬祈鑒核備查示遵由　附　民國卅一年十一月廿一

案奉

鈞所技二字三二四號訓令内開：

「查本縣河邊鄉獅子鄉于卅年十月辦理猪牛繁殖貸款迄今已屆週年依章養猪貸款本利即應掃數還清養牛貸款本利原分兩年攤還兹為便利結算本利又以養牛貸款為數甚少即應一次還清為原則以便結束過去之貸款而利本年繼續辦理貸款仰即轉飭各貸款會員保守良好信用遵守規定辦法如期歸還清楚凡逾期歸還者除加重利息一倍外并予以押繳處分事關貸款信譽切勿忽視除分令外仰即知照為要此令」

等因，奉此，即遵令召集組理監聯席會議除轉飭各該組負責人員外并分别發出嚴令通知

璧山县河边乡农会、璧山县农业推广所第三中心推广区、璧山县政府、中国农民银行青木关办事处为猪牛贷款事宜的相关公文

9-1-183（66）

璧山縣農業推廣所

事由

字第　號

附

民國　年　月　日

各借款農民頗為踴躍歸還業已於十月十六日彙集繳庫先清手續計所繳庫之本利和是六九六八八三元兩農會所盈餘者計一〇〇六六九理合具呈敬祈

鈞所鑒核示遵！

謹呈

主任姚

附呈貸款歸還清册八份。

璧山縣農業推廣所第三辦事處主持指導員劉安

璧山县河边乡农会、璧山县农业推广所第三中心推广区、璧山县政府、中国农民银行青木关办事处为猪牛贷款事宜的相关公文
9-1-183（77）

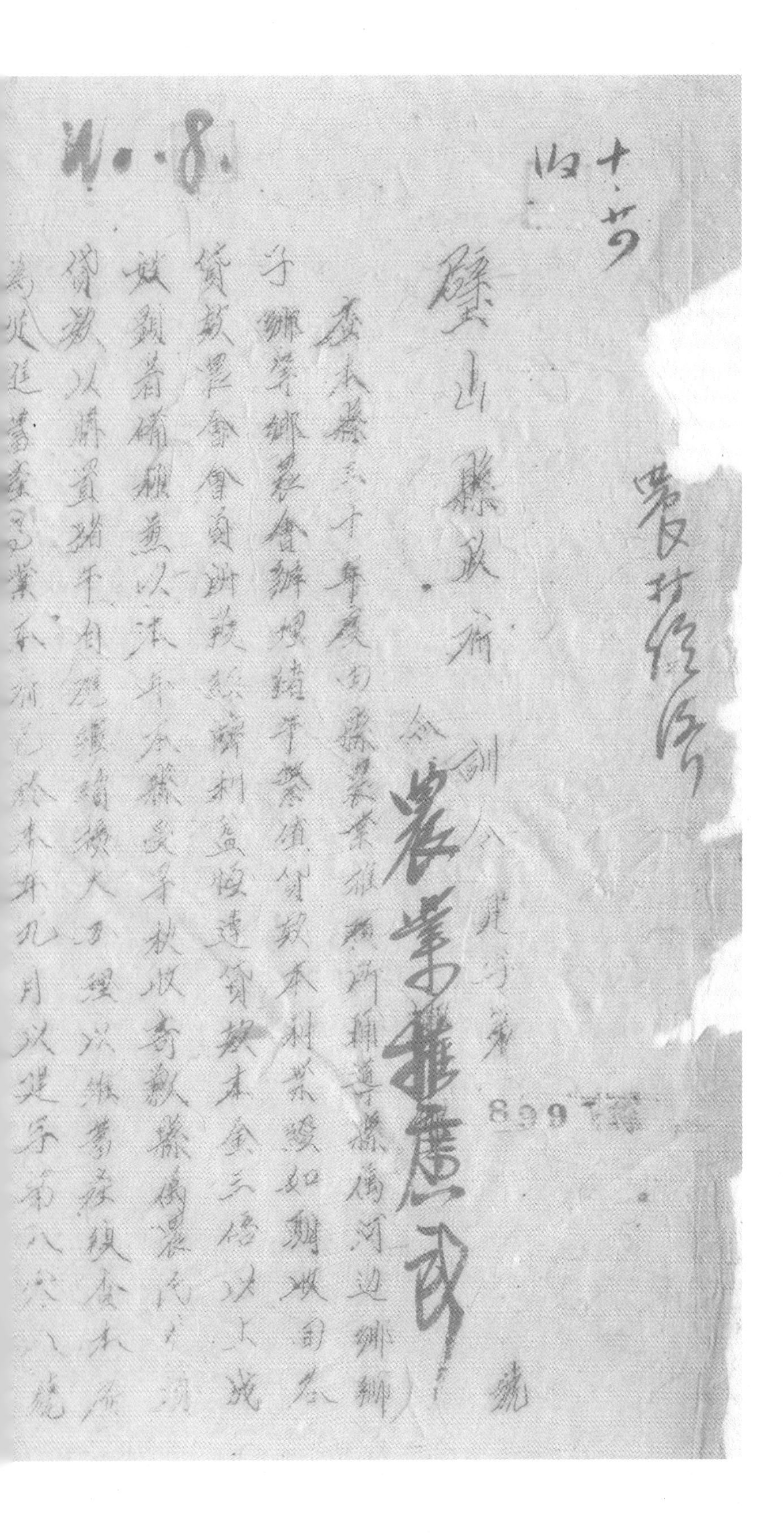

農村經濟
十、廿 收

璧山縣政府 訓令 建字第 號

令本縣三十年度劃為農業推廣所輔導縣屬河邊鄉鄉
公所、鄉農會辦理豬牛貸款本利業經如期收回否
貸款農會會員所獲經濟利益超過貸款本金三倍以上成
效顯著，確屬並以本年本縣農民秋收奇歉，縣屬農民大須
貸款以購置豬牛，自應繼續擴大辦理，以維農民生產。本府
為發展農業，茲於本年九月以建字第八六八號

璧山县河边乡农会、璧山县农业推广所第三中心推广区、璧山县政府、中国农民银行青木关办事处为猪牛贷款事宜的相关公文
9-1-183（77）

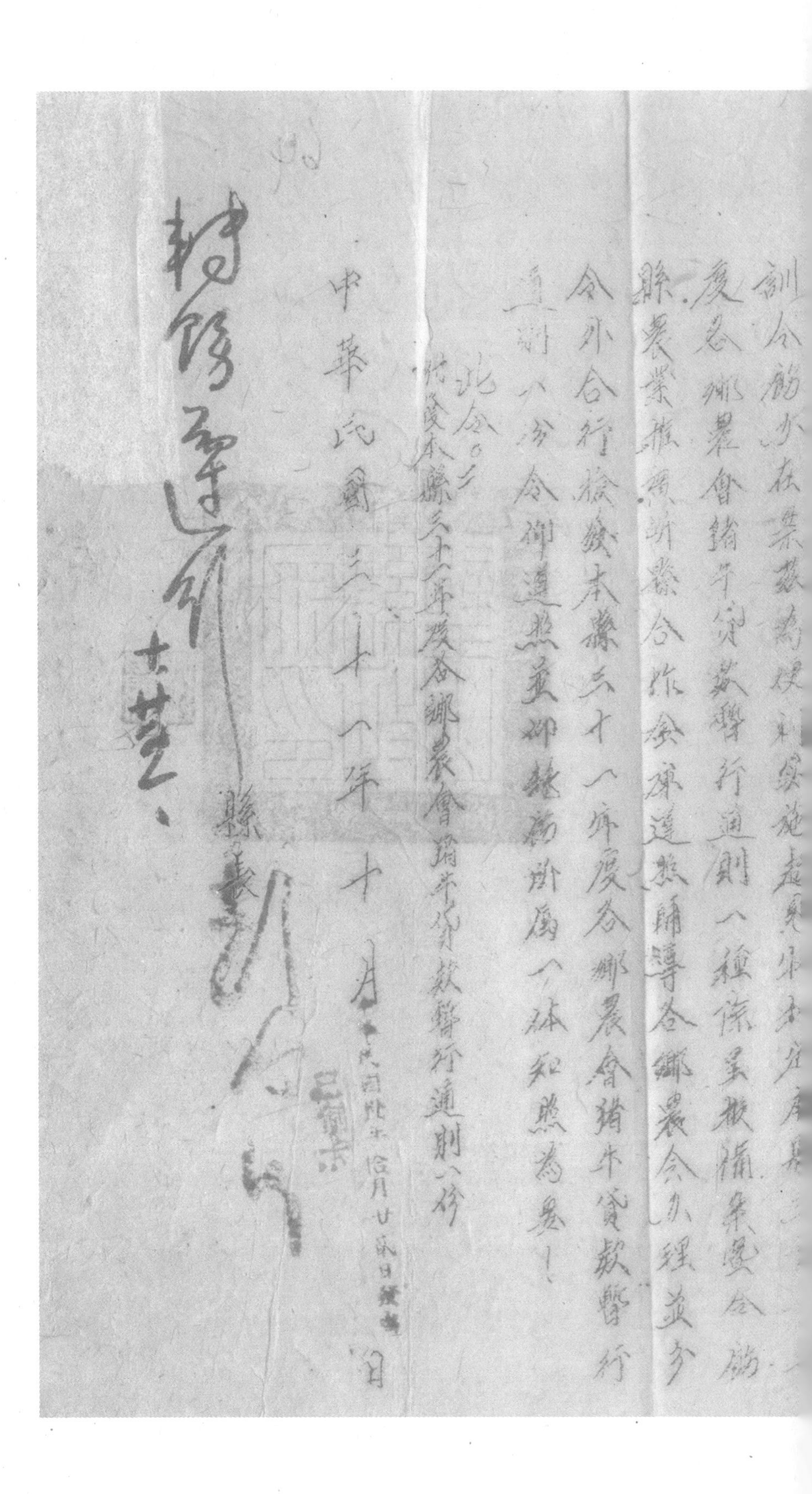

訓令飭办在案茲為便利實施起見
度各鄉農會豬牛貸款暫行通則一種隨令附發仰各鄉
縣農業推廣所暨合作金庫遵照輔導各鄉農會辦理並分
令外合行檢發本縣三十八年度各鄉農會豬牛貸款暫行
通則一份令仰遵照並即轉飭所屬一体知照為要！
此令。
附發本縣三十八年度各鄉農會豬牛貸款暫行通則一份
中華民國三十八年十月　日
縣長

璧山县河边乡农会、璧山县农业推广所第三中心推广区、璧山县政府、中国农民银行青木关办事处为猪牛贷款事宜的相关公文

9-1-183（63）

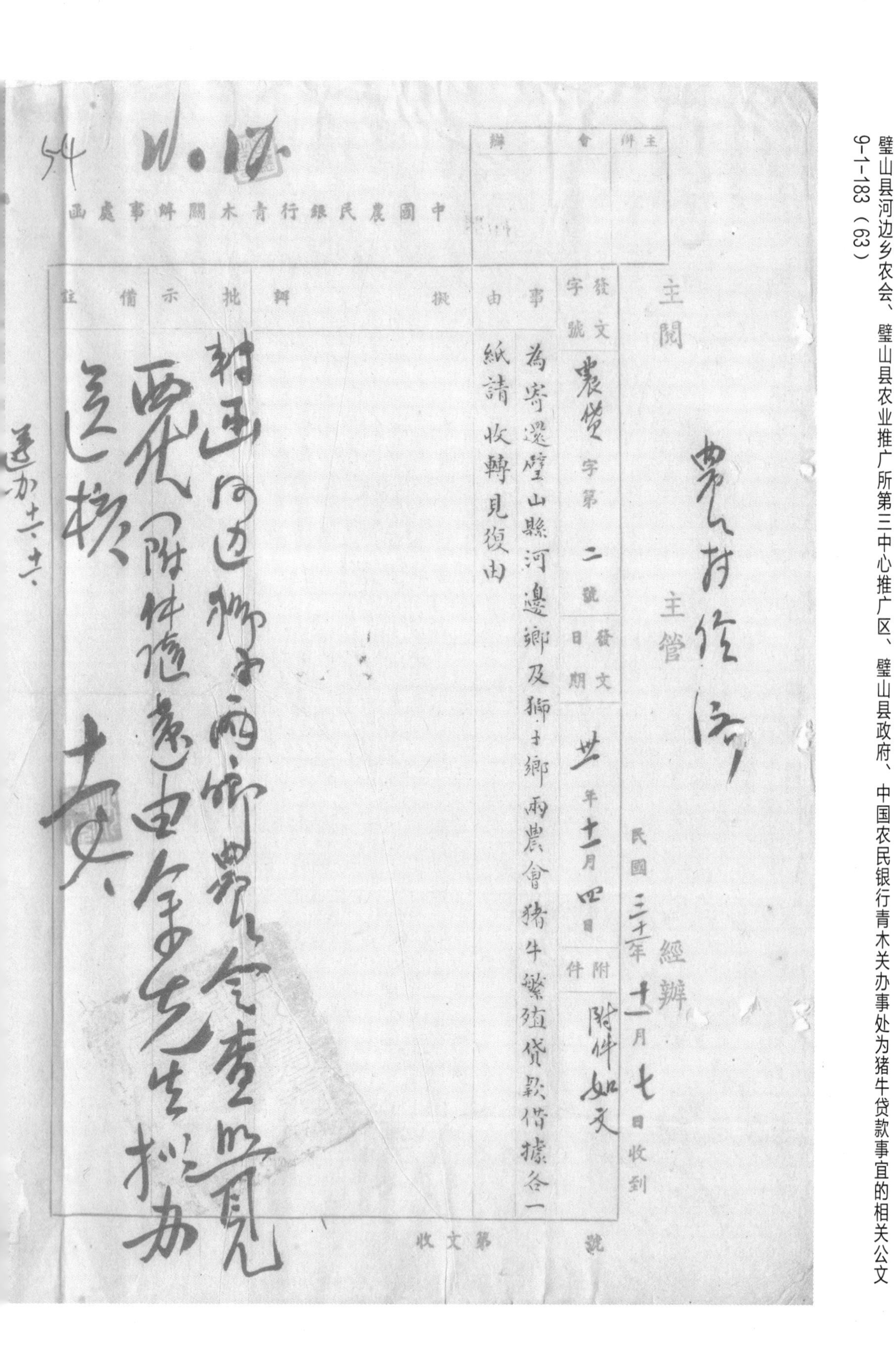

中國農民銀行青木關辦事處函

主辦	會辦

主閱

主管

經辦

民國三十年十二月七日收到

發文字號	農貸字第二號
發文日期	卅年十二月四日
附件	附件如文
事由	為寄還璧山縣河邊鄉及獅子鄉兩農會猪牛繁殖貸款借據各一紙請收轉見復由
擬辦	
批示	
備註	

收文第　　號

璧山县河边乡农会、璧山县农业推广所第三中心推广区、璧山县政府、中国农民银行青木关办事处为猪牛贷款事宜的相关公文
9-1-183（64）

逕啟者查敝行承貸璧山縣獅子鄉及河邊鄉兩農會豬牛繁殖
貸款曾於上年六月間與
貴所訂約協同辦理在案嗣於本年一月間應
貴所之請函託璧山縣合作金庫代理經收該項本息去後頃准該庫
十月二十日便函略以璧山縣河邊鄉及獅子鄉兩農會豬牛貸款共歸還
本金叁萬陸千肆百叁拾伍元利息叁千伍百貳拾肆元陸角貳分業經如
數收清檢附清单並開具全額叁萬玖千玖百貳拾玖元陸角貳分支票一
紙請察收並將該項借據寄還等由附件查上項本息數目經核尚
符除照收入帳外相應檢還河邊鄉貳萬捌千陸百陸拾元及獅子鄉
壹萬壹千叁百伍拾元借據各一紙函請
查收轉致並見復為荷此致
璧山縣農業推廣所

中國農民銀行青木關辦事處

华西实验区总办事处与家畜保育工作站为检送一九四九年三至八月各项开支情况的往来公文 9-1-194（140）

68

簽呈 三十八年八月二十九日

1. 本站三月至八月疫苗製造費旅費薪貼文具等費賬目報告表業經造就今檢同正式單據壹百零伍張一併送呈祈予核銷。

2. 本站辦公室培修費前經核准撥給銀元叁百元現已培修完工土木坭油漆玻璃等工料共計支出叁百零八元伍角六分並已驗收啟用謹將賬目報告表及正附收據拾張送祈核銷。

3. 本站已於八月十五日遷入新培修之辦公室辦公原有工人不敷分配增添工人馮德一名亦已於八月十五日到差負辦公室清潔看守等責任特此呈請備查。

华西实验区总办事处与家畜保育工作站为检送一九四九年三至八月各项开支情况的往来公文　9-1-194（141）

理合签呈

主任孙

职程绍明谨呈

附1、三月至八月账目报告表一份单据一百零伍张

2、培修办公室账目报告表一份单据正附计十张

中華平民教育促進會
華西實驗區家畜保育工作站卅八年三月至八月賬目報告

卅八年八月十五 八月十五日.194

支付門

第一類 器材藥品購置

日期		物名	數量	單價	金（銀元）額		單據	備考
月	日				千百十元	角分		
5	22	試管（中）	50支	0.05	2	50	1	实験室用
〃	〃	〃 〃（大）	50支	0.07	3	50	1	〃
〃	〃	注射器（2c.c 中貨）	3具	0.70	2	10	1	〃
〃	〃	〃 〃 50c.c 中貨	3具	0.90	2	70	1	〃
〃	〃	〃 〃 100c.c 中貨	2具	1.00	2	00	1	〃
〃	〃	〃 〃 200c.c 中貨	2具	1.30	2	60	1	〃
〃	〃	解剖刀	2把	3.00	6	00	1	〃
〃	〃	乳鉢（磁）	2套	0.70	1	40	1	〃
〃	〃	吸管 1c.c	5枝	0.60	3	00	1	〃
〃	〃	〃 〃 2c.c	5枝	0.70	3	50	1	〃
〃	〃	〃 〃 5c.c	5枝	0.85	4	25	1	〃
〃	〃	〃 〃 10c.c	5枝	0.90	4	50	1	〃
〃	〃	直剪（洋貨）	2把	4.00	8	00	1	〃
〃	〃	鉗子（美貨）	1把	6.00	6	00	1	〃
〃	〃	鉗子（上海貨）	2把	0.50	1	00	1	〃
〃	〃	酒精燈	4只	0.30	1	20	1	〃

华西实验区总办事处与家畜保育工作站为检送一九四九年三至八月各项开支情况的往来公文 9-1-194（142）（143）

华西实验区总办事处与家畜保育工作站为检送一九四九年三至八月各项开支情况的往来公文　9-1-194（144）（145）

70

2:

月	日	品名	数量	单价		金额	号	备注
〃	〃	漏斗（玻璃）	2只	0.25		50	1	〃
〃	〃	天秤 100g.	1架	4.50		450	1	〃
〃	〃	酒精	4P.	0.10		40	1	〃
〃	〃	甘油	2P.	1.50		300	1	〃
〃	〃	碘片（Merck）	2oz	1.00		200	1	〃
〃	〃	碘酒	2P.	1.50		300	1	〃
〃	〃	石炭酸（外货）	1P.	4.80		480	1	〃
〃	〃	针头（外货）	1打	8.50		850	1	〃
〃	〃	生理食盐水	5瓶	0.90		450	1	〃
〃	〃	其他零星	1批	3.50		350	1	〃
〃	〃	过锰酸钾	4oz	0.20		80	1	〃
〃	〃	碘化钾（Merck）	4oz	0.20		80	1	〃
〃	〃	松节油	1P.	0.30		30	1	〃
〃	〃	棉花	1P.	0.40		40	1	〃
〃	〃	纱布	1P.	0.50		50	1	〃
〃	〃	保温壶	2只	2.00		400	1	〃
5	27	蒸馏水	10P.	0.15		150	2	〃
〃	〃	食盐	1P.	0.60		60	2	〃
〃	〃	二號[illegible]	1个	7.00		700	2	〃
〃	〃	消炎片（外货）	一管500	2.50		500	2	〃

华西实验区总办事处与家畜保育工作站为检送一九四九年三至八月各项开支情况的往来公文 9-1-194（146）（147）

71

3

5	27	[illegible]油（[illegible]）	1P.	1.50		1.50	2	〃
〃	〃	橡皮手套	1付	2.00		2.00	2	〃
〃	〃	[illegible]	1P.	0.50		.50	2	〃
〃	〃	试管 10cc.	10支	0.60		6.00	2	〃
〃	〃	〃 〃 50cc.	5支	0.85		4.25	2	〃
〃	〃	〃 〃 100cc.	5支	0.90		4.50	2	〃
〃	〃	注射器 20cc.	1支	4.00		4.00	2	〃
〃	〃	〃〃〃〃 5cc. 中号	3支	0.90		2.70	2	〃
〃	〃	〃〃〃〃 10cc. 中号	4支	1.00		4.00	2	〃
〃	〃	小剪刀 [illegible]	1把	2.50		2.50	2	〃
〃	〃	解剖刀 [illegible]	2把	1.20		2.40	2	〃
〃	〃	[illegible]	半打	7.00		7.00	2	〃
〃	〃	纱布	2P	0.50		1.00	2	〃
〃	〃	棉花	2P	0.40		80	2	〃
〃	〃	[illegible]	1P.	4.00		4.00	2	〃
〃	〃	鱼肝油精 500cc [illegible]	1瓶	5.00		5.00	2	〃
〃	〃	钳子 [illegible]	2把	2.00		4.00	2	〃
〃	〃	体温表	2支	2.00		4.00	2	〃
〃	〃	[illegible]	100个	0.03		3.00	2	〃
〃	〃	[illegible]	1P.	1.00		1.00	2	〃

华西实验区总办事处与家畜保育工作站为检送一九四九年三至八月各项开支情况的往来公文　9-1-194（148）（149）

〃	〃	樣人体秤	1只	2.20		2	20	2	〃
〃	〃	〃〃〃水	1只	0.45		※	45	2	(实计0.45)
6	11	水瓢 扁挑	2个 2根				35	3	猪场用
6	11	箩筐	2挑				35	4	〃
6	18	菜刀	1把				30	5	〃
6	20	竹床	1张			1	40	6	〃
6	22	油纸伞	1把				25	7	〃
6	24	竹床	2张			3	10	8	〃
6	27	锅子、刷把、 斗笠、竹器、				1	00	9	〃
6	27	铜壶	1把			2	50	10	〃
6	27	漆盘碗	各1付			1	30	11	〃
6	28	黄铜纱布	3尺	3.60		10	80	12	实验室用
6	28	注射器 10c.c.	1套	7.00		7	00	13	〃
6	28	D.D.T.粉	2P.	3.20		6	40	14	〃
6	28	D.D.T. pump	2只	4.00		8	00	14	〃
6	28	paraffin liq.	1P.	3.00		3	00	14	〃
6	28	Needles 盒	1doz	12.00		12	00	14	〃
6	28	瓶刷(小)	6个	0.10			60	14	〃
6	28	〃〃(大)	5个	0.30		1	50	14	〃
6	29	量筒 50c.c.	2个	0.60		1	20	15	〃

华西实验区总办事处与家畜保育工作站为检送一九四九年三至八月各项开支情况的往来公文 9-1-194（150）（151）

73

5.

6	29	量筒 200cc	2只	0.75		1	50	15	"
"	"	" " 500cc	1只			1	80	15	"
"	"	烧杯 100cc	2只	0.35			70	15	"
"	"	" " 500cc	2只	0.50		1	00	15	"
"	"	滤纸 #545 U.S.A	1包			5	00	15	"
"	"	玻棒	1只				50	15	"
"	"	三角烧瓶 500cc	2只	0.65		1	30	15	实计1.30元 "
"	"	三 " " " 250cc	5只	0.30		1	50	15	"
"	"	" " " " 125cc	5只	0.20		1	00	15	"
"	"	试管 硬质 15×150mm	20支	0.20		4	00	15	"
"	"	试管 硬质 8×150mm	20支	0.10		2	00	15	"
"	"	细口瓶 125cc 白色	10只	0.40		4	00	15	"
"	"	" " " 125cc 黄色	5只	0.85		4	25	15	"
"	"	Sodium Hydroxide (片子)	1P	2.00		2	00	15	"
"	"	Sodium Hydrochloric	1P			1	50	15	"
6	30	洋铁 镰刀	3只 2把				80	16	猪場用
7	1	铁锅	1只			2	20	17	"
7	1	炉桥	1个				70	18	"
7	1	火钳	1把				50	19	"
7	1	火柴	1包				50	20	"

月	日	物名	數量	單價	金額（元）		單據	備考
7	3	茶壺 缸缽	1扎 1个			40	21	"
7	5	材料 砌爐灶 工資			1	00	22	"
7	15	大水缸、茶壺力資			2	48	23	"
7	20	單人床	5间	4.50	22	50	24	"
7	24	" " "	5间	4.50	31	50	25	宿舍用
		茶棚床	1间	9.00				"
7	26	碗、匙 碟、[illegible]			4	50	26	"
7	26	茶壺 筷子、筐	2个		1	70	27	"
7	19	錘子	2个		1	60	28	猪場用
7	30	木盆	1个			40	29	
		圖記	2顆		1	80	30	
		合計			342	43		

第二類　文具

月	日	物名	數量	單價	金額（元）		單據	備考
6	2	十行紙	1刀			05	31	
6	6	鉛筆 200	1枝			04	32	
6	6	三用墨水 筆桿 筆尖 [illegible]	各1			27	33	
6	6	毛筆 墨	2枝 1定			25	34	
6	6	信箋 練習簿	3扎 2本					
6	4	十行紙 信封	1刀 1扎			13	35	
6	11	印泥 毛筆 複寫紙	2盒 5張 4枝		2	01	36	

华西实验区总办事处与家畜保育工作站为检送一九四九年三至八月各项开支情况的往来公文 9-1-194（154）（155）

7

6	12	[illegible]	1[illegible]			20	37	
6	24	信笺、十行本、[illegible]	各1扎、各1本			15	38	
6	25	墨、毛笔、砚、十行纸	各1件、1刀			36	39	
6	27	[illegible]				232	40	
6	30	票 扶	2[illegible]			31	41	
7	1	印 泥	1[illegible]			50	42	
7	5	信 封	24[illegible]			10	43	
7	9	十行纸、小楷笔、[illegible]	各1件			30	44	
7	14	[illegible]信封、[illegible]、十行纸、十行本	20、2[illegible]、3[illegible]、[illegible]			198	45	
7	17	[illegible]	10[illegible]			80	46	
7	19	墨、大头钉	2[illegible]、2[illegible]			130	47	
7	21	六[illegible]纸、[illegible]、十行纸				19	48	
7	22	墨、小楷笔、砚				65	49	
7	23	西式信封	1扎			10	50	
7	23	[illegible]、信笺	2[illegible]、10[illegible]			60	51	
7	24	信封、信笺	2、2扎			24	52	
7	26	[illegible]	各1[illegible]			50	53	
7	27	[illegible]纸、[illegible]本				15	54	
7	28	[illegible]	2[illegible]、10[illegible]			190	55	
7	18	[illegible]记[illegible]	1[illegible]			350	56	

华西实验区总办事处与家畜保育工作站为检送一九四九年三至八月各项开支情况的往来公文　9-1-194（156）（157）

月	日	摘要	數量		元	角分	單據	備考
7	29	大信封	1扎			25	57	
8	3	中行紙、大才紙、打字紙、公文紙、毛筆、墨[illegible]	[illegible]		5	00	58	
8	3	複寫紙、鉛筆、橡皮、膠紙			1	30	59	
8	3	米粉	1斤			15	60	
8	6	墨水	3瓶		2	10	61	
8	10	打字紙	32張			64	62	
8	10	〃〃〃	10張			27	63	
8	10	複寫紙	10張			60	64	
8	12	信封信箋 [illegible]				33	65	
8	14	信箋	1扎 1扎			08	66	
		合計			29	55		

第三類　郵電

日期 月	日	摘要	金（銀元）額 千百十元	角分	單據	備考
5至8		郵資	2	80	67	未附單據
7至8	19至13	〃　〃	7	14	68	附單據14張
		合計	9	94		

第四類　出差旅費

日期 月	日	摘要	金（銀元）額 千百十元	角分	單據	備考
3至3	25至30	旅宿食雜費	6	00	69	[illegible]
4至5	30至6	〃〃〃〃	5	30	70	〃〃〃〃 [illegible]（挑力錢已在內）

9.

77

月	日	摘要		金额（元）	角分	单据号	备考
5至5	20至28	旅食宿杂费		16	10	71	张绍明由北碚至[illegible]九日（[illegible]）
7	7	〃〃〃〃〃		4	94	72	王毓书由北碚至璧山[illegible]
8	12	〃〃〃〃〃		5	07	73	郭子[illegible]〃〃〃〃〃〃[illegible]
		合计		37	41		

第伍類　員工薪水津貼

員工姓名	摘要	金（銀元）額 千百十元	角分	單據號	備考
羅鑄金	參月份薪貼	2	00	74	（事前由孫吉員核准）因中畜所[illegible]正式[illegible]核准
伍柏青	〃〃〃〃〃	2	00	75	〃〃〃（事前經孫吉員核准）〃〃〃〃
張紹明	四月份津貼	12	00	76	因中畜所[illegible]（經孫吉員核准）
羅鑄金	〃〃〃薪貼	5	00	77	〃〃〃〃〃（〃〃〃〃）
伍柏青	〃〃〃〃〃	5	00	78	〃〃〃〃〃（經孫吉員核准）
趙定南	〃〃〃〃〃	5	00	79	〃〃〃〃〃（〃〃）
王瀛洲	〃〃〃〃〃	7	00	80	〃〃〃〃〃（〃〃）
	合計	38	00		

第六類　雜支（辦公）

月	日	摘要	數量	單價	金（銀元）額 百十元	角分	單據號	備考
5	1	菜油	3斤	0.07		21	31	實驗室用
6	2	洋油	半斤			30	82	實驗室用
6	8	石灰	半担			10	83	豬場用
6	11	菜油	5斤			35	84	〃

华西实验区总办事处与家畜保育工作站为检送一九四九年三至八月各项开支情况的往来公文　9-1-194（158）（159）

华西实验区总办事处与家畜保育工作站为检送一九四九年三至八月各项开支情况的往来公文 9-1-194（160）（161）

10

6	21	桌饭费				2	50	85	吴贾二人到[illegible]未用膳，同字陆一道
6	21	鬼（麸）子					06	86	资膳室用
6	22	饭费					58	87	吴贾二人到大[illegible]未用膳，同字陆一道
6	22	鸡蛋					35	88	……同字陆一道
6	23	席桌费				43	50	89	招待字陆先生吃，由新旧贾二人摊款[illegible]
6	23	纸烟				2	40	90	……
6	23	瓜子花生米					90	91	……
6	26	宿费				3	56	92	惠航同志[illegible]向[illegible]……
6	26	洋油	半斤				32	93	资膳室用
7	1	报费				1	50	94	大公报一份一月
7	1	火柴	7盒				08	95	资膳室用
7	2	茶水				1	00	96	待[illegible]中学二人。
7	7	洋油 麦线	3斤 1斤			2	00	97	计式无正
7	13	雨伞	1把				55	98	猪场用
7	17	洋烛	2枝				30	99	〃
7	18	菜油	4两				58	100	〃
7	23	电池	2只 4只				76	101	〃
7	28	[illegible] [illegible]				1	90	102	〃
7	30	皂肥	2块				14	103	〃
7	31	茶水					53	104	

华西实验区总办事处与家畜保育工作站为检送一九四九年三至八月各项开支情况的往来公文 9-1-194（162）（163）

8	9	運物費			1 70	105	運來10[illegible]10[illegible]
		合計			66	17	

總結

收入					支出			結存		備考
日期		摘要	金（銀元）額		項目	金（銀元）額		金（銀元）額		
月	日		千百十元	角分		千百十元	角分	千百十元	角分	
3	29	領浦園先生[illegible]員工生活維持費	21	00	藥品器材	342	43			
5	2	領浦園先生藥品材料費	100	00	文具	29	55			
5	5	領浦園先生[illegible]貼及旅費	30	00	郵電	9	94			
5	26	領浦園先生藥品器材用具	200	00	旅費	37	41			已[illegible]
6	29	[illegible]藥品器材300，雜支100	400	00	薪資津貼	38	00			由李[illegible]先生[illegible]共400元[illegible]費
					雜支	66	17			
		合計	751	00	合計	523	50	227	50	

製表：文廷山（印）

主任：穆[illegible]明（印）

华西实验区总办事处与家畜保育工作站为检送一九四九年三至八月各项开支情况的往来公文 9-1-194（139）

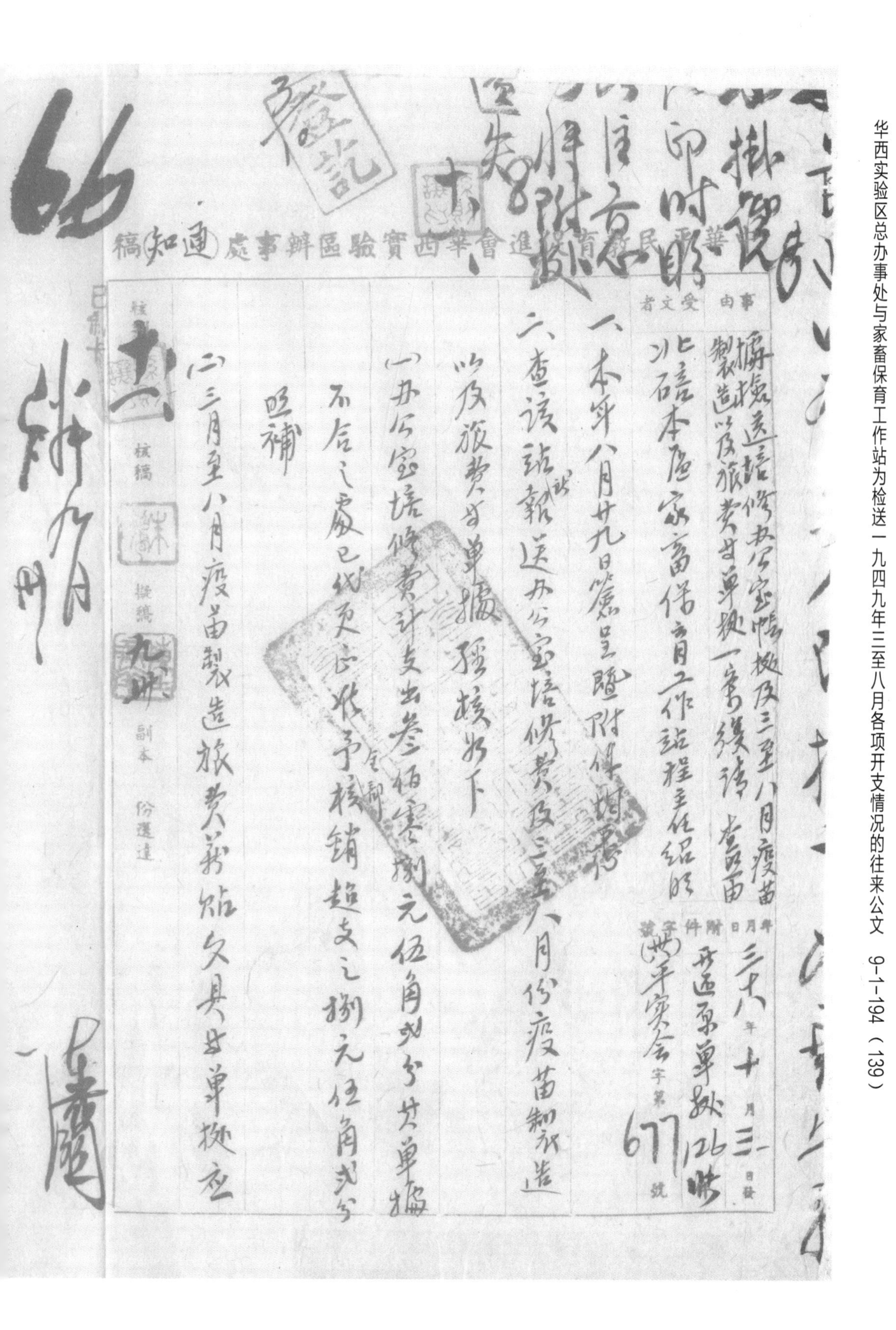

中華平民教育促進會華西實驗區辦事處（通知）稿

事由	據檢送修理辦公室帳據及三至八月疫苗製造以及旅費等單據一案請查照
受文者	北碚本區家畜保育工作站程主任紹明
年月日	三十八年十月三日發
附件	函送原單據126張
字號	（卅八）平實會字第677號

一、本年八月廿九日簽呈暨附件均悉。

二、查該站報送辦公室修繕費及三至八月份疫苗製造以及旅費等單據，經核如下：

（一）辦公室修繕費計支出叁佰零捌元伍角弍分，共單據不合之處已代更正，准予核銷，超支之捌元伍角弍分照補。

（二）三月至八月疫苗製造旅費薪給各項共單據應

66

中華平民教育促進會華西實驗區辦事處（ ）稿

事由

受文者

分别报销三月廿日至五月廿六日由顾主任润民处领之款三百五十一元与六月廿三日在本处领之肆佰元应分作两笔区核拟送核，兹送各拟混合一併無從審核，核发帐原单拟送还，希整理另报。

三、该区尚有设备费及七八九各月办公费以及饲料费计银元叁佰元仍希速送报销，续希查照为荷。

至候

孙

核判

核稿

擬稿

副本 份送達

月日附件字號

字第 號

年 月 日發 件

华西实验区总办事处与家畜保育工作站为检送一九四九年三至八月各项开支情况的往来公文 9-1-194（136）

64

事由：為本站三至八月各項開支將原據已分別填列送核與顧主任潤民報銷之賬目單據一併送請核轉由

明防字第〇〇三三號

民國三十八年十月二十五日發

中華平民教育促進會華西實驗區家畜保育工作站 呈

地址：北碚北泉馬路劉家院子

案奉

鈞處三十八年十月三日會字第六七七號通知兩項內第二項之二條為三至八月各項單據應分別報銷由顧主任潤民處所領之款與本處所領之款應分作兩筆檢據送核等因奉此遵照辦理茲檢原單據分別送核如下

一、由顧主任潤民處所領之三百五十一元茲將原單據分

华西实验区总办事处与家畜保育工作站为检送一九四九年三至八月各项开支情况的往来公文　9-1-194（137）

65

别按月填造送核報銷賬目表三月至六月止共計各項開支為三百五十元零九角九分單據計四十七份

二、由本處所領之四百元已按月分别填造送核報銷賬目表自六至八月十五日止各項開支共計一百七十二元四角二分單據計五十八份

以上兩項將原單據一併送請審核轉賬報銷以後各月辦公費及飼料費遵即按月分別送報

謹呈

主任孫

附呈原單據計一百五份共一二六張送核報銷賬表三至八月各式份

職　程紹明

准予轉帳

华西实验区总办事处与家畜保育工作站为检送一九四九年三至八月各项开支情况的往来公文 9-1-194（135）

63

中華平民教育促進會華西實驗區辦事處（通）（知）稿

事由：擬檢送三至八月份各項開支單據一案復請查照由

受文者：本區家畜保育工作站程主任紹明

一、十月二十五日明防字第三三号報告暨附件均悉。

二、查擬送在觀主任處所領之三百五十元及在本處所領之四百元各項開支單據，經核尚無不合，准予照數核銷，單據存案。

三、該站尚有未經核銷旅費，仍希速分別造報，亦即

查照辦理為盼。

主任 孫○○

年月日：卅八年十一月二日發

字號：世平實会字第○號

购猪代表薛觉民关于赴荣昌处理购猪问题呈华西实验区总办事处的报告（附：购买种猪母猪临时座谈会议记录） 9-1-211（94）

呈閱

報告 七月卅日

奉派赴榮昌處理購猪問題当於廿八日九時到达，廿九日召集購猪座談會，茲將處理情形報告如左：

一、據各區代表报告到各鄉場調查結果，售猪者不多，似以盤城、昌元鎮小猪較多，当决定購猪地点即以昌元鎮為主，暫不以去各鄉場搜購。

二、北碚在昌元鎮購猪最近，二場即可購足，当决定於北碚足額如即接續在

购猪代表薛党民关于赴荣昌处理购猪问题呈华西实验区总办事处的报告（附：购买种猪母猪临时座谈会议记录） 9-1-211（95）

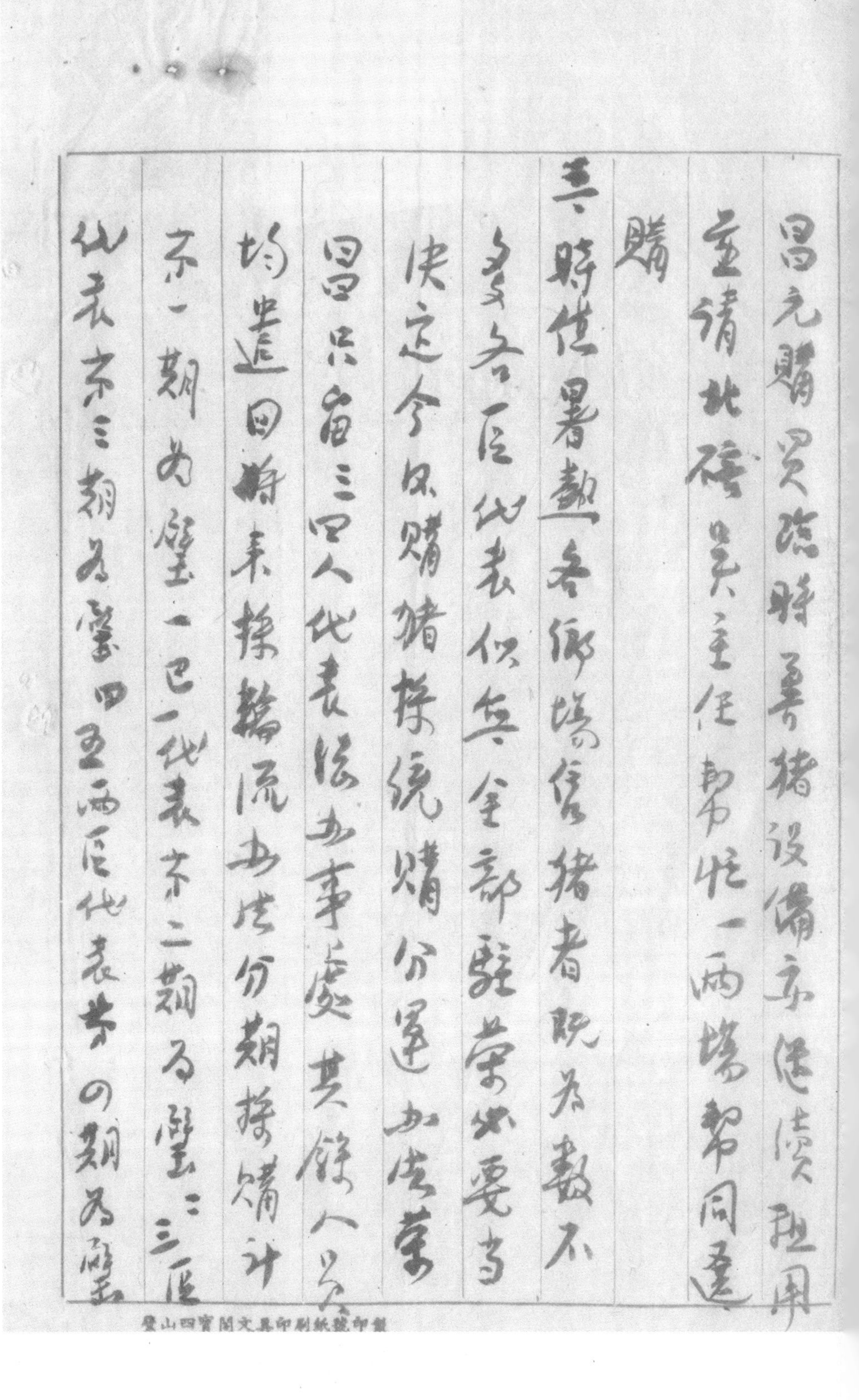
昌先購買臨時署猪設備亦隨[illegible]費用
並請北碚吳主任幫忙一兩場幫同選
購
五、臨時借署款各鄉場售猪者既為數不
多各區代表似無全部駐榮必要當
決定今以購猪採統購分選如荣
昌只留三四人代表住辦事處其餘人員
均遣回購來採購流水法分期採購計
第一期為璧一巴一代表第二期為璧二三區
代表第三期為璧四五兩區代表第四期為璧

三、巴二两区代表每期以购足三百头为原则

四、各区代表所领购猪价元及排汇、以荣昌价值不合，领路银元，当时亏失多数，需要当决定，璧山一区款当荣外，余均以常回给办事处分别缴会计室

五、猪瘟防疫注射问题：过来凤曾与彭队长议（将来应请其支用），决主张在来凤注射，但运猪多在夜间，诸感不便，似以在荣昌或璧山注射为宜，正由农业组会商办法中

六、运输问题：闻据本处说来尚未

购猪代表薛党民关于赴荣昌处理购猪问题呈华西实验区总办事处的报告（附：购买种猪母猪临时座谈会议记录） 9-1-211（97）

修理說借紙廠汽車只有一輛誠恐
夜間行車不便且在時間上能否隨時
借用亦須早為準備

謹呈

主任孫

附臨時座談會記錄

職 黨民謹呈

购猪代表薛觉民关于赴荣昌处理购猪问题呈华西实验区总办事处的报告（附：购买种猪母猪临时座谈会议记录） 9-1-211（82）

64

购买种猪母猪临时座谈会议纪录

时间 民卅八年七月廿九日上午六时

地点 荣昌县长发明旅社客厅

出席人

薛觉民 郎达夫 任德滋

王鍷 涂远文 韩秀全

唐毅华 陈宗骧 李绳武

周英全（老代） 杨觉吉（老代） 杨园芳（老代）

杨锡钦（老代） 唐鸣 王澜

杨永言

购猪代表薛觉民关于赴荣昌处理购猪问题呈华西实验区总办事处的报告（附：购买种猪母猪临时座谈会议记录） 9-1-211（83）

主席 薛觉民

纪录 雷鸣

主席报告：略

乡建学院代表报告：略

……最后提供两点意见：

1、请各代表报告到荣昌附近各乡场探察情形

2、商讨各区进行购买办法并请各区辅导代表报告：

3、预定于十二月廿三日往永川，廿四日上午八时到达荣

65

昌县，即带第一部主任之介绍信拜会刘县长，

将带来之款项存放棉纱实业行库无息保管，并拜会县商会[illegible]部门之黄主任。

2. 廿贰日、廿日荣昌县城附近之乡场排场期，

各代表乃自动自律分组到城附近之[illegible]

回，故最近猪市价与当地荣昌情形

3. 我们准备以廿六日起耗三天内会代表分配收

荣昌县附近三、四华里之乡场，收信令各代表收

实际情况，拟县购猪县作妥后，再电

呈钧处核示遵办，

但临队代表报告。

购猪代表薛觉民关于赴荣昌处理购猪问题呈华西实验区总办事处的报告（附：购买种猪母猪临时座谈会议记录） 9-1-211（84）

1、廿六日同行四人到双和场张家，此地离荣昌城三十华里，到时市场上只见小猪三、五头，比较代表曾到过该乡接洽，与当地猪商及经纪人繁猪条件均已说明清楚，运时荣城交货，每斤若良元八、九分。

2、廿八日该乡猪商运来小猪一批，经比较繁猪负责人接繁、避免抬高市价，我们只好相让。下午召该乡猪商组织繁猪合作，价格以当日荣昌县之镇市价为标准，若前揆镇情常，合约即宜一体定议。

购猪代表薛觉民关于赴荣昌处理购猪问题呈华西实验区总办事处的报告（附：购买种猪母猪临时座谈会议记录） 9-1-211（86）

66

3、廿八日清晨同刘四人去安富镇路旁成渝公路从该镇经过通过，离荣城四十华里，三次去猪市场未见小猪一头，其原因：一、天气太热，商小猪者运来市场恐有罚，二、荣昌各地之习惯法，出卖仔猪饲买小猪者均以猪商为媒介。到该镇后首介绍到并负责人杨澄，知此猪饲猪负责人曾光利外，他们每斤米价一升四合角，近价八合，比减为一升，因各地相较，价格仍高，好来成立，该镇人烟稠密，交通方便，免猪栅与转寿当当便刘：将来可设一种猪场矣。

陈宗鑫代表报告：

廿六日同刘四人到吴家镇，该乡离荣城三十华里，是日因不逢场，找猪代表来问此，先问去猪市场之后，找来看见一些小猪，但觉猪育瘦弱，知当地小猪多运销江津一带，皆从来营业荣城，就地交货，每斤若干元七角，但从四乡运至城内，每百斤运费另支六元。

廿七日同刘四人到永兴场双路镇，乡与永川交界，地处偏僻，一切交易均以米为准，

67

大组荣昌当地猪贩商谈，安场小猪可按猪三四十头，隆昌带银来荣昌商议价格，结果未到。

薛鑑全代表报告：

廿七日同行四人到广顺乡见到的情形是以后：

小猪种猪负责人未到过此乡

一、第一次到路市场来见有小猪出售，第二次前往，才见小猪二三头，

2、安富街第七公第

杨永言代表报告：

购猪代表薛觉民关于赴荣昌处理购猪问题呈华西实验区总办事处的报告（附：购买种猪母猪临时座谈会议记录） 9-1-211（89）

廿七日同三人到峰高乡、清江乡、通安治安镇、棠
城三乡第四、猪市情形与前各乡场大致相若。
母猪价高，接洽价格谈到八合五来一斤，据告
每场可选定小猪四五十头，该乡可设一購
猪点矣。

总 觉民 薛觉民代表敬告；

廿四日至昌元镇场期，查该场小猪百头左右，五
为有良元，来前棉价者，每斤价九分至一角，
查地縉买猪处，每斤根据六元、四殺春小猪
棚，每斤头需一二分，但烟至多四天内，飼

养工人每天工价米二升，饲料则自备餵：
糠饭、麦麸、豌豆、
讨论议决事项：
1、出席购猪负责人对述之乡场与未去过之
乡场，甚少购猪，价额相差极大，又该地相隔
来回，价格亦极悬殊，此实人为之结果，
非自然之象现，避免人为之抬高市价，
决定遣回大部工作人员、
2、东运标价良元来此大批购猪，目标显
著，猪商乘机抬高市价，避免猪商乘机

通知，供应站留西廷之负责人赴荣城途中之
价，价格相宜，可大量收买，价格过高则
应停购。
3、留守荣昌购猪之负责人为代表薛觉民
先，以便购猪运输等事宜。
4、留守荣昌人员即暂定廷代表二名，该
运费由代表领回，则会同前往购猪价格平
稳，再由代表应随增回廷我，至本运费等
但工作人员交替时应同时工作三天，以资
联系。

购猪代表薛觉民关于赴荣昌处理购猪问题呈华西实验区总办事处的报告（附：购买种猪母猪临时座谈会议记录） 9-1-211（92）

67

5. 留守工作人员分期时间之饲养及少许事务，逐日三次为准。

6. 第一期留守人员为第一、二两区代表，第二期为第二、第三两区代表，第三期为第四、五两区代表，第四期为第六、七两区代表。

7. 各区代表轮流应赴荣昌饲养所而不遵守时间到达地点代作工作者，以弃权论。

8. 荣昌保育院棉被、价格低比较低，供应原饲猪逐日给养、良种猪一只已一区两户领取，余息代存，当出到广事，其他各区到户权缴回原息。

[illegible]會

母猪標準： 優良點：

1.全白黑眼圈者 2.背直寬者 3.後腿直

4.體骨寬大 5.肚向下彎 6.前腿兩[illegible]

7.乳頭成對排列整齊者十二個以上、

劣點：有眼屎、拉白屎、腹不飽、

[illegible]點：

1.全架：白眼圈、白眼毛

2.半架：白眼圈眼毛白

受文者

為推廣魚苗通知從速調查申請

璧山第三輔導區辦事處

查本區已與鄉建學院農場訂有合約繁殖魚苗本月底即可運出鯉苗一萬五千尾以供各區推廣茲附送（一）申請魚苗推廣辦法（二）取運魚苗須知（三）稻田養鯉法等三件請速調查　貴區需要魚苗數量及旅運費申請核發自辦魚具定期前往歇馬鄉鄉建學院農場具領推廣

至希　查照報覆為荷

主任　孫則讓

卅八年六月十一日

附件　三

農字第一二六號

华西实验区总办事处为推广鱼苗一事给璧山第三辅导区办事处的通知（附：申请鱼苗推广办法、取运鱼苗须知、稻田养鲤法）

9-1-225（69）

华西实验区总办事处为推广鱼苗一事给璧山第三辅导区办事处的通知（附：申请鱼苗推广办法、取运鱼苗须知、稻田养鲤法）
9-1-225（76）

60

附件（一）

申請魚苗推廣辦法

一、各輔導區先行調查各鄉需要魚苗數量擬具推廣計劃及旅運預算報請核發、

二、按照各輔導區申請先後由農業組核定實發數量及旅運費附寄領魚及付款通知書發交各輔導區、

三、各輔導區收到通知書及旅運費即照指定日期自辦魚具、委派專人、前往歇馬場具領、

四、各輔導區領到魚苗即由鄉鎮站負責人會同農業生產合作社發放推廣、

五、表證農家有優先權、每戶申請以五百尾為限、每區推廣暫定三千尾、

六、第一批魚苗一萬五千尾發完為止、以後申請皆留待

第二批魚苗交貨日[illegible]

七、每接受一百尾鯉苗到年終時應交還鯉魚壹斤（約二尾）給實驗區再撥歸當地合作社運用作為辦理下年養魚費用、

八、上項應交還之魚量可於年底照市價折交食米或棉紗等實物、

九、技術方面須接受實驗區指導、

十、保護方面由各當地鄉鎮保甲及合作社切實負責、

华西实验区总办事处为推广鱼苗一事给璧山第三辅导区办事处的通知（附：申请鱼苗推广办法、取运鱼苗须知、稻田养鲤法）

9-1-225（76）

华西实验区总办事处为推广鱼苗一事给璧山第三辅导区办事处的通知（附：申请鱼苗推广办法、取运鱼苗须知、稻田养鲤法）

9-1-225（74）

58

附件（二）

取運魚苗須知

一、事前準備：應預備一個臨時魚苗池（用稻田一幅，耙平，注水即成）及各種運輸魚苗器具，以便到時即可放養。

二、取運時間：取運日期，應先與對方商定，到時如逢陰天或微雨天最好，如係晴天或炎熱天，則以在清晨，或下午四時以後起運為佳。

三、運輸器具：如係水運，則用小木船一隻，將魚苗放於船艙中，或用魚筍籮，或缸等裝好魚苗，再置船上起運。如係陸運，則以魚苗籮最好，否則改用舊水桶亦可，並應準備換水器具，普通多用蔴袋及小碗一個，最好是用泌水（竹製，粗目，形如大木瓢，外罩以粗孔蔴布或紗布，有如紗罩形狀）及小木瓢，此外，剔除死亡魚苗用之小竹[illegible]

四、[illegible]

魚具內，總以較少為佳，因過於密擠，在途中每易增加死亡率，以舊水桶言，每挑可運體長六七分者約六百尾，如改用魚苗籮，每挑則可運八百至一千尾，如係用船運，每隻可運十萬尾以上。

五、運輸途中注意事項：

（一）換水：　運輸時，為減輕重量，使行動方便計，運魚具內，留水甚少，水中氧氣，消耗易盡，故每隔半小時左右，須換水一次（如果發現魚苗多浮集水面，呼吸呈困難狀態者，則為水中氧氣缺乏象徵，此時必須立即添換新水）換水時，先將新水充分注入，讓魚苗活潑游泳，約五分鐘後，再用換水用具，將水取去大部份後，再行續運，換水用具如係蔴袋，則先放小石塊入袋，使袋在運魚器中下沉，再用小碗入

华西实验区总办事处为推广鱼苗一事给璧山第三辅导区办事处的通知（附：申请鱼苗推广办法、取运鱼苗须知、稻田养鲤法）
9-1-225（74）

华西实验区总办事处为推广鱼苗一事给璧山第三辅导区办事处的通知（附：申请鱼苗推广办法、取运鱼苗须知、稻田养鲤法）
9-1-225（75）

59

袋取水傾出。如係用泓水，則將泓水放入運魚器內，以小木瓢向泓水內取水傾出，此法比前者迅速而省力，最為方便。

（二）剔苗：魚苗密擠或過小（三四分長）在運輸途中，常有死亡，死後其條懸浮於水中者，則用小竹篾剔去，如係沉墜於器底者，則用竹吸筒剔除。

（三）投餌：魚苗能在一日以內運到者，途中可不投餌（或稍給餌），如途程較遠，則每日應投餌二三次，餌料以煮熟之雞蛋黃或鴨蛋黃為佳，用時以細孔蔴布包好，放於水中，以手輕揉，則有蛋黃粒緩緩浸出，供魚苗攝食，投餌時間，在上午九時及下午三時，每次給餌，不可過多。

六、運來後之處理：魚苗運到後，即應注入新水，使它恢復疲勞，靜置約二三小時後，運到魚苗池，先用木瓢取水，然後再將運魚具放入水中，逐漸傾斜，使魚苗緩緩遊入池中。如係取運較大之魚苗，事先未作魚苗池，並於插秧後取運者，可於魚到後分點尾數，直接放於稻田中。

华西实验区总办事处为推广鱼苗一事给璧山第三辅导区办事处的通知（附：申请鱼苗推广办法、取运鱼苗须知、稻田养鲤法）
9-1-225（75）

附件(三)

稻田養鯉法

利用稻田養魚，我國各地，已普遍盛行，尤其是鯉魚，生長快，價錢好，更受一般農友的歡迎。但是，如果要想年年都養得好，收得多，這也不是件容易的事情。現在把我們用過的方法，和得到的經驗，報告給農民們作參考。

(一)怎樣選擇稻田

不是每塊稻田，都能養魚的，最好是依照下面的標準，來加以選擇：

(1)要灌水和排水都方便的，這樣才可以減少天乾和水淹的損失。

(2)要接近住宅和田土肥沃的，因為接近住宅，看管和保護，都較方便，田土肥沃，能使鯉魚，長得快而大些。

(3)要田坎高厚而牢固的，這樣才容易蓄水。

(4)要無毒質和放過石灰的，因為這種田內水質

华西实验区总办事处为推广鱼苗一事给璧山第三辅导区办事处的通知（附：申请鱼苗推广办法、取运鱼苗须知、稻田养鲤法）
9-1-225（70）

华西实验区总办事处为推广鱼苗一事给璧山第三辅导区办事处的通知（附：申请鱼苗推广办法、取运鱼苗须知、稻田养鲤法）

9-1-225（70）

(5)要不當冲水當大的。因為當冲水大的田，多不肥沃，魚長得慢，並且在山洪暴發時，常因田面田水匯積，排洩不及，或冲潰田埂，或翻越田坎，使鯉魚也隨着逃跑。

(二)怎樣整理稻田

稻田既經選定，還要加以整理，才能養魚。

(1)田坎加高加寬　我們所見的稻田，如用來養魚，高度和寬度，都嫌不够，要加高為一尺四五寸，加寬為一尺二寸。這樣不但可以多容水量，水漲時亦能從容排洩，還可以避免田坎崩潰的危險，同時減少鯉魚逃跑的機會。

(2)注水口和排水口處要加竹箔　距注排水口的附近，須設高出水面約二三尺的竹箔，因在漲水時，鯉魚容易從那些地方逃跑。

(3)作魚窩魚溝　稻田中央，作魚窩一個，面積半方丈，深約一尺（將來移栽大的秧苗栽於窩內），同時在注水口處和排水口處，各作一魚溝，寬一尺，深約七八寸，與魚窩相連，在接近注水口處稍淺，排水口處較深，魚窩魚溝的作用，是當天熱或田水減少時，鯉魚有棲息逃避之處，而在漁獲時，更可便於捕捉。

（三）怎樣放魚

稻田既經選定，整理，以後應注意如何把魚苗放入田中：

（1）何時放魚苗　以魚苗體長一寸，於插秧一週後，田水澄清時放入田中為最佳。因魚苗過小，放入田中，死亡頗多，過大，在魚苗池裏密集，生長較慢，又在插秧時，一經犂耙，田水混濁，對小魚苗的生長頗多妨礙，且有些地方，在插秧後常有「放鳧」的習慣，故不宜在插秧前放入。

（2）如何放魚苗　放時不可傾入田中，或擲入田中，這樣，魚苗一受驚駭，入水亂竄，有時使頭部鑽入泥裏，有時更混裏受傷甚少，皆容易增加魚苗

华西实验区总办事处为推广鱼苗一事给璧山第三辅导区办事处的通知（附：申请鱼苗推广办法、取运鱼苗须知、稻田养鲤法）
9-1-225（71）

的死亡，故最好是用洗臉盆，或桶，木桶等裝魚苗，輕輕放在水上，逐漸傾斜，使魚苗緩緩遊入田中。

是不是筆誤？

（3）放多少魚苗 這要看稻田大小，肥瘦來決定，就我們的經驗，如果是肥田，每挑谷的田面積放四五十尾 瘦田放七八十尾，魚苗較小時，每挑谷田面積應多放二三十尾，總之，放魚的多少、不能一定，放得少，則魚長得大，放得多，則魚長得小，因為稻田對於魚的生產量，是有一定的。

（四）怎樣管理

（1）防山洪 夏天暴雨很多，山洪時發，許多養魚的農友，都因此失敗而灰心，所以這點要特別注意。養魚的田，如有排洪溝（在稻田旁邊，另備的排水溝），那要安全，否則，應在山洪發生時，到田邊去巡視，以便排水，在晚上，也要同樣注意，

华西实验区总办事处为推广鱼苗一事给璧山第三辅导区办事处的通知（附：申请鱼苗推广办法、取运鱼苗须知、稻田养鲤法）
9-1-225（71）

华西实验区总办事处为推广鱼苗一事给璧山第三辅导区办事处的通知（附：申请鱼苗推广办法、取运鱼苗须知、稻田养鲤法）
9-1-225（72）

57

稍不小心，水漲時，魚就一溜而光了。

(2)防天旱　選擇稻田時，要特別注意：田坎的透水性，和注水的充足，當天旱時，最好是注入新水，不然，則祇有將魚轉遷到其他蓄水較深的田中。

(3)防人偷　偷魚或強迫取魚的壞風氣，各地常有有這使許多養魚的農友，不敢再養魚，防止的方法，是大家聯合養魚，互相看守，同時由鄉鎮保甲嚴令禁止，養魚的農友，晚上要巡查田坎，以防宵小，放水偷魚，祇要各地習成良好風氣，這個問題，自不發生。

(4)防敵害　插秧過後，田水較淺，這時鷺鳥常涉水捕魚，平時翠鳥亦時在田邊，偷襲魚苗，均用鳥槍驅殺，家鴨最好不入養魚田，如有水老子（即水獺）為害，可用鳥槍或老虎鉄捕殺。

(5)餌料　稻田養魚，也應投給餌料，以補天然餌料的不足，米糠，麥麩，豆餅（用水浸透，撒入

华西实验区总办事处为推广鱼苗一事给璧山第三辅导区办事处的通知（附：申请鱼苗推广办法、取运鱼苗须知、稻田养鲤法）
9-1-225（72）

田中）為最佳，但花錢太多，可取長衍沙蟲（即孑
孑）的污水，清薄的糞汁，圓衍的蛆兒，每隔三四
天，用糞瓢撒入田中，供魚攝食。

（四）越冬

（A）原田越冬　秋收後，如果田水有三四寸以上，則可不取出，以後再引注新水，使鯉魚在原田裏過冬。

（B）換田越冬　秋收時田水甚淺，必須取出，轉放於蓄水較深的田中。

（五）怎樣漁獲

稻田秋收以後，這時鯉魚，大者約有十二兩，小者亦有三四兩，如果田裏有水，最好再繼續養二三月，如田水缺乏，無法再養，祇好運去販賣，不過這時市價最低，如其他稻田有水，可以移入，到冬月初，魚已入越冬狀態，可漁獲起來，分別放入蓄水深的田中，或小池内，大者約近一斤

左右，可準備在年節時出賣，因為它大小輕重，都合市場需要，不到十兩重者，可準備明年再養，次年於插秧後放入稻田，每挑谷田面，約放十尾即可，到年底可有二三斤重。